新世纪电工电子实验系列规划教材

# 电工电子实习教程

（第2版）

主　编　巢　云
副主编　刘　义　肖顺梅

东南大学出版社
·南　京·

## 内 容 简 介

《电工电子实习教程(第2版)》是根据普通高等院校教学计划中“电工电子实习”课程的基本教学要求编写的。

本书以简要的理论原理为基础,着重培养学生的动手能力,培养工程观念和团队协作精神。全书共分为6章,分别为安全用电、电子元器件、焊接技术、印制电路板的设计与制作、万用表和电子产品安装实训。

本书可作为高等院校电气类、电子信息类、计算机类和机电一体化等专业的本、专科学生的电工电子实习教材,也可供从事电子工程设计和研制的技术人员参考之用。



**图书在版编目(CIP)数据**

电工电子实习教程 / 巢云主编. —2版. —南京:东南大学出版社,2014.11(2024.8重印)

新世纪电工电子实验系列规划教材

ISBN 978-7-5641-5285-7

Ⅰ.①电… Ⅱ.①巢… Ⅲ.①电工技术-实习-高等学校-教材②电子技术-实习-高等学校-教材 Ⅳ.①TM-45②TN-45

中国版本图书馆CIP数据核字(2014)第248833号

**电工电子实习教程(第2版)**

出版发行 东南大学出版社
出 版 人 江建中
社　　址 南京市四牌楼2号
邮　　编 210096

经　　销 全国新华书店
印　　刷 苏州市古得堡数码印刷有限公司
开　　本 787 mm×1092 mm 1/16
印　　张 13.25
字　　数 330千字
版　　次 2010年6月第1版 2014年11月第2版
印　　次 2024年8月第7次印刷
书　　号 ISBN 978-7-5641-5285-7
印　　数 10701—11200册
定　　价 42.00元

# 第2版前言

为适应21世纪高等学校培养应用型人才的战略，加强学生实践能力和创新能力的培养，我校电类各专业统一开设了电工电子系列基础实践课程。该系列基础实践课程主要有"电工基础实验"、"电工电子实习"、"模拟电子技术实验"、"数字电子技术实验"四门课程组成，本书为第二门课程的教材，其内容包括"安全用电"、"电子元器件"、"焊接技术"、"印制电路板的设计与制作"、"万用表"以及"电子产品安装实训"。

本书的宗旨是提高学生的综合素质，以培养创新精神为目的，着力于实践能力的培养。从培养应用型人才的目标为出发点，通过电工电子实习，达到提高学生动手能力、分析问题和解决问题的能力。考虑到电类学科的发展和实际的教学需要，第2版在内容上做了如下的更新与调整：

(1) 第1章安全用电部分作了适当的增加和删减，增加了家庭安全用电的内容，减少了部分触电急救的内容。使得整个安全用电的内容更加重点突出。

(2) 第2章电子元器件部分增加了一些常用元器件的实物图形，并加以比较，使得学生能更直观地进行了解和学习，另外对一些元器件的特性和检测方法也加以图形和文字结合的方法进行介绍，使学生能更深入地了解相应的电子元器件。

(3) 第5章万用表部分对万用表的设计方法作了较大改动，使用了我们在教学过程中的常用方法进行描述，使得学生在学习的时候能够更好地参考；在介绍数字万用表的部分重点介绍了数字万用表的使用方法，对数字万用表的电路原理的介绍有所删减，这样可以帮助学生更加有效地熟悉数字万用表的使用。

在第2版的改版过程中，电工电子实验中心的其他教师也给予了很大的支持与帮助，在此表示诚挚的感谢

由于时间仓促以及编者水平所限，本书中难免有疏误之处，恳请广大读者提出宝贵的批评与改进意见。

**编者**

2014年9月于三江学院

# 目　录

# 1 安全用电

随着社会的发展,电被越来越广泛的运用在了我们生活和工作中,是现代物质文明的基础,它在我们的生活当中起到了巨大的作用。

自从电被发明以来,科技工作者就为减少、防止电气事故而不懈地努力。在长期的实践当中,人们总结积累了大量安全用电的经验。我们应该牢记前人的经验教训,掌握必要的知识,防患于未然。

## 1.1 电力系统

电能是一种方便、清洁、容易转换与控制、效率高、又便于输送和分配的能量。它是由一次能源(如热能、位能、核能等)在发电厂经过加工转换后形成的,因此称为二次能源。电能的生产、输送、分配和使用的全过程实际上是在同一时间完成的,是由发电厂、供电局、变电所、配电变压器和用户紧密联系的一个整体。

### 1.1.1 电力系统组成

我们把发电厂、电力网以及用户组成的一个整体称为电力系统。图 1.1.1 为电力系统的示意图。

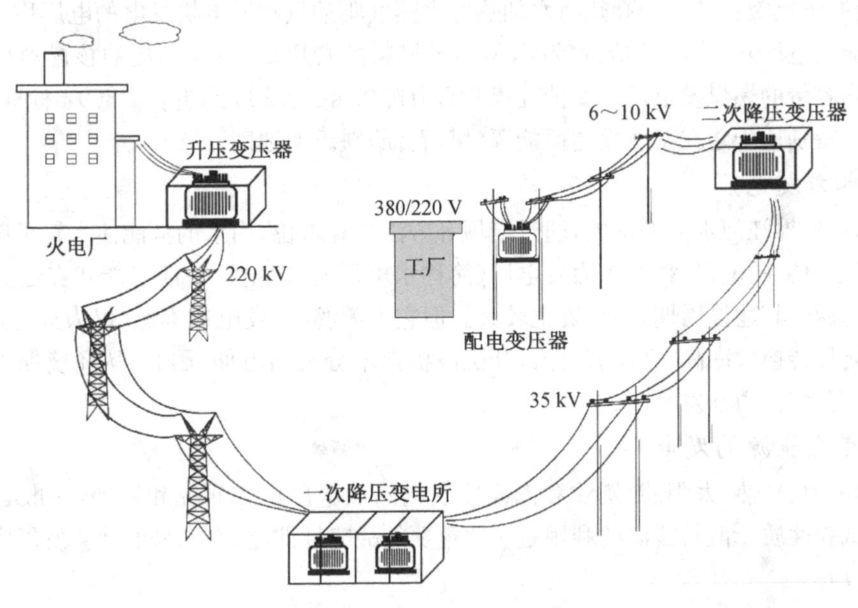


图 1.1.1 电力系统示意图

### 1.1.2 发电厂

生产电能的工厂称为发电厂。按使用能源种类的不同，发电厂分为许多种：

1) 火力发电厂

火力发电是利用煤、石油、天然气等燃料燃烧后获得的热能转换成机械能，通过获得机械能驱动发电机运转发电的方式。种类有火力发电、燃气涡轮发电及内燃机发电等。其中将热能转变成蒸汽，利用蒸汽驱动汽轮机旋转发电的火力发电占主流，一般的火力发电都是指这种火力发电形式。

2) 热电厂

如果在发电的同时，将一部分做过功的蒸汽从汽轮机中抽取出来，用管道输给附近需要热蒸汽的工厂(如纺织厂等)或居民使用，这样的火力发电厂称为热电厂。普通火力发电厂(也称凝汽式火电厂)热能利用率仅为40%左右，而热电厂的热能利用率则可提高到69%～70%以上。这种热电联产的综合效益可节约燃料20%～25%，因此应在具备条件的地方优先采用。

3) 燃气轮机发电厂

燃气轮机发电厂也属于火力发电厂的一种，但它不是以水蒸气作为推动汽轮发电机组的工质，而是燃料(油或天然气)燃烧所产生的高温气体直接冲动燃气轮机的转子旋转。燃气轮机发电厂建设工期短，开停机灵活方便，便于电网调度控制，宜于承担高峰负荷而作为电力系统中的调峰电厂。

4) 核电厂

利用原子核裂变产生的高热将水加热为水蒸气驱动汽轮发电机发电的电厂称为核电厂(或原子能发电厂)。核电厂造价较高，但用于燃料的费用低，每年消耗的核燃料可能仅几吨，而相同容量的燃煤发电厂却要消耗煤几百万吨(1 kg 铀 235 约折合 2 860 t 标准煤)。因此，核电厂特别适于建在工业发达而能源(煤、石油)缺乏的地区。

5) 水力发电厂

利用自然界江河水流的落差，通过筑坝等方法提高水位，用水的势能使水轮机旋转带动发电机产生电能的电厂，称为水力发电厂(简称水电厂)。水电厂一般只能建在远离城市中心的江河峡谷，其建设周期长，投资也较大。但它不需燃料，发电成本低(仅为火电厂的1/4～1/3)，能量转换效率高，又没有污染，开机停机都十分灵活方便.因此，从环境保护和可持续发展角度，应大力开发水电。

6) 其他能源的发电厂

利用风力、地热、太阳能、潮汐和海洋能发电的发电厂也在研究和发展，一般容量都不大，多为试验性质。但新能源的利用是一项重要的战略性课题，在未来的社会发展中会起到重要的作用。

电能是一种方便、清洁、容易转换与控制、效率高、又便于输送和分配的能量。它是由一次能源(如热能、位能、核能等)在发电厂经过加工转换后形成的，因此称为二次能源。

### 1.1.3 输电线路

输电是用变压器将发电机发出的电能升压后，再经断路器等控制设备接入输电线路来实现。按结构形式，输电线路分为架空输电线路和地下输电线路。

1) 架空输电线路

由于建造的初期费用较低而被广泛使用。基本上由于采用绝缘瓷器或玻璃做为绝缘体(电力业者称之为绝缘碍子，即输电铁塔上所见一串串之绝缘体)，所以高压架空导线本身并不需要特别的绝缘被覆处理，一般为了重量与导电性和机械强度考量，是使用钢芯铝线(ACSR)。架空输电线路受到天候的影响，强风、台风、雷击，都有可能导致线路供电中断。

2) 地下输电线路

由于经济增长，导致人口密集与都市化的产生，传统的“架空输电线路”在人口密集的地区并不合适。因此，具有美化市容、比较安全、使用年限较长等优点的“地下输电线路””应运而生。地下输电线路采用电力电缆，早期的电力电缆多采用充油电缆，现今在 161kV 以下之输电电缆多采用交连电缆(XLPE)。

与架空输电线路相比，电缆线路的主要优点是不占用线路走廊。又由于电缆埋设在地下，不受大气环境等自然条件的影响，运行比较安全。但投资费用高，电缆在运行中会受到大地电流的电磁感应，还会发生化学腐蚀，不易判断故障位置等，对此均需采取相应的技术措施。

### 1.1.4 配电系统

由于电能一经产生之后无法保存，因此其生产、输送与消耗都在同一时间进行着。发电厂总是希望负载能保持额定情况不变，负载量(又称负荷)过轻时，发电设备自耗增加，这对发电设备的安全运行极为不利。但是用户(负载)电能的消费总是按照生产过程和时间的不同而变化的。为解决这种电能供需的矛盾，除合理调整负载外，还必须合理分配电能，这就是所谓的配电。配电所(站)就是将来自于各个不同发电厂的电能统一调配，根据负荷的变化情况进行合理输电。

在我国，配电系统可划分为高压配电系统、中压配电系统和低压配电系统三部分。

由于配电系统作为电力系统的最后一个环节直接面向终端用户，它的完善与否直接关系着广大用户的用电可靠性和用电质量，因而在电力系统中具有重要的地位。

## 1.2 人体安全用电

### 1.2.1 触电类型

触电，就是当人体接触带电体时，电流会对人体造成的不同程度的伤害。一般来说，触电所造成的伤害主要分为电击和电伤两种。

1) 电击

所谓电击，就是指电流通过人体内部器官，使其受到伤害。它会破坏人的心脏、呼吸及神经系统的正常工作，使人出现痉挛、窒息、心颤、心脏骤停等症状，甚至危及生命。绝大部分的触电死亡事故都是由电击造成的，它属于人体触电较危险的一种情况。电击后通常会留下较明显的特征：电标、电纹、电流斑。

2）电伤

所谓电伤，主要是指电流的热效应、化学效应或机械效应对人体造成的伤害。电伤可伤及人体内部，但多见于人体表面，且常会在人体上留下伤痕。通常有以下几种：

(1) 电弧烧伤(又称为电灼伤)：是电伤中最常见也是最严重的一种，多由电流的热效应引起，对人体皮肤、皮下组织、肌肉甚至神经产生的伤害，会引起皮肤发红、起泡、烧焦、坏死。

(2) 电烙印：是指电流通过人体后在接触部位留下的斑痕。斑痕处皮肤变硬，失去原有弹性和色泽，表层坏死，失去知觉。

(3) 皮肤金属化：是指由于电流或电弧作用产生的金属微粒渗入了人体皮肤造成的，受伤部位变得粗糙坚硬并呈青黑色或褐红色。与电弧烧伤相比，皮肤金属化并不是主要伤害。

(4) 电光眼：表现为角膜炎或结膜炎。在弧光放电时，紫外线、可见光、红外线均可能损伤眼睛。短暂的照射时，紫外线是引起电光眼的主要原因。

电伤是人体触电事故较为轻微的一种情况。在触电事故中，电击和电伤常会同时发生。

### 1.2.2 触电方式

按照人体触及带电体的方式和电流流过人体的途径，触电方式可分为单相触电、两相触电、跨步电压触电等。

1）单相触电

当人体直接碰触带电设备中的任意一相时，电流通过人体流入大地，这种触电现象称为单相触电。对于高压带电体，人体虽未直接接触，但由于小于了安全距离，高电压电离空气后对人体放电，造成单相接地而引起的触电，也属于单相触电。这种触电的危害程度取决于电网中的中性点是否接地。

(1) 中性点接地电网的单相触电：当人体接触其中任一相导线时，人体承受 220 V 的相电压，电流通过人体→大地→系统中性点接电装置，形成闭合回路，如图 1.2.1 所示。因为中性点接地装置的接地电阻比人体电阻小得多，所以相电压几乎全部加在人体上，使人体触电。触电后果比较严重。一般我们工作和生活场所的供电系统均为 380 V/220 V 中性点接地系统。但是如果人体站在绝缘材料上，流经人体的电流会很小，人体不会触电。

当人体处在中性点接地电网单相触电时，流经人体的电流为：

$$I=\frac{U}{R_0+R}=\frac{220\ \text{V}}{4\ \Omega+1\ 000\ \Omega}=219\ \text{mA}$$

式中：$U$——电源相电压(220 V)；

$R_0$——接地电阻≤4 Ω；

$R$——人体电阻 1 000 Ω。

(2) 中性点不接地电网的单相触电：当人体接触任一相导线时，触电电流经人体→大地→线路→对地绝缘电阻(空气)和分布电容形成两条闭合回路，如图 1.2.2 所示。如果线路绝缘良好，空气阻抗、容抗很大，人体承受的电流就比较小，一般不发生危险；反之，则危险性就增大。

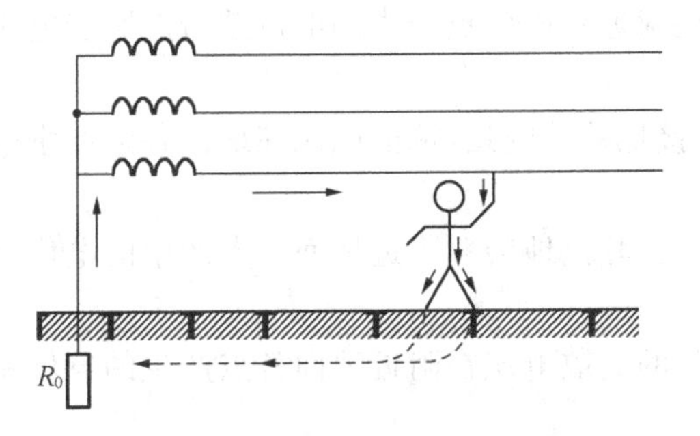


图 1.2.1 中性点直接接地单相触电

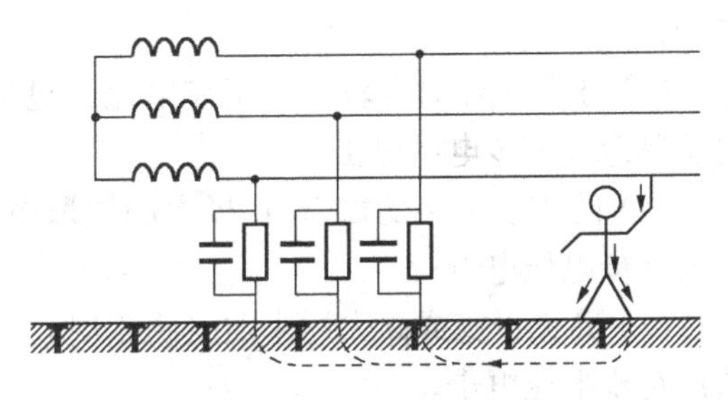

图 1.2.2 中性点不直接接地单相触电

2）两相触电

人体的不同部位同时分别接触电网的两根不同相线发生触电，或在高压系统中，人体同时接近不同相的两相带电导体，而发生电弧放电，电流从一根相线通过人体流入另一根相线，构成一个闭合回路，这种触电方式称为两相触电。发生两相触电时，作用于人体上的电压等于全部工作电压（即线电压），且此时电流将不经过大地，直接从一相经人体到达另一相，而构成了闭合回路。故不论中性点是否接地、人体对地是否绝缘，都会使人触电。这种触电是最危险，比单相触电危险性更大，如图 1.2.3 所示。

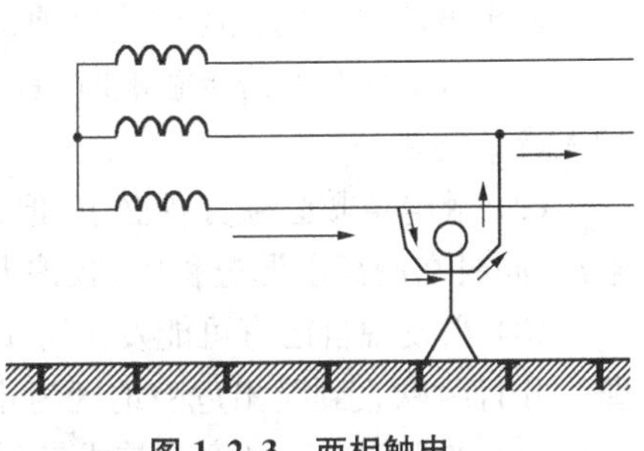

图 1.2.3 两相触电

当人体处于两相触电时，流经人体的电流为：

$$I=\frac{U}{R}=\frac{380\ \text{V}}{1\ 000\ \Omega}=0.38\ \text{A}$$

式中：$U$——线电压 380 V；

$R$——人体电阻 1 000 Ω。

3）跨步电压触电

当电气设备发生接地故障时，接地电流通过接地体向大地流散，例如：高架电线断裂后一端接触地面，电流通过落地点流入大地；避雷装置遭受雷击时，其接地装置有很大的入地电流。这些入地电流在地面上就形成了高低不同的电位分布，若人在接地点周围行走，其两脚之间的电位差，就是跨步电压。而由跨步电压引起的人体触电，就称为跨步电压触电，如图 1.2.4 所示。一般来说，从接地点向外，电位的分布大致是按指数规律下降的，一般距离接地点 20 m 处基本可认为电位为 0，人的跨步距离按 0.8 m 考虑。跨步电压的大小受接地电流大小、鞋的绝缘性和地面潮湿情况、两脚之间的跨距、两脚的方位以及离接地点的远近等很多因素的影响。

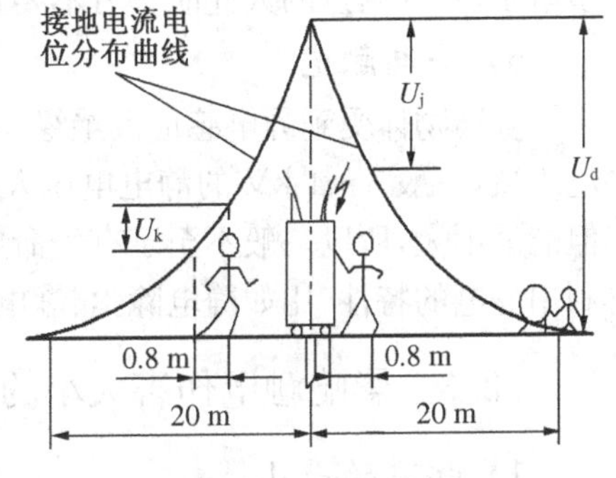


图 1.2.4 跨步电压触电

下列情况和部位可能发生跨步电压电击：

(1) 带电导体，特别是高压导体故障接地处，流散电流在地面各点产生的电位差造成跨步电压电击；

(2) 接地装置流过故障电流时，流散电流在附近地面各点产生的电位差造成跨步电压电击；

(3) 正常工作时有较大的工作电流流过的接地装置附近，流散电流在地面各点产生的电位差造成跨步电压电击；

(4) 防雷装置接受雷击时，极大的流散电流在其接地装置附近地面各点产生的电位差造成跨步电压电击；

(5) 高大设施或高大树木遭受雷击时，极大的流散电流在附近地面各点产生的电位差造成跨步电压电击。

(6) 高架高压电线由于天气或人为原因断裂后，一端接触地面，在落地点会有极大的流散电流，在附近地面各点产生的电位差造成跨步电压电击。

跨步电压触电的预防注意事项：

(1) 当发现有人跨步触电时，首先应设法将短路点切断，再靠近进行救治，直到专业救护人员到场。

(2) 触电急救必须分秒必争，但是不能盲目乱救。触电急救，首先要使触电者迅速脱离电源，同时在脱离电源过程中，救护人员既要救人，也要保护自己。

(3) 当发现自己有可能发生跨步触电可能时，应单脚或双脚并立跳动位移，或者穿绝缘靴。并且跳跃直到跳出危险地区为止(距电源接地点 20 m 以外)。

(4) 加强工作人员安全技术知识培训的同时，还应加强操作技能和事故预想的培训。

4) 雷击触电

雷雨云对地面突出物产生放电现象，它是一种特殊的触电方式。雷击感应电压高达几十至几百万伏，其能量可把建筑物摧毁，使可燃物燃烧，把电力线、用电设备击穿、烧毁，造成人身伤亡，危害性极大。目前，一般通过避雷设施将强大的电流引入地下以避免雷电的危害。避雷的常识：

(1) 在雷雨交加时，最好把室内家用电器的电源切断，并拔掉电话插头。

(2) 不宜在雷电交加时用喷头冲凉，因为巨大的雷电会沿着水流袭击淋浴者。(特别是太阳能热水器用户)

(3) 雷雨天气时不要停留在高楼平台上，在户外空旷处不宜进入孤立的棚屋、岗亭等。

(4) 不宜在大树下躲避雷雨，如万不得已，则须与树干保持 3 米距离，下蹲并双腿靠拢。

(5) 如果在户外看到高压线遭雷击断裂，此时应提高警惕，因为高压线断点附近存在跨步电压，身处附近的人此时千万不要跑动，而应双脚并拢，跳离现场。

5) 静电触电

金属物体受到静电感应及绝缘体间的摩擦起电是产生静电的主要原因。静电的特点是电压高，一般 3～4 kV 的静电电压人便会有不同程度的电击的感觉，有时甚至可达数万伏，但能量不大，所以一般不至于有生命危险，但有时静电会诱发心脏早搏。在某些行业则需要利用静电的特性，比如静电除尘、静电复印、静电喷涂(漆、塑等)、静电植绒等。

### 1.2.3 影响触电伤害大小的因素

1) 电流的大小

人体内是存在生物电流的，一定限度的电流不会对人造成损伤。一些电疗仪器就是利用电流刺激穴位来达到治疗目的的，但如果超过一定大小的电流则会对人体造成一定的伤害，通过人体的电流越大，人体的生理反应越明显，引起心室颤动所需的时间越短，致命的危险就越大。不同的电流会引起人体不同的反应，如表 1.2.1 所示。根据人体对电流的反应程度，习惯上将触电电流分为：

(1) 感知电流：指在一定概率下，能引起人体有轻微发热或轻微刺痛感觉，但无有害生理反应的最小电流值。不同的人其感知电流是不相同的。对于工频电流(频率 50 Hz，电压 220 V)，成年男子和女子的感知电流依次分别为 1.1 mA 和 0.7 mA；对于直流电，依次分别为 5.2 mA 和 3.5 mA。

(2) 摆脱电流：电流大于感知电流时，发热、刺痛的感觉增强。电流大到一定程度，触电者将因肌肉收缩，发生痉挛而紧抓带电体，不能自行摆脱电源。人触电后能自主摆脱电源而无病理性危害的最大电流，称为摆脱电流。成年男子和成年女子的摆脱电流依次分别约为 16 mA 和 9 mA。

(3) 致命电流：指在较短时间内危及生命的最小电流。在不超过数百毫安的小电流作用下，电击致死的主要原因是电流引起心室颤动，因此我们认为可以引起心室颤动的电流即是致命电流。当电流持续时间超过心脏搏动周期时，人的室颤电流约为 50 mA。如通电时间小于心脏搏动周期，但超过 10 ms，室颤电流约为数百毫安。通常将 100 mA 定为致命电流。

**表 1.2.1　电流对人体的作用**

| 电　流<br>(mA) | 人体的感觉 |
|---|---|
| ＜0.7 | 无感觉 |
| 1 | 有轻微感觉 |
| 1～3 | 有刺激感，一般电疗仪器取此电流 |
| 3～10 | 感到疼痛，但可以自行摆脱 |
| 10～30 | 引起肌肉痉挛，短时间内无危险，长时间有危险 |
| 30～50 | 强烈痉挛，时间超过 60 s 即有生命危险 |
| 50～250 | 产生心脏室性纤颤，丧失知觉，严重危害生命 |
| ＞250 | 短时间内(1 s 以上)造成心脏骤停，体内造成电灼伤 |

2) 电流作用的时间

电流对人体的伤害同作用时间密切相关，人体触电时间越长，电流对人体产生的热伤害、化学伤害及生理伤害愈严重，我们可以用电流与时间乘积(也称电击强度)来表示电流对人体的危害。一般情况下，工频电流 15～20 mA 以下及直流电流 50 mA 以下，对人体是安全的。但如果触电时间很长，即使工频电流小到 8～10 mA，也可能使人致命。并且通电时间愈长，愈容易引起心室颤动，电击伤害程度就愈大。

3) 电流流经人体的途径

电流流过人体途径，也是影响人体触电严重程度的重要因素之一。当电流通过人体心脏、脊椎或中枢神经系统时，危险性最大。电流通过人体心脏，引起心室颤动，甚至使心脏停止跳动。电流通过背脊椎或中枢神经，会引起生理机能失调，造成窒息致死。电流通过脊髓，可能导致截瘫。电流通过人体头部，会造成昏迷等。因此，从左手到胸部是最危险的电流路径；从手到手、从手到脚也是很危险的电流路径；从脚到脚是危险性较小的电流路径。

4) 人体的电阻

在一定电压作用下，流过人体的电流与人体电阻成反比：人体电阻越小，流过人体的电流越大，也就越危险。人体是一个非线性电阻，随着电压升高，电阻值减小。表 1.2.2 给出人体电阻值随电压的变化。所以，人体电阻是影响人体触电后果的另一因素。人体电阻由表面电阻和体积电阻构成。表面电阻即人体皮肤电阻，对人体电阻起主要作用。有关研究结果表明，人体电阻一般在 1 000～3 000 Ω 范围。

人体皮肤电阻与皮肤状态有关，随条件不同在很大范围内变化。如皮肤在干燥、洁净、无破损的情况下，可高达几十 kΩ，而潮湿的皮肤，其电阻可能在 1 000 Ω 以下。同时，人体电阻还与皮肤的粗糙程度有关。

**表 1.2.2 人体电阻随电压的变化情况**

| 电压(V) | 1.5 | 12 | 31 | 62 | 125 | 220 | 380 | 1 000 |
|---|---|---|---|---|---|---|---|---|
| 电阻(kΩ) | >100 | 16.5 | 11 | 6.24 | 3.5 | 2.2 | 1.47 | 0.64 |
| 电流(mA) | 忽略 | 0.8 | 2.8 | 10 | 35 | 100 | 268 | 1 560 |

5) 电流的类型

经研究表明，电流的类型不同对人体的损伤也不同。直流电一般引起电伤，而交流电则是电伤与电击同时发生，特别是 40～100 Hz 交流电对人体最危险。不幸的是人们日常使用的工频市电（我国为 50 Hz）正是在这个危险的频段。因为交流电主要是麻痹破坏神经系统，往往难以自主摆脱。

随着频率的增加，危险性将降低。当电源频率大于 2 000 Hz 时，所产生的损害明显减小，但高压高频电流对人体仍然是十分危险的。当交流电频率达到 20 kHz 时对人体危害很小，目前医疗上采用 20 kHz 以上的高频电流对人体进行治疗。

除了以上各种影响电伤害大小的因素外，电流对人体的伤害作用还与性别、年龄、身体及精神状态有很大的关系。一般地说，女性比男性对电流敏感；小孩比大人敏感。患有心脏病者，触电后的死亡可能性就更大。

## 1.3 设备安全用电

### 1.3.1 接电前检查

将用电设备接入电源，这个问题似乎很简单，其实不然。有的数十万元昂贵设备，接上电源一瞬间变成废物；有的设备本身若有故障会引起整个供电网异常，造成难以挽回的损失。因此，设备接电前应进行“三查”。

(1) 查设备铭牌。

(2) 查电源。检查电压、容量是否与设备吻合。

(3) 查设备本身。检查电源线是否完好，外壳是否可能带电。

所有使用交流电源的电器设备均存在绝缘损坏而漏电的问题。按电工标准将电器设备分为四类，各类电器设备特征及安全防护见表 1.3.1。

表 1.3.1 各类电气设备特征及安全防护

| 类 型 | 主要特性 | 基本安全防护 | 使用范围及说明 |
|---|---|---|---|
| O型 | 一层绝缘,二线插头,金属外壳,没有接地(零)线 | 用电环境为电气绝缘(绝缘电阻大于 50 kΩ)或采用隔离变压器 | O型为淘汰电器类型,但一部分旧电器仍在使用 |
| Ⅰ型 | 金属外壳接出一根线,采用三线插头 | 接零(地)保护三孔插座,保护零线可靠连接 | 较大型电气设备多为此类 |
| Ⅱ型 | 绝缘外壳形成双重绝缘,采用二线插头 | 防止电线破损 | 小型电气设备 |
| Ⅲ型 | 采用 8 V/36 V,24 V/12 V 低压电源的电器 | 使用符合电气绝缘要求的变压器 | 在恶劣环境中使用的电器及某些工具 |

## 1.3.2 仪器设备的接地保护和接零保护

在低压配电系统中,有变压器中性点接地和不接地两种系统,相应的安全措施有接地保护和接零保护两种方式,这些都是为了防止人身触电事故和保证电气设备正常运行所采取的必要措施。

### 1) 仪器设备的接地保护

在中性点不接地的配电系统中,当接到这个系统上的某个电气设备因绝缘损坏而使外壳带电时,如果人站在地上用手触及外壳,由于输电线与地之间有分布电容存在,将有电流通过人体及分布电容回到电源,使人触电,如图 1.3.1 所示。

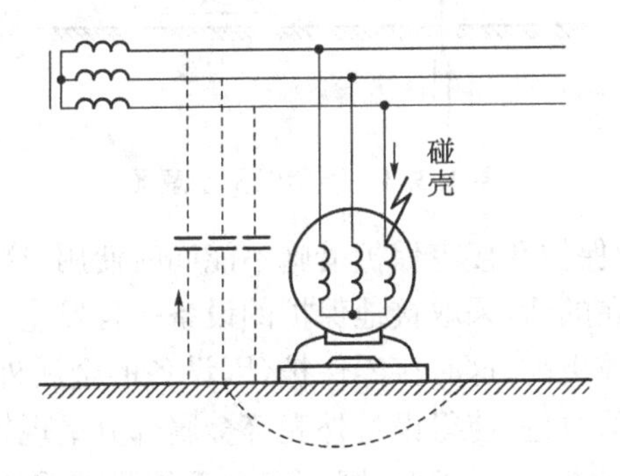


图 1.3.1 没有接地保护的人体触电示意图

接地保护,就是把电器设备在正常情况下不带电的金属外壳及与外壳相联的金属构架等能够导电的金属设备用接地装置与大地可靠地联接起来,接地电阻值应小于 4 欧。与大地直接接触的金属称为接地体,接地体和电气设备的金属联线称为接地线,接地体和接地线合称为接地装置。

采取接地保护措施后即使电气设备因绝缘损坏而使外壳带电,当人体碰到外壳时就相当于人体与接地电阻并联,如图 1.3.2 所示。人体电阻值一般大于 1 000 Ω,接地电阻则要求≤4 Ω,因此,流过人体的电流极为微小,从而避免了触电事故的发生,保证了人身安全,所以接地电阻越小,保护越好。此种安全措施适用于系统中性点不接地的低压系统中。

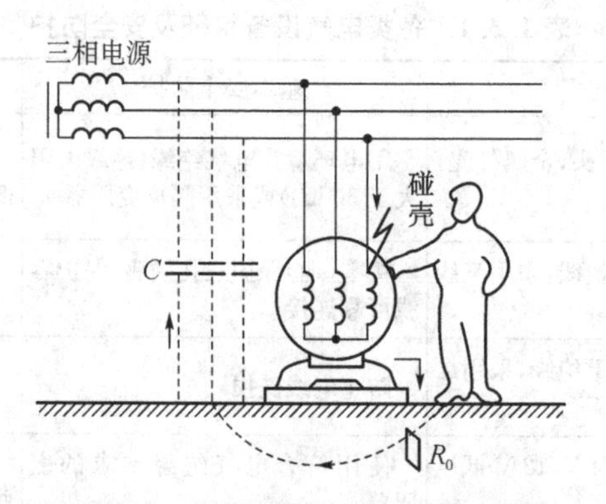


图 1.3.2　采取接地保护措施示意图

2）电气设备的接零保护

接零保护就是将电气设备的金属外壳接至零线（又称中性线）上，此时，如果电气设备的绝缘损坏而碰壳，由于金属外壳与零线相连，所以短路电流很大，立即使电路中的熔丝烧断，切断电源，从而消除触电危险，适用于中性点接地的三相四线制低压系统。如图 1.3.3 所示。

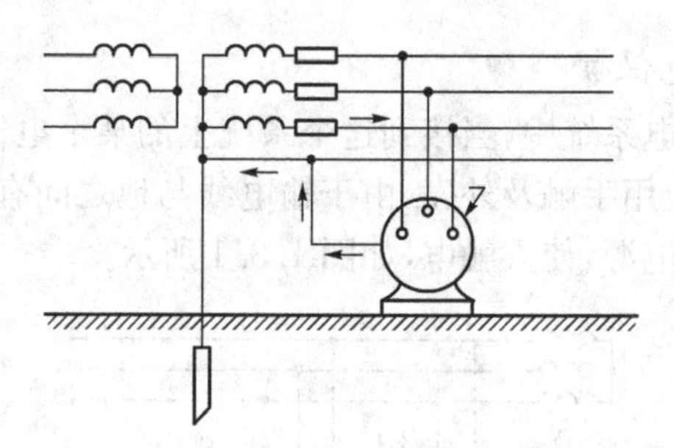

图 1.3.3　接零保护示意图

不过应特别注意，接地保护和接零保护措施不能同时使用，这是因为，同一配电系统里，如果两种保护方式同时存在的话，采取接地保护的设备一旦发生相线碰壳，零线的对地电压将会升高到相电压的一半或更高，这时接零保护（因设备的金属外壳与零线直接连接）的所有设备上便会带上同样高的电位，使得设备外壳等金属部分呈现较高的对地电压，从而危及使用人员的安全，如图 1.3.4 所示。因此，同一配电系统只能采用同一种保护方式，两种保护方式不得混用。

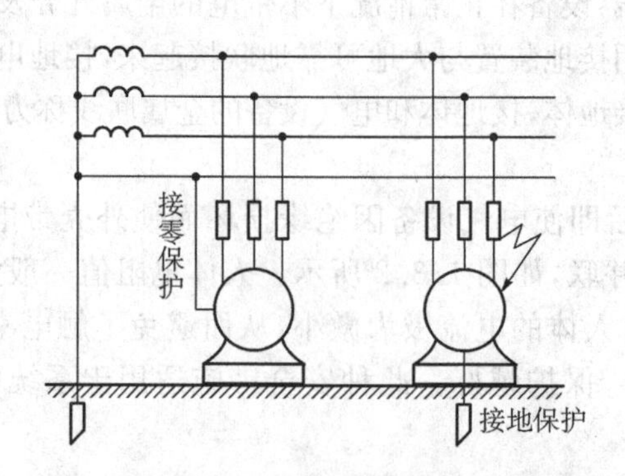


图 1.3.4　接地保护和接零保护同时使用

### 1.3.3 漏电保护开关

漏电保护开关也叫触电保护开关，是一种切断保护型的安全技术，它比保护接地或保护接零更灵敏，更有效。漏电保护开关有电压型和电流型两种，其工作原理有共同性，即都可把它看作是一种灵敏继电器，如图 1.3.5 所示。对电流型而言检测漏电流，检测器 JC 控制开关 S 的通断，超过安全值即控制 S 动作切断电源；对电压型而言检测用电器对地电压，超过安全值控制 S 动作同样切断电源。

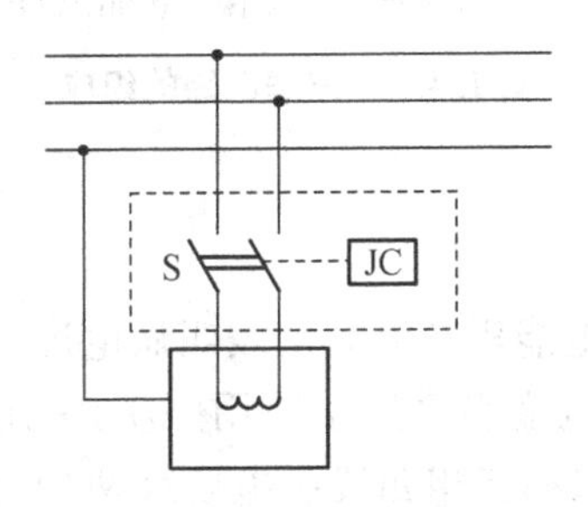


**图 1.3.5 漏电保护器开关示意图**

由于电压型漏电保护开关安装比较复杂，因此目前发展较快、使用广泛的是电流型保护开关。电流型保护开关不仅能防止人体触电而且能防止漏电造成火灾，既可用于中性点接地系统也可用于中性点不接地系统，既可单独使用也可与保护接地、保护接零共同使用，而且安装方便，值得大力推广。

按国家标准规定，电流型漏电保护开关电流时间乘积为 30 mA · s。实际产品一般额定动作电流为 30 mA，动作时间为 0.1 s。如果是在潮湿等恶劣环境下，可选取动作电流更小的规格。另外还有一个额定不动作电流，一般取 5 mA，这是因为用电线路和电器都不可避免地存在着微量漏电。

选择漏电保护开关更要注重产品质量。一般来说，经国家电工产品认证委员会认证，带有安全标志的产品是可信的。

## 1.4 家庭安全用电

随着社会的进步，老百姓生活水平的不断提高，家庭用电器件也在不断的增加，特别是柜机空调、微波炉等大功率电器，对房屋预装的电气线路造成很大的负荷，经常出现开关、插座、线路烧坏的情况，各种火灾事故时有发生。

在火灾总数中，电气火灾所占比例不断攀升，而且随着城市化进程，电气火灾损失的严重性也在不断上升，不仅会在事故现场造成巨大损失，还可能造成大规模、长时间停电，从而引起巨大的间接损失，必须尽一切可能加以预防。因此，研究电气火灾原因及其预防则显得意义重大。

### 1.4.1 家庭安全用电的组成

家庭电路的组成如图 1.4.1 所示，主要由进户线、电度表、保险丝盒、闸刀开关和用电设备组成。

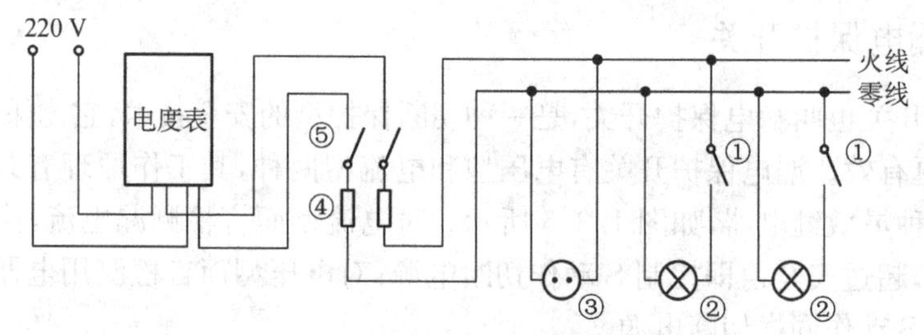


① 开关　② 灯座　③ 插座　④⑤ 保险盒和闸刀开关

**图 1.4.1　家庭电路的组成**

1）电度表

专门用来计量某一时间段电能累计值的仪表叫做电度表，俗称火表。电度表有单相电度表和三相电度表两种。单相电度表多用于民用照明，常用的规格有 2.5(5) A 和 5(10) A。三相电度表又有三相三线制和三相四线制电度表两种；按连接方式不同又各分为直接式和间接式两种。单相电度表的接线方法如图 1.4.2 所示。

单相电度表共有四个接线桩头，从左到右按 1、2、3、4 编号。接线方法一般按图 1.4.2(a)所示的跳入式接线法接线。也有的按图 1.4.2(b)所示的顺入式接线法接线。具体的接线方法应参照电度表接线桩盖上的接线图。

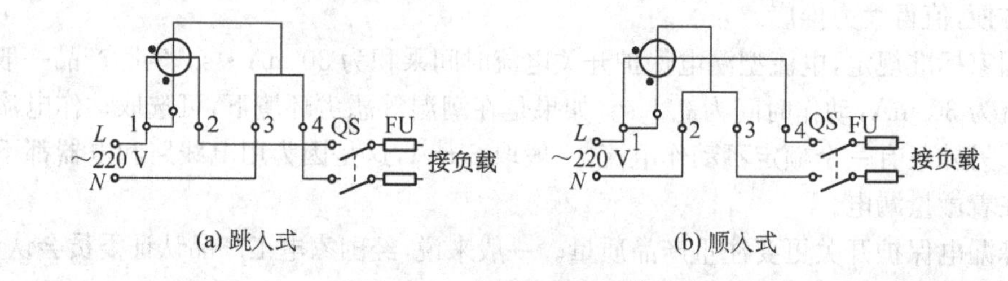


(a) 跳入式　　(b) 顺入式

**图 1.4.2　单相电度表接线方法**

2）闸刀开关

闸刀开关简称刀开关，常见的闸刀开关的结构如图 1.4.3 所示，它由瓷座、刀片、刀座及胶木盖等组成。通常用作隔离电源的开关，以便能安全地对电气设备进行检修或更换保险丝，也可用作直接起动电动机的电源开关。选用时，闸刀开关的额定电流约大于电动机额定电流三倍。根据刀片数多少，问刀开关分单极(单刀)、双极(双刀)、三极(三刀)。

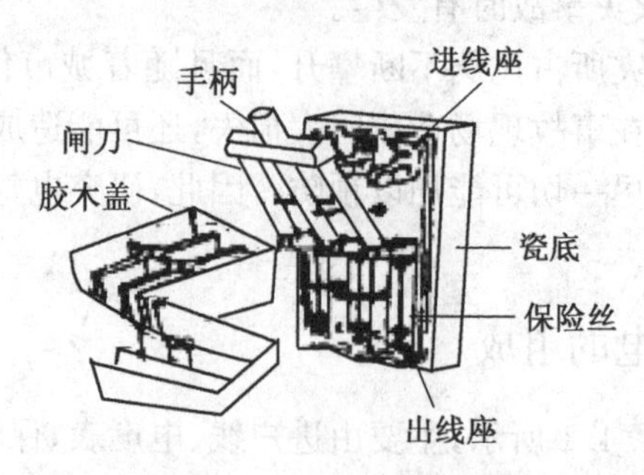


**图 1.4.3　闸刀开关的结构**

胶盖闸刀在开关接通状态时，瓷质手柄应朝上，如图 1.4.4(a)所示，否则容易产生误操作。同时应注意胶盖闸刀开关必须垂直安装，不能平装。

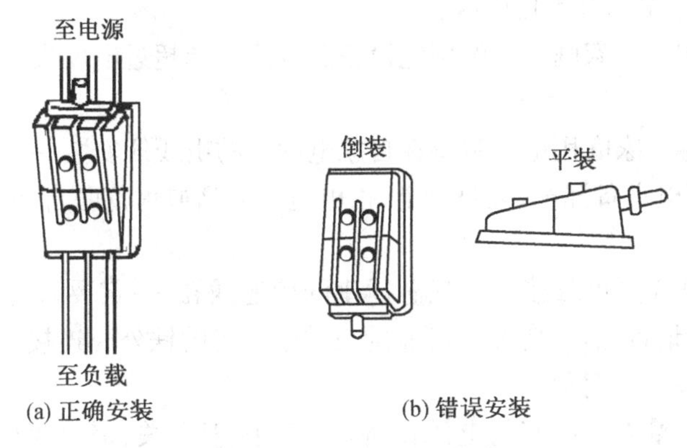


(a) 正确安装　　(b) 错误安装

**图 1.4.4　胶盖闸刀的安装**

3) 用电设备

家庭用电设备主要指开关、插座和家用电器。如图 1.4.1 所示家庭电路中各盏灯应并联，开关与它所控制的电灯应是串联，插座与电灯应并联，保险盒和用电器应串联。

家庭中的用电设备在使用时应注意以下几点：

(1) 没有金属外露的塑料外壳电器设备、以及双绝缘(即带"回"字符号)的小型电器设备，可以使用二孔插座；有金属外壳的电器设备，以及有金属外露的电器设备，应使用带保护极的三头插座。

(2) 照明开关必须接在火线上，这样就可以控制火线的通断，检修用电器时才能保证电器不带电！如果开关安在零线上，虽然可以起到关掉用电器的效果，但是此时火线仍然与用电器连接，此时用电器还是带电，人体碰到金属体时电流就会通过人体流入大地造成单相触电。

(3) 家庭电路中各盏灯应并联，开关与它所控制的电灯应是串联，插座与电灯应并联，保险盒和用电器应串联。

(4) 塑料绝缘导线严禁直接埋在墙内，因为塑料绝缘导线长时间使用后，绝缘性能大大降低，一旦墙体受潮会引起大面积漏电，危害人身安全，同时也不利于线路的检修。

(5) 选用与导线相适应的保险熔丝，当保险丝烧断时，千万不要用铜丝、铝丝或铁丝代替，而应该用同等规格的相同材质的保险丝。

(6) 正确使用测电笔，测电笔的正确握法和错误握法分别如图 1.4.5(a)、(b)所示。

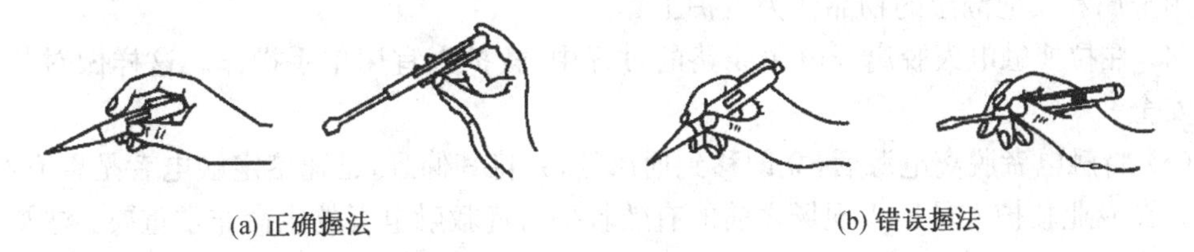

(a) 正确握法　　(b) 错误握法

**图 1.4.5　测电笔的握法**

### 1.4.2　家庭安全用电的注意事项

家庭安全用电应注意以下几点：

(1) 不超负荷用电　家庭使用的用电设备总电流不能超过电度表和电源线的最大额定电流。

(2) 安装保护器　家庭用电一定要在自家电度表的出线侧安装一只漏电流过电压双功能保护器，以使在家电设备漏电、人身触电、供电电压太高或太低时自动跳闸切断电源，保护人身和设备的安全。

(3) 用电设备外壳要可靠接零　三芯插座的接地插孔，一定要做可靠保护接零(地)线连接，三芯插头的接地桩头，一定要做可靠的与用电设备的铁外壳连接。以防用电设备的绝缘击穿或外壳带电发生人身触电。

(4) 把好产品质量关　所有的电源设备(导线、闸刀开关、漏电流(过电压)保护器、插头、插座)，家庭用电设备都要选用国家指定厂家生产、并经技术质检合格的产品，不能图便宜买没有“三证”的假冒产品。

(5) 安装布线符合要求　电源插座在安装要高于地面 1.6 米，以防触电脱离电源和保证幼童安全，临时用电不能胡拉乱接，用完后应立即拆除。

(6) 发现异常、立即断电　用电设备在使用中，发现电压异常升高，或发现用电设备有异常的响声、气味、温度、冒烟、火光，要立即断开电源，再进行检查或灭火抢救。

(7) 要养成好习惯　做到人走断电，停电断开关，触摸壳体用手背，维护检查要断电，断电要有明显断开点。

## 1.5　触电急救

当发现了人身触电事故以后，发现者一定不要惊慌失措，因为触电后可能由于失去知觉或超过人的摆脱电流而不能自己脱离电源，所以要动作迅速，在保护自己不被触电的情况下使触电者脱离电源，并且立即就地进行现场救护，同时找医生救护。触电急救时要注意以下几点：

(1) 就近拉开电源开关，拔出插销或瓷插熔断器。

(2) 用带有绝缘柄或干燥木柄切断电源。切断时应注意防止带电导线断落碰触周围人体。

(3) 在未采取绝缘措施前，救护人不得直接接触触电者的皮肤和潮湿的衣服及鞋。不得采用金属和其他潮湿的物品作为救护工具。

(4) 在拉拽触电人脱离开电源线路的过程中，救护人宜用单手操作。这样做对救护人比较安全。

(5) 将触电者脱离电源后，立即移到通风处，并将其仰卧，迅速鉴定触电者是否有心跳、呼吸。在专业救护人员进入现场之前的有效救护对挽救触电者的生命非常重要。主要的救护方法有口对口人工呼吸和胸外心脏按压。

① 口对口人工呼吸

在做人工呼吸之前，首先要检查触电者口腔内有无异物，呼吸道是否堵塞，特别要注意清理喉头部分有无痰堵塞。其次，要解开触电者身上妨碍呼吸的衣裤，且维持好现场秩序。口对口人工呼吸法不仅方法简单易学且效果最好，较为容易掌握，如图 1.5.1 所示。

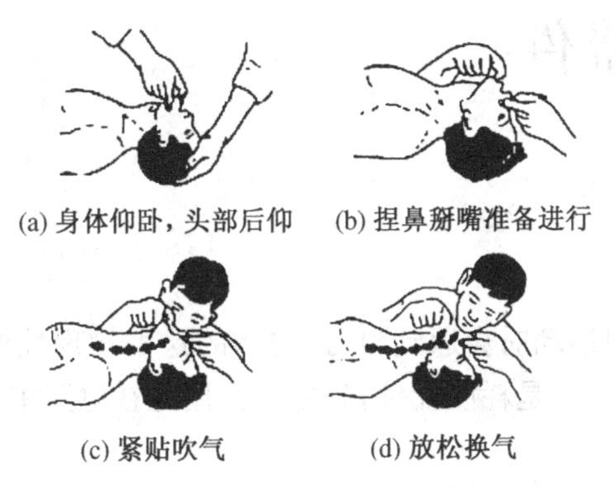


**图 1.5.1　口对口人工呼吸法**

② 胸外心脏挤压术

若触电伤害相当严重，心脏和呼吸都已停止，人完全失去知觉 则需同时采用口对口人工呼吸和人工胸外心脏挤压两种方法（见图 1.5.2）。如果现场仅有一个人抢救，可交替使用这两种方法，先胸外挤压心脏 4～6 次，然后口对口呼吸 2～3 次，再挤压心脏，反复循环进行操作。胸外心脏挤压术是触电者心脏停止跳动后使心脏恢复跳动的急救方法是每一个电气工作人员应该掌握的。

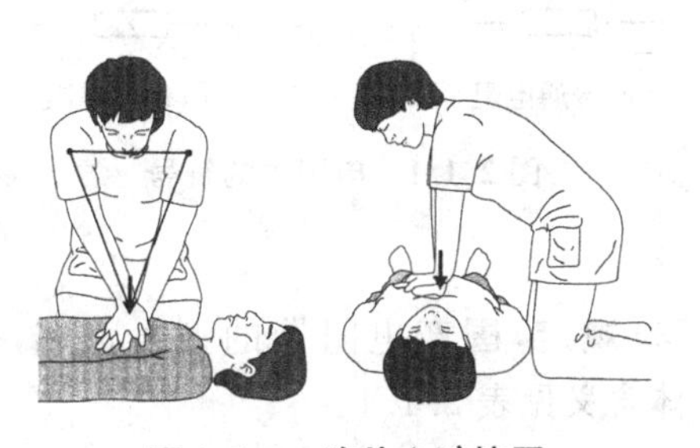

**图 1.5.2　胸外心脏按压**

# 2 电子元器件

## 2.1 电阻器

电子在物体内作定向运动时会遇到阻力，物体的这种物理性质就称为电阻。电阻是电路中应用最多的元器件之一，是耗能元件，其主要作用是在电路中分配电压、电流，用作负载电阻和阻抗匹配等。

### 2.1.1 电阻器的符号与命名

1）电阻器的符号

电阻器用字母 R 表示，电阻在电路中的图形符号如图 2.1.1 所示。电阻值的基本单位为欧姆，简称欧(Ω)。常用的单位还有千欧(kΩ)和兆欧(MΩ)，三者的换算关系是：1 MΩ=1 000 kΩ，1 kΩ=1 000 Ω。

图 2.1.1 电阻器的符号

2）电阻器的型号命名

根据部颁标准(SJ－73)规定，国产电阻器的型号命名，一般由五个部分组成，如图 2.1.2 所示，各部分的具体含义见表 2.1.1。

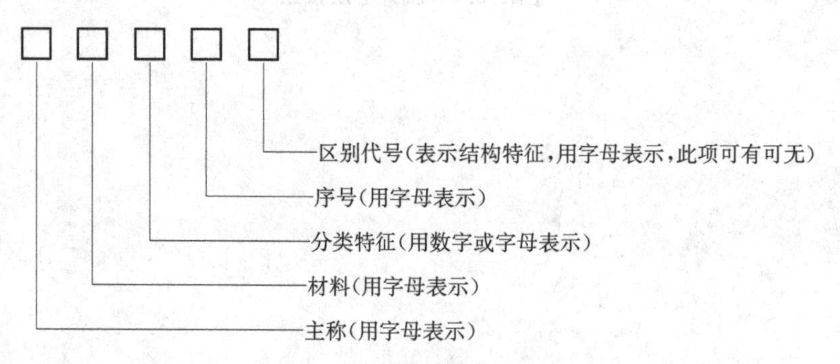


图 2.1.2 电阻器命名图例

**表 2.1.1 电阻器的型号各部分的含义**

| 第一部分：主称 | | 第二部分：电阻材料 | | 第三部分：类型 | | 第四部分：序号 |
|---|---|---|---|---|---|---|
| 字母 | 含义 | 字母 | 含义 | 字母 | 含义 | 用数字表示 |
| R | 电阻器 | T | 碳膜 | 0 | | 用数字表示，对主称、材料、特征相同，仅尺寸、性能指标稍有偏差，但不影响互换使用的产品，则标同一序号；若尺寸、性能指标的差别影响互换使用时，则要标不同序号加以区分 |
| | | | | 1 | 普通 | |
| | | H | 合成膜 | 2 | 普通 | |
| | | S | 有机实芯 | 3 | 超高频 | |
| | | N | 无机实芯 | 4 | 高阻 | |
| | | J | 金属膜 | 5 | 高阻 | |
| | | Y | 金属氧化膜 | 6 | | |
| | | C | 化学沉积膜 | 7 | 精密 | |
| | | I | 玻璃釉膜 | 8 | 高压 | |
| | | X | 线绕 | 9 | 特殊 | |
| | | | | G | 高功率 | |
| | | | | W | 微调 | |
| | | | | T | 可调 | |
| | | | | D | 多圈 | |

## 2.1.2 电阻器的分类

电阻器的种类有很多，分类方法也有很多。普通电阻器按材料可分为碳膜电阻、金属膜电阻、线绕电阻、排状电阻、水泥电阻等；敏感电阻器可分为热敏电阻、光敏电阻、压敏电阻等。表 2.1.2 简要介绍了一些常用的电阻器的结构和特点。

**表 2.1.2 常用电阻器的结构和特点**

| 名称及实物图 | 结构和特点 |
|---|---|
| 碳膜电阻 | 结构：将碳氢化合物在真空中通过高温蒸发分解沉积成炭结晶导电膜而成<br>特点：阻值稳定性好、噪声低、阻值范围较宽、价格较便宜 |
| 金属膜电阻 | 结构：在陶瓷骨架表面，经真空高温或烧渗工艺蒸发沉积一层金属膜或合金膜而成的，表面涂以红色或棕色保护漆<br>特点：耐热性能好、工作频率范围宽、精度高、稳定性好、噪声低、体积小、高频特性好、温度系数低 |
| 线绕电阻 | 结构：将高阻值的康铜丝或镍铬合金丝绕在瓷管上，外层涂以珐琅或玻璃釉加以保护而成<br>特点：具有高稳定性、高精度、大功率、温度系数小，精度高，噪声小、耐高温、能承受较大负载等特点，但自身电感和分布电容比较大 |

续表 2.1.2

| 名称及实物图 | 结构和特点 |
| --- | --- |
| 排状电阻 | 结构：按一定规律排列的分立电阻器集成在一起的组合型电阻器，也称集成电阻器或电阻器网络，有单列式(SIP)和双列直插式(DIP)两种外形结构<br>特点：体积小、安装方便 |
| 热敏电阻 | 热敏电阻器是用一种对温度极为敏感的半导体材料制成的电阻值随温度变化的非线性元件。其中电阻值随温度升高而变小的叫负温度系数热敏电阻器；随温度升高而增大的为正温度系数热敏电阻器 |
| 光敏电阻 | 通常由光敏层、玻璃基片(或树脂防潮膜)和电极等组成。它是利用半导体光电导效应制成的一种特殊电阻器，对光线十分敏感。它在无光照射时，呈高阻状态；当有光照射时，其电阻值迅速减小 |
| 压敏电阻 | 一种特殊的非线性电阻器，电阻值会随外部电压而改变，当加到电阻器上的电压在其标称值以内时，电阻器的阻值呈现无穷大状态。当压敏电阻器两端的电压略大于标称电压时，压敏电阻迅速击穿导通 |

### 2.1.3　电阻器的参数

电阻器的主要参数有标称阻值、允许误差(精度等级)、额定功率、温度系数、噪声、最高工作电压、高频特性等。通常情况下，在选用电阻器时只考虑标称阻值、允许误差和额定功率这三个最主要的参数，其他参数在特殊场合时才需要考虑。

1)　标称阻值

电阻器表面所标注的阻值，称为标称阻值。为了便于生产，同时考虑到能够满足实际使用的需要，国家规定了一系列数值作为电阻产品的标准，这一系列值就是电阻器的标称系列值。不同精度等级的电阻器，其阻值系列不同。标称阻值系列见表 2.1.3。

**表 2.1.3　常用电阻器标称系列表**

| 阻值系列 | 允许误差 | 精度等级 | 标称阻值 |
| --- | --- | --- | --- |
| E6 | ±20% | Ⅲ(M) | 1.0　1.5　2.2　3.3　4.7　6.8 |
| E12 | ±10% | Ⅱ(K) | 1.0　1.2　1.5　1.8　2.2　2.7　3.3　3.9　4.7　5.6　6.8　8.2 |
| E24 | ±5% | Ⅰ(J) | 1.0　1.1　1.2　1.3　1.5　1.6　1.8　2.0　2.2　2.4　2.7　3.0　3.3<br>3.6　3.9　4.3　4.7　5.1　5.6　6.2　6.8　7.5　8.2　9.1 |

注：使用时将表列数值乘以 $10^n$($n$ 为整数)。

2）允许误差

电阻器的允许误差是指电阻器的实际阻值对于标称阻值允许的最大的误差范围，它标志着电阻器的精度等级。对于普通电阻，允许误差有±5%、±10%和±20%三个等级。允许误差越小，电阻器的精度等级越高。精密电阻器的允许误差有±2%、±1%、±0.5%、…、±0.001%等十几个等级。

3）额定功率

电阻器是耗能元件，在通电工作时本身要发热，如果温度过高就会烧坏电阻器。电阻器的额定功率指的是在规定的环境温度中允许电阻器承受的最大功率。在额定功率下，电阻器能长期稳定地工作。

根据部颁标准，不同类型的电阻器有不同系列的额定功率。电阻器的额定功率系列见表 2.1.4。

**表 2.1.4　电阻器的额定功率系列表**

| 种类 | 额定功率(W) |
| --- | --- |
| 线绕电阻 | 0.05　0.125　0.25　0.5　1　2　4　8　12　16　25　40　50　75　100　150　250　500 |
| 非线绕电阻 | 0.05　0.125　0.25　0.5　1　2　5　10　25　50　100 |

## 2.1.4　电阻器的规格标注方法

由于受电阻体表面积的限制，通常只在电阻器外表面上标注电阻的材料类型、标称阻值、允许误差和额定功率。而对于额定功率小于 0.5 W 的小功率电阻器，材料类型和额定功率一般通过其外形尺寸和颜色来判断。电阻器的规格标注方法通常有文字符号直标法和色标法两种。现在发展迅速的贴片电阻一般采用数码表示法。

1）文字符号直标法

文字符号直标法是将电阻器的型号、标称阻值、额定功率、允许误差等主要参数在电阻器的表面上直接标注的方法。这种方法简单明了、读数方便，一般适用于额定功率和体积较大的电阻器，如图 2.1.3 所示。

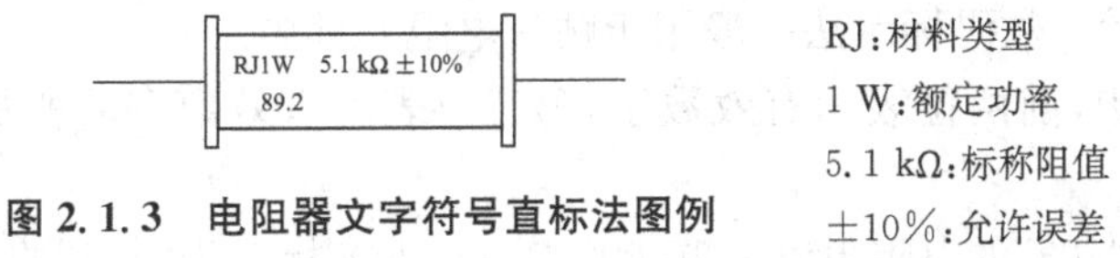


**图 2.1.3　电阻器文字符号直标法图例**

2）色标法

色标法是指用不同颜色的环(色环)按一定的顺序标注在电阻体表面，标注出电阻器的标称阻值、允许误差的方法。

根据电阻体表面的色环个数，分为三色环、四色环和五色环这三种电阻，它们的示意图如图 2.1.4 所示。各色环所代表的含义见表 2.1.5。图 2.1.4(a)中的三色环电阻没有标注出误差色环，其允许误差均为±20%。

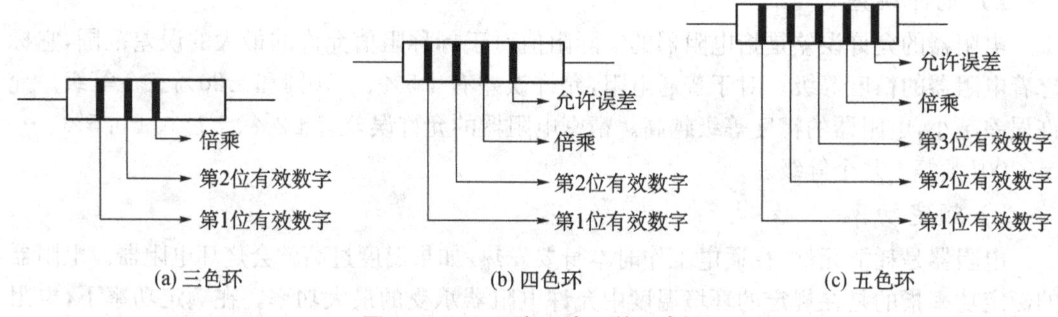


(a) 三色环　　(b) 四色环　　(c) 五色环

**图 2.1.4　不同色环电阻的示意图**

**表 2.1.5　色环颜色代号表**

| 颜　色 | 有效数字 | 倍　乘 | 允许误差(%) |
|---|---|---|---|
| 银色 | / | $\times10^{-2}$ | ±10 |
| 金色 | / | $\times10^{-1}$ | ±5 |
| 黑色 | 0 | $\times10^{0}$ | / |
| 棕色 | 1 | $\times10^{1}$ | ±1 |
| 红色 | 2 | $\times10^{2}$ | ±2 |
| 橙色 | 3 | $\times10^{3}$ | / |
| 黄色 | 4 | $\times10^{4}$ | / |
| 绿色 | 5 | $\times10^{5}$ | ±0.5 |
| 蓝色 | 6 | $\times10^{6}$ | ±0.2 |
| 紫色 | 7 | $\times10^{7}$ | ±0.1 |
| 灰色 | 8 | $\times10^{8}$ | / |
| 白色 | 9 | $\times10^{9}$ | +5～−20 |
| 无色 | | | ±20 |

### 3) 数码标示法

在电阻体上用三位数字来标示元件标称阻值的方法称为数码标示法,其允许误差通常用文字符号来表示。数码标示法一般用于贴片电阻元件中。

在三位数字中,前两位表示有效数字,第三位表示有效数字后所加“0”的个数(单位为Ω)。

例如:标示为“103”的电阻阻值为 10 000 Ω=10 kΩ,标示为“473”的电阻阻值为 47 000 Ω=47 kΩ。

## 2.1.5　电阻器的性能测试及注意事项

### 1) 电阻器性能测试

(1) 电阻器的阻值可用多种仪器进行测量。仪器的测量误差应比被测电阻的允许误差小一至两个等级。普通电阻器的测试可以选用万用表的电阻挡。

(2) 用万用表测量电阻器时,首先应进行欧姆调零,然后选择合适的倍率,尽量使指针指示在表盘中间部分以提高测量精度。每次更换倍率后要重新进行欧姆调零。

(3) 测量大阻值的电阻器时，不能用手捏着电阻器的引线进行测量，防止人体电阻与被测电阻并联导致测量不准确。

(4) 测量小阻值的电阻器时，要先将电阻器的引线刮干净以保证表笔与电阻器引线有良好的接触。

2) 使用注意事项

(1) 电阻器在使用之前应先测量一下，看其阻值是否与标称阻值相符。

(2) 在阻值和额定功率不能满足要求的情况下，可采用电阻串、并联的方法解决。但要注意，除了要使总电阻值符合要求外，还要看每个电阻器承受的功率是否合适。

(3) 使用电阻器时，除了不能超过额定功率，防止电阻器受热损坏，还应注意不超过最高工作电压，防止电阻器内部会产生火花引起噪声。

## 2.2　电位器

电位器是一种可调电阻，也是电子电路中用途比较广泛的元件之一。它对外有三个引出端，其中两个为固定端，另一个是中心抽头(也叫可调端)。转动或调节电位器转轴，其中心抽头与固定端之间的电阻将发生变化。电位器的主要作用是调节电压和电流。经常在收音机、录音机、电视机等电子设备中用于调节音量、音调、亮度、对比度等。

### 2.2.1　电位器的符号与规格标注

1) 电位器的符号

电位器在电路中用字母 $R_p$ 表示，常用的图形符号如图 2.2.1 所示。

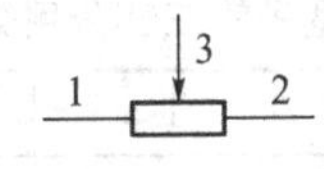


**图 2.2.1　电位器的图形符号**

2) 电位器的型号命名

电位器的型号命名一般采用直标法，把材料性能、额定功率和标称阻值直接印制在电位器的外壳上。电位器的型号标注一般有四个部分组成，如图 2.2.2 所示。

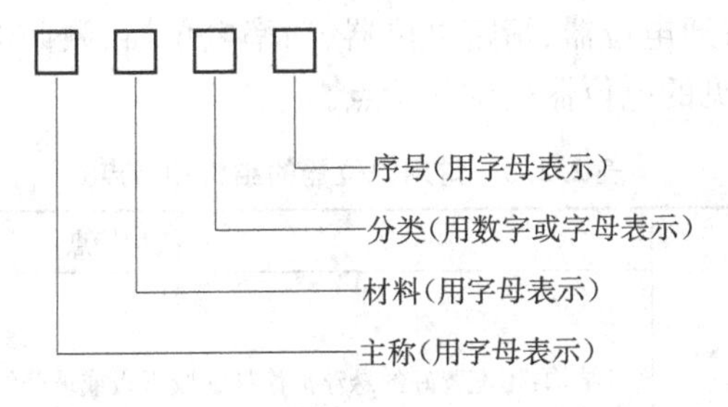


**图 2.2.2　电位器的型号标注**

第一部分表示电位器的主称，用字母“W”表示。

第二部分表示电位器电阻体的材料类别，用字母表示。

第三部分表示电位器的类别，用字母表示。

第四部分表示电位器的生产序号，用数字表示。

第二部分和第三部分的字母所代表的含义见表 2.2.1。

**表 2.2.1　电位器符号的第二、第三部分的含义**

| 第二部分：电阻体材料 | | 第三部分：类别 | |
|---|---|---|---|
| 字　母 | 含　义 | 字　母 | 含　义 |
| J | 金属膜 | J | 单圈旋转精密类 |
| Y | 氧化膜 | D | 多圈旋转精密类 |
| X | 线　绕 | Z | 直滑式低功率类 |
| D | 导电塑料 | M | 直滑式精密类 |
| H | 合成炭膜 | P | 旋转功率类 |
| F | 复合膜 | X | 小型或旋转低功率类 |
| T | 炭　膜 | G | 高压类 |
| S | 有机实芯 | H | 组合类 |
| N | 无机实芯 | W | 微调、螺杆驱动预调类 |
| I | 玻璃釉膜 | R | 耐热型 |
| | | T | 特殊型 |
| | | B | 片式类 |
| | | Y | 旋转预调类 |

有些电位器型号的第三部分用数字表示额定功率，其含义见表 2.2.2。

**表 2.2.2　电阻器型号第三部分用数字表示额定功率**

| 数字 | 0.25 | 0.5 | 1 | 1.5 | 2 | 2.5 | 3 | 5 |
|---|---|---|---|---|---|---|---|---|
| 功率(W) | 0.25 | 0.5 | 1 | 1.5 | 2 | 2.5 | 3 | 5 |

## 2.2.2　电位器的分类

电位器的种类较多，并各有特点。电位器按材料可分为合金型(线绕)、合成型(实芯)、薄膜型；按调节机构的运动方式可分为旋转式、直滑式；按结构可分为单联、多联、带开关、不带开关；按用途可分为普通电位器、精密电位器、功率电位器、微调电位器和专用电位器等。表 2.2.3 介绍了一些常见的电位器结构和特点。

**表 2.2.3　常用电位器的结构和特点**

| 名称及实物图 | 结构特点 |
|---|---|
| 碳膜电位器 | 结构：用配置好的悬浮液涂抹在胶纸板或玻璃纤维板上制成的电阻体<br>特点：阻值连续可调、分辨率高、组织范围宽，但电流噪声大，功率不高 |

**续表 2.2.3**

| 名称及实物图 | 结构特点 |
| --- | --- |
| 有机实芯电位器 | 结构:用导电材料与有机填料、热固性树脂配制成电阻粉,经过热压,在基座上形成实芯电阻体<br>特点:结构简单、耐高温体积小、寿命长、可靠性高,但耐压低、噪声大 |
| 线绕电位器 | 结构:用合金电阻丝在绝缘骨架上绕制成电阻体,中心抽头的簧片在电阻丝上滑动,使得电阻值发生改变<br>特点:温度稳定性,噪声很低、精度高、耐热性能好、有较大的功率,但分辨率低、价格高,而且绕组具有分布电感和分布电容 |
| 多圈式电位器 | 滑动臂从电阻体的一端滑动到电阻体的另一端时,转轴需要转动多圈。而转轴转动一圈时其动触点在电阻体上仅滑动了一小段,属于精密电位器 |
| 双联电位器 | 两个电位器同装在一个轴上,当调整转轴时,两个电位器的触点同时转动 |
| 直滑式电位器 | 电阻材料为碳膜,它的电阻体形为直条形,其动触点作直线滑动使其电阻改变。它的特点是工艺简单,且还可以比较直观地反映出滑臂的位置 |
| 带开关的电位器 | 电位器上附带有开关装置。开关和电位器虽然同轴相连,但又彼此独立,互不影响,因此在电路中就可以省去一个开关。它的特点是开关既可做成单刀单掷、双刀双掷、单刀双掷等形式,也可做成推拉或旋转开关 |
| 锁紧型电位器 | 轴套上都是圆锥形,并开有槽口。当螺帽向下旋紧时,靠圆锥作用将轴套锁紧,防止转轴位置变动,保证调好的电阻值不变。它的特点是可用锁紧的方式使电位器的阻值处于固定状态 |

## 2.2.3　电位器的主要参数

电位器的参数很多，如标称阻值、额定功率、阻值变化规律、滑动噪声、零位电阻、接触电阻、湿度系数、绝缘电阻、耐磨寿命、最大工作电压、精度等级等。下面介绍经常用到的几个参数。

1）标称阻值

电位器的标称阻值为标注在电位器上的阻值，其值等于电位器两固定端之间的阻值。电位器的阻值系列采用 E12、E6 两种。

2）允许误差

电位器实测阻值与标称阻值的误差范围可根据电位器不同的精度等级允许±20%、±10%、±5%、±2%、±1%的误差，精密电位器的允许误差可达±0.1%。

3）额定功率

电位器的额定功率是指一定的大气压及规定湿度下，电位器能连续正常工作时所消耗的最大允许功率。电位器的额定功率也是按照标称系列进行标注的，而且线绕电位器与非线绕电位器有所不同，如表 2.2.4 所示。

**表 2.2.4　电位器的额定功率**

| 种　类 | 额定动率系列(W) |
| --- | --- |
| 线绕电位器 | 0.25　0.5　1　1.6　2　3　5　10　16　25　40　63　100 |
| 非线绕电位器 | 0.025　0.05　0.1　0.25　0.5　1　2　3 |

4）额定工作电压

电位器的额定工作电压又称最大工作电压，是指电位器在规定的条件下，能长期可靠工作时所允许承受的最高电压。在实际使用时工作电压一般要小于额定电压，以保证电位器的正常使用。

5）阻值变化规律

阻值变化规律是指电位器的阻值随转轴的旋转角度而变化的关系。变化规律可以是任何函数形式，常用的有直线式、指数式和对数式，分别用 $X$、$Z$、$D$ 表示，如图 2.2.3 所示。

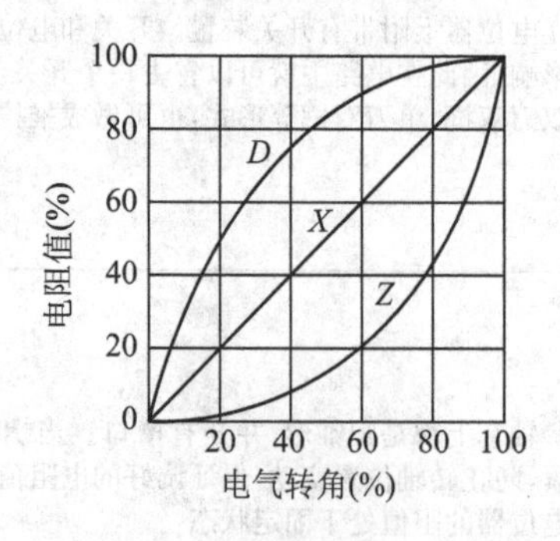


**图 2.2.3　电位器阻值变化规律**

直线式电位器的阻值是随转轴的旋转均匀变化，并与旋转角度成正比。也就是说，阻值随旋转角度的增大而线性增大。这种电位器适用于调整分压、偏流。

对数式电位器的阻值随转轴的旋转成对数规律变化。阻值的变化开始较大，而后变化逐渐减慢，这种电位器适于作音调控制和黑白电视机的黑白对比度的调整。

指数式电位器的阻值随转轴的旋转成指数规律变化。阻值变化开始时比较缓慢，以后随转角的加大，阻值变化逐渐加快。这种电位器适于音量控制，多用在音量控制电路中，以适应人耳听觉的需要。

### 2.2.4 电位器的检测、选用及焊装

#### 1) 电位器的检测

检测电位器常用的工具就是万用表的电阻挡。下面就简单介绍几点用万用表检测电位器的注意事项。

(1) 根据标称阻值的大小，选择合适的倍率，测量电位器固定端之间的阻值是否与标称阻值相符。调节滑动端时，两个固定端之间的阻值应保持不变。如果固定端之间的阻值无穷大，表明电位器已经损坏。

(2) 测量滑动端与任一固定端之间的阻值变化情况。慢慢调节滑动端，如果万用表指针偏转平稳，没有跳动和跌落的现象，表明电位器的滑动端接触可靠。

(3) 对于带开关的电位器检测，应选用万用表 $R\times1\ \Omega$ 挡，表笔接在电位器开关的两个外接焊片上，旋转电位器轴柄。在开关接通和断开时，万用表测量的阻值应分别为 0 和$\infty$，否则可判断该电位器的开关已经损坏。

#### 2) 电位器的选用

选用电位器时，不仅要根据使用要求来选择不同类型和不同结构形式的电位器，同时还应满足电子设备对电位器的性能及参数的要求，所以选择电位器应从多方面进行考虑。表 2.2.5 列出了不同的场合参考使用的电位器类型。

**表 2.2.5 不同的场合参考使用的电位器类型**

| 场 合 | 电位器类型 |
|---|---|
| 普通电子仪器 | 碳膜或合成实芯电位器 |
| 大功率低频电路、高温 | 线绕或金属玻璃釉电位器 |
| 高精度 | 线绕、导电塑料或精密合成碳膜电位器 |
| 高分辨力 | 各类非线绕电位器或多圈式微调电位器 |
| 高频高稳定性 | 薄膜电位器 |
| 调定以后不再变动 | 轴端锁紧式电位器 |
| 多个电路同步调节 | 多联电位器 |
| 精密、微小量调节 | 有慢轴高节机构的微调电位器 |
| 电压要求均匀变化 | 直线式电位器 |
| 音调、音量控制电位器 | 对数、指数式电位器 |

#### 3) 电位器的焊装

为了保证与电路良好、可靠的电气连接以及产品外壳的顺利安装，电位器的焊装要注意以下几点：

(1) 电位器的焊接时间不能太短，焊接时间过短会造成电位器与电路板接触不牢。因

为需要经常调节,如果焊接不牢会使电位器与电路板之间出现松动现象而与电路中其它元器件相碰,这样会造成电路故障。

(2) 焊接时间不能太长以防止引出端周围的电位器外壳受热过大而变形。

(3) 轴端装旋钮或轴端开槽的电位器在调节时应注意,不可用力调节过头,防止损坏内部止档。

(4) 焊接电位器的三个引出端时要注意电位器旋钮的调节方向应符合正常的使用要求。如音量电位器,向右顺时针调节时,如信号变大则说明连线正确。

## 2.3 电容器

电容器是电子电路中常用的元器件,它是由两个金属电极,中间夹一层电解质构成的,并且具有存储电荷功能的电子元件。在电路中,它有阻止直流电流通过,允许交流电流通过的特性。在电路中可起到旁路、耦合、滤波、隔直流、储存电能、振荡和调谐等作用。电容器是储能元件。

### 2.3.1 电容器的符号与命名

1) 电容器的符号

电容器在电路中用符号 C 表示,电容器的基本单位为法拉,简称 F(法)。电容器常用的图形符号如图 2.3.1 所示。

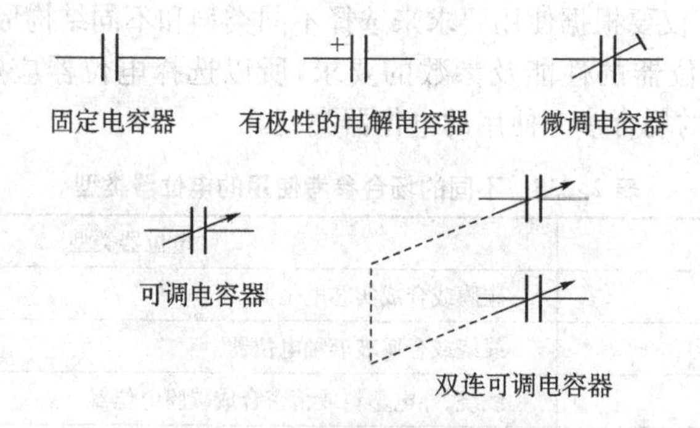


**图 2.3.1 常用电容器的图形符号**

2) 电容器的命名

根据部颁标准(SJ - 73)规定,国产电容器的型号命名由四个部分组成,如图 2.3.2 所示,各部分具体含义见表 2.3.1。

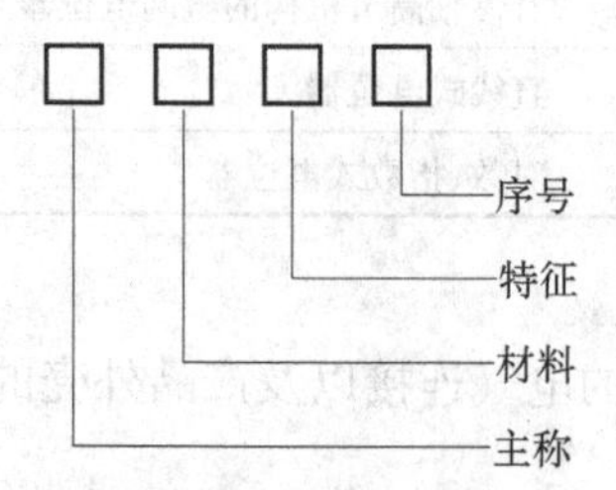


**图 2.3.2 电容器型号的命名**

第一部分:主称,用字母表示(一般用C表示)。
第二部分:材料,用字母表示。
第三部分:特征,用字母或数字表示。
第四部分:序号,用数字表示。

**表 2.3.1 电容器型号命名各部分的含义**

| 主称 | | 材料 | | 特征 | | | | | 序号 |
|---|---|---|---|---|---|---|---|---|---|
| | | 字母 | 含义 | 数字或字母 | 含义 | | | | |
| C | 电容器 | A | 钽电解 | | 瓷介电容器 | 云母电容器 | 有机电容器 | 电解电容 | 数字表示,对主称、材料、特征相同,仅尺寸、性能指标稍有偏差,但不影响互换使用的产品,则标同一序号;若尺寸、性能指标的差别影响互换使用时,则要标不同序号加以区分 |
| | | B | 非有机薄膜 | 1 | 圆 型 | 非密封 | 非密封 | 箔 式 | |
| | | C | 高频陶瓷 | 2 | 管 型 | 非密封 | 非密封 | 箔 式 | |
| | | D | 铝电解 | 3 | 叠 片 | 密 封 | 密 封 | 烧结粉非固体 | |
| | | E | 其他材料 | 4 | 独 石 | 密 封 | 密 封 | 烧结粉固体 | |
| | | G | 合金电解 | 5 | 穿 心 | | 穿 心 | | |
| | | H | 纸膜复合 | 6 | 支 柱 | | | | |
| | | I | 玻璃釉 | 7 | | | | 无极性 | |
| | | J | 金属化纸介 | 8 | 高 压 | 高 压 | 高 压 | | |
| | | L | 极性有机薄膜 | 9 | | | 特 殊 | 特 殊 | |
| | | N | 铌电解 | C | 高功率型 | | | | |
| | | O | 玻璃膜 | T | 叠片式 | | | | |
| | | Q | 漆 膜 | W | 微调式 | | | | |
| | | S | 低频陶瓷 | J | 金属化型 | | | | |
| | | T | 低频陶瓷 | Y | 高压型 | | | | |
| | | V | 云母纸 | | | | | | |
| | | X | 云母纸 | | | | | | |
| | | Y | 云 母 | | | | | | |

## 2.3.2 电容器的分类

电容器的种类很多,分类方法也各有不同。从结构上分可分为固定电容器、可变电容器和微调电容器。从介质材料可分为气体介质电容器、液体介质电容器、无机固体介质电容器、电解介质电容器、复合介质电容器等。表2.3.2介绍了几种常用电容器的结构及特点:

**表 2.3.2 几种常用电容器的结构及特点**

| 实物及名称 | 结构特点 |
|---|---|
| 纸介电容器 | 结构:由厚度很薄的纸作为介质,铝箔作为电极,并经卷绕成圆柱形封装的电容器<br>特点:容量大、体积小,但漏电流和介质损耗较大,温度系数较大,热稳定性差,宜用于低频电路 |

**续表 2.3.2**

| 实物及名称 | 结构特点 |
| --- | --- |
| 云母电容器 | 结构:由金属箔(锡箔)或喷涂银层和云母一层层叠合后,用金属模压铸在胶木粉中制成<br>特点:耐高压、高温,性能稳定,体积小,漏电小,但容量小,宜用于高频电路 |
| 瓷介电容器 | 结构:以陶瓷材料作为电容器的介质,在瓷片表面用烧结渗透的方法形成银面的电极面构成<br>特点:有很好的绝缘性能,可制成耐高压型电容器。有很大的介电系数,能使电容器的电容量增大,体积缩小。温度系数宽,能耐热 |
| 有机薄膜电容器 | 结构:以聚苯乙烯、聚四氟乙烯、聚碳酸酯等有机薄膜作为介质,以铝箔为电极或者直接在薄膜上蒸发一层金属膜为电极,然后经卷绕封装而制成<br>特点:体积小,电容值稳定,绝缘电阻较大,漏电极小,耐压较高 |
| 涤纶电容器 | 结构:以涤纶薄膜作介质的电容器,又叫聚酯电容器<br>特点:体积小、电容量大、工作电压范围宽 |
| 电解电容器 | 结构:用铝圆筒作负极,里面装有液体电解质,插入一片弯曲的铝带作正极而成。需要经过直流电压处理,使正极片上形成氧化铝膜作介质<br>特点:电容量大,有固定极性,漏电大,损耗大,宜用于电源滤波电路和音频旁路 |
| 钽电容器 | 结构:以金属钽为正极,以稀硫酸等配液为负极,以钽表面生成的氧化膜作为介质<br>特点:体积小、容量大、性能稳定、寿命长、绝缘电阻大、温度特性好,一般用在要求较高的电子设备中 |
| 微调电容器 | 结构:由两片或两组小型金属弹片中间夹有云母介质所组成,也有的是在两个瓷片上镀一层银制成<br>特点:用螺钉调节两组金属片间的距离来改变电容量,一般用于收音机的振荡或补偿电路中 |

**续表 2.3.2**

| 实物及名称 | 结构特点 |
|---|---|
| 可变电容器 | 结构：有一组（多片）定片和一组多片动片所构成<br>特点：根据动片与定片之间所用介质不同，通常分为空气可变电容器和聚苯乙烯薄膜可变电容器两种 |

### 2.3.3　电容器的参数

电容器的参数很多，但在实际使用中，一般仅以电容量、额定工作电压和绝缘电阻等几个重要参数作为选择依据，只有在要求较高的电路中，才考虑电容器的容量误差、高频损耗等参数。下面来介绍一下电容器的几个重要参数：

1）标称容量

电容量是电容器的最基本的参数。标在电容器外壳上的电容量数值称为标称电容量，是标准化了的电容值，由标准系列规定。常用的标称系列和电阻器的系列相同。不同类别的电容器，其标称容量系列也不一样。

当标称容量范围在 0.1 μF～1 μF 时，采用 E6 标称系列。当标称容量范围在 1 μF～100 μF 时，采用 1、2、4、6、8、10、15、20、30、50、60、80、100 系列。对于有机薄膜、瓷介、玻璃釉、云母电容器的标称容量系列采用 E24、E12、E6 系列。对于电解电容器采用 E6 系列。

2）额定工作电压(耐压)

电容器的额定工作电压是指在电路中能够长期可靠地工作而不被击穿所能承受的最大直流电压（又称耐压）。它直接与所用的绝缘介质及其厚度有关。电容器的介质被击穿后，两极板被短路，电容器就损坏了（空气介质电容器击穿后仍能恢复），因此电容器在使用时，要注意实际工作电压不要超过额定工作电压。通常所标明的电容器的耐压都是直流电压，如果用在交流电路中，则应该注意所加的交流电压的最大值（峰值）不能超过这个直流电压值。

3）绝缘电阻

电容器的绝缘电阻是指电容器两电极间的电阻，也叫漏电电阻。理想的电容器两极板之间的电阻应是无穷大。但由于任何介质都不是绝对的绝缘体，因此，其电阻值不是无穷大而是一个很大的数值。电容器的绝缘电阻表明电容器漏电流的大小，电容器漏电流越小，绝缘电阻越大，漏电流越大，绝缘电阻越小。当漏电流较大时，电容器发热，严重时会导致电容器损坏，所以绝缘电阻越大越好。

一般电解电容器的绝缘电阻约数百 kΩ 以上，高质量的电容器，绝缘电阻一般为几百 MΩ～几千 MΩ。

### 2.3.4　电容器的规格标注

电容器的规格标注方法一般有直标法、文字符号法和色码标注法三种。

1）直标法

直标法就是在电容器表面标示出标称容量，允许误差、额定工作电压等。电容量的单位用 F(法拉)、mF(毫法,$10^{-3}$ F)、μF(微法,$10^{-6}$ F)、nF(纳法,$10^{-9}$ F)、pF(皮法,$10^{-12}$ F)表示,允许误差直接用百分数表示。

2) 文字符号法

文字符号法是采用数字或字母与数字混合的方法来标注电容器的主要参数。

(1) 不标单位,直接用数码表示容量

用 2～4 位数码表示容量数值,如果数码大于 1,则容量单位为 pF;如果数码小于 1,则容量单位为 μF。

如:4 700 表示 4 700 pF

360 表示 360 pF

0.068 表示 0.068 μF

(2) 三位数码标注法

用三位数字表示容量的大小,单位为 pF,这种表示法最为常见。前两位为有效数字,后一位是零的个数(即乘以 $10^i$),$i$ 是第三位数字,若第三位数字为 9,则乘以 $10^{-1}$。

如:102 表示 $10\times10^2=1\ 000$ pF

223 表示 $22\times10^3=22\ 000$ pF $=0.022$ μF

479 表示 $47\times10^{-1}=4.7$ pF

3) 色标法

电容器的色标法与电阻器的色标法基本一样。电容器的色标通常用三种颜色表示,单位为 pF。沿着电容器引线方向,前两道色标表示容量的有效数字,第三道色标表示有效数字后面零的个数,如图 2.3.3(a)所示。有时,前两道色标为同色,就会涂成一道宽的色标,如图 2.3.3(b)所示,两个橙色涂成一道宽的色标,表示 3 300 pF。

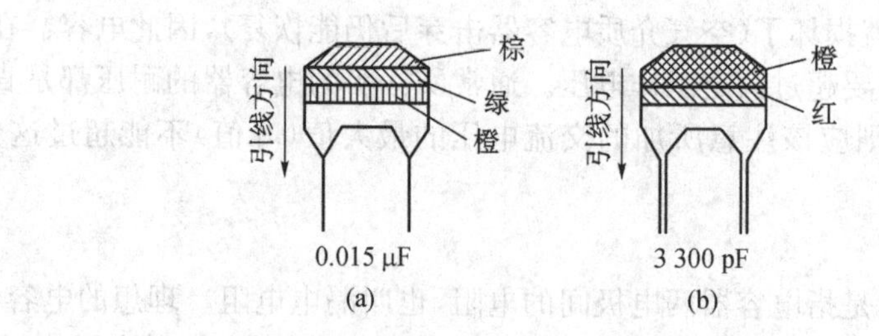


图 2.3.3 电容量的色标标注法

## 2.3.5 电容器的作用

1) 旁路

旁路电容是为本地器件提供能量的储能器件,它能使稳压器的输出均匀化,降低负载需求。就像小型可充电电池一样,旁路电容能够被充电,并向器件进行放电。为尽量减少阻抗,旁路电容要尽量靠近负载器件的供电电源管脚和地管脚。这能够很好地防止输入值过大而导致的地电位抬高和噪声。地电位是地连接处在通过大电流毛刺时的电压降。

2) 去耦

去耦,又称解耦。从电路来说,总是可以区分为驱动的源和被驱动的负载。如果负载电容比较大，驱动电路要把电容充电、放电，才能完成信号的跳变，在上升沿比较陡峭的时候，电流比较大，这样驱动的电流就会吸收很大的电源电流，由于电路中的电感，电阻(特别是芯片管脚上的电感)会产生反弹，这种电流相对于正常情况来说实际上就是一种噪声，会影响前级的正常工作，这就是所谓的“耦合”。

去耦电容就是起到一个“电池”的作用，满足驱动电路电流的变化，避免相互间的耦合干扰，在电路中进一步减小电源与参考地之间的高频干扰阻抗。

将旁路电容和去耦电容结合起来将更容易理解。旁路电容实际也是去耦合的，只是旁路电容一般是指高频旁路，也就是给高频的开关噪声提供一条低阻抗泄放途径。高频旁路电容一般比较小，根据谐振频率一般取 0.1 μF、0.01 μF 等；而去耦合电容的容量一般较大，可能是 10 μF 或者更大，依据电路中分布参数、以及驱动电流的变化大小来确定。旁路是把输入信号中的干扰作为滤除对象，而去耦是把输出信号的干扰作为滤除对象，防止干扰信号返回电源。这应该是他们的本质区别。

3) 滤波

从理论上(即假设电容为纯电容)说，电容越大，阻抗越小，通过的频率也越高。但实际上超过 1 μF 的电容大多为电解电容，有很大的电感成份，所以频率高后反而阻抗会增大。有时会看到有一个电容量较大的电解电容并联了一个小电容，这时大电容滤低频，小电容滤高频。电容的作用就是通高阻低，即通高频阻低频。电容越大高频越容易通过。具体用在滤波中，大电容(1 000 μF)滤低频，小电容(20 pF)滤高频。由于电容的两端电压不会突变，由此可知，信号频率越高则衰减越大。它把电压的变动转化为电流的变化，频率越高，峰值电流就越大，从而缓冲了电压。滤波就是充电，放电的过程。

4) 储能

储能型电容器通过整流器收集电荷，并将存储的能量通过变换器引线传送至电源的输出端。电压额定值为 40～450 VDC、电容值在 220～150 000 μF 之间的铝电解电容器是较为常用的。根据不同的电源要求，器件有时会采用串联、并联或其组合的形式，对于功率级超过 10 kW 的电源，通常采用体积较大的罐形螺旋端子电容器。

### 2.3.6 电容器的检测、选用及注意事项

1) 电容器的检测

(1) 电解电容的检测

对电解电容进行检测时，可以先根据电解电容正、反向漏电电阻相差较大的特点判断出电解电容的极性。测量时，万用表选择合适的量程($R\times1$ k 或 $R\times100$ 挡)，将表笔分别接电解电容的两个电极，万用表指针向零欧姆的方向摆动，摆到一定幅度后，又向∞方向摆动，直到某一位置停下，记下该阻值。然后调换表笔再测一次，两次测量中，漏电阻大的那次，黑表笔所接为电解电容的正极，红表笔所接为负极，如图 2.3.4 所示。

如果指针距零欧姆位置较近，表明漏电太大不能使用；有的电容器漏电电阻达到∞位置后，又向零欧姆方向摆动，表明漏电严重，也不能使用。

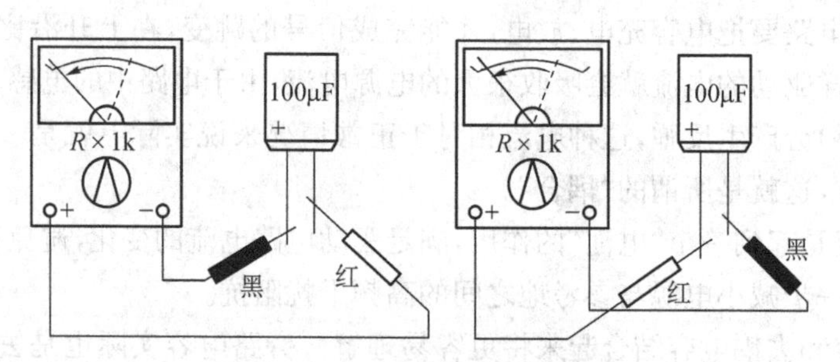


图 2.3.4　判断电解电容的极性

（2）无极性电容器的检测

检测无极性电容时，万用表拨至 $R\times10$ k 或 $R\times1$ k 挡（对于电容量小的电容器选 $R\times10$ k 挡），测量电容器两引脚之间的阻值。

若电容器正常，指针应先向右摆动，然后返回到∞处，容量越小，向右摆动的幅度越小。指针摆动的过程实际上是万用表内部电池通过表笔对被测电容充电的过程。电容量越小，充电越快，指针摆动幅度越小，充电完成后指针就停在∞处。

若检测时指针无摆动过程，而是始终停在∞处，说明电容器不能充电，该电容器内部开路。

若指针能向右摆动，也能返回，但回不到∞处，说明电容器能充电，但绝缘电阻小，该电容器漏电。

若指针始终指在小阻值或零欧姆处不动，说明电容器不能充电，且绝缘电阻很小，该电容器短路。

（3）电容量的测量

用万用表的 $R\times1$ k 或 $R\times10$ k 挡测量电容器的电容量，开始指针快速正偏一个角度，然后逐渐向∞方向退回。再互换表笔重新测量，指针偏转角度比上次大，表明电容器的充放电过程正常。指针开始偏转角越大，回∞的速度越慢，表明电容量越大。可以用该方法将被测电容与已知容量的电容器作比较，估计被测电容容量的大小。

2）电容器的选用

（1）根据电路的要求合理选用型号

一般用于低频耦合、旁路等场合应选用纸介电容器；在高频电路和高压电路中，应选用云母电容器和瓷介电容器；在电源滤波或退耦电路中应选用电解电容器（极性电解电容器只能用于直流或脉动直流电路中）。

（2）合理确定电容器的精度

在大多数情况下，对电容器的容量要求并不严格。但在振荡、延时电路及音调控制电路中，电容器的容量则应和计算要求尽量符合。在各种滤波电路以及某些要求较高的电路中，电容器的容量值要求非常精确。

（3）电容器额定工作电压的确定

如果电容器的额定工作电压低于电路中的实际电压，电容器就会发生击穿损坏。一般应高于实际工作电压 1～2 倍，使其留有足够的余量。对于电解电容，实际工作电压应是额定工作电压的 50%～70%，如果实际工作电压低于额定工作电压的一半一下，反而会使电解电容器的损耗增大。

(4) 交流电路中电容器的选用

要注意通过电容器的交流电压和电流,不应超过给出的额定值。对于有极性的电解电容器不能在交流电路中使用,但可以在脉动电路中使用。

(5) 注意电容器的温度稳定性及损耗

在谐振电路中应当选择温度系数小一些的电解电容,以免影响其谐振特性。

## 2.4 电感器

凡能产生电感作用的器件统称为电感器,是电子电路中常用的元件之一。电感器是根据电磁感应原理制成的,特性是通直流阻交流,频率越高,线圈阻抗越大。常用作滤波、调谐、振荡器、均衡电路、去耦电路等。

### 2.4.1 电感器的符号与命名

1) 电感器的符号

电感器在电路中用字母 L 表示,常用电感线圈的图形符号如图 2.4.1 所示。

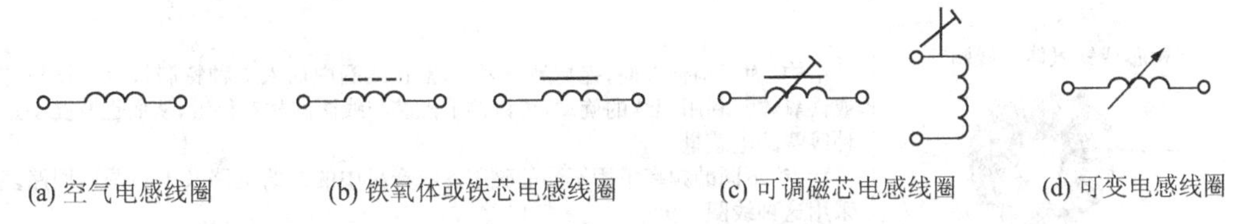


**图 2.4.1 电感线圈的电路图形符号**

2) 电感器的型号命名

我们常见的是国产电感线圈,其型号命名有四个部分组成,如图 2.4.2 所示。

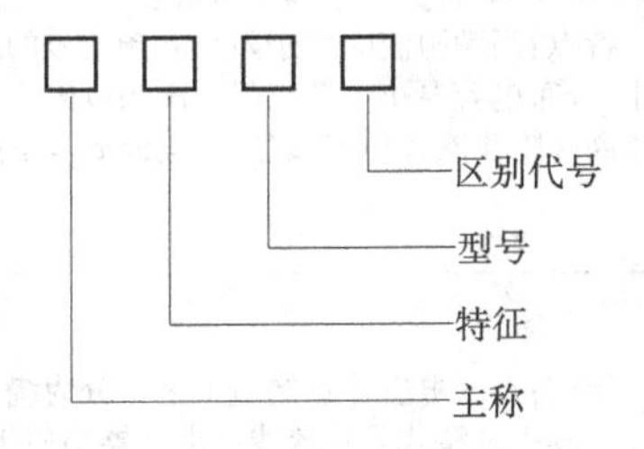


**图 2.4.2 电感器的型号命名**

第一部分:主称,用字母表示(L 为线圈、ZL 为阻流圈)。

第二部分:特征,用字母表示(G 为高频)。

第三部分:类型,用字母表示(X 为小型)。

第四部分:区别代号,用字母 A、B、C、…表示。

例如:LGXA 表示小型高频电感线圈。

## 2.4.2　电感器的分类与结构

### 1）电感器的分类

电感器（也称电感线圈）的种类很多，分类方法也不一样。按照电感器的工作特征可分为固定电感器、可变电感器和微调电感器；按照结构特点可分为单层线圈、多层线圈和蜂房线圈、带磁芯的线圈和低频扼流圈等。

各种电感线圈都具有不同的特点和用途，表 2.4.1 介绍了几种常用的电感器。

**表 2.4.1　常用电感器的实物及结构特点**

| 名称及实物 | 结构和特点 |
|---|---|
| 固定电感器 | 结构：按不同电感量的要求将不同直径的铜线绕在磁芯上，再用塑料壳封装或用环氧树脂包封<br>特点：体积小、重量轻、结构牢固而可靠、安装方便。其电感量可以用数字直接表在外壳上，也可用色环表示 |
| 铁粉芯或铁氧体芯线圈 | 结构：为了调整方便，提高品质因素，常在线圈中加入一种特制材料－铁粉芯或铁氧体。利用螺纹的旋动，可以调节磁芯与线圈的相对位置，从而也改变了这种线圈的电感量<br>特点：不同的频率采用不同的磁芯。收音机中的振荡电路及中频调谐回路多采用这种线圈 |
| 阻流圈（扼流圈）<br>低频扼流圈　高频扼流圈 | 结构：高频阻流圈多采用线圈的分段绕制及陶瓷骨架。低频阻流圈多采用硅钢片、铁体、坡莫合金等作为铁芯<br>特点：高频阻流圈用于阻止高频信号的通过，其特点是电感量小，要求损耗要小，分布电容要小。低频阻流圈用以阻止低频信号的通过。其特点是电感量要比高频阻流圈大得多，多用于电源滤波电路、音频电路 |
| 片式电感 | 结构：片式电感器从制造工艺可分为绕线型、叠层型、编织型和薄膜片式电感器。其中线绕式是传统线绕电感器小型化的产物；叠层式则采用多层印刷技术和叠层生产工艺制作，体积比线绕型片式电感器还要小，是电感元件领域重点开发的产品。左图中为线绕型片式电感器<br>特点：片式电感器现状与发展趋势由于微型电感器要达到足够的电感量和品质因素而比较困难，同时由于制作工艺比较复杂，发展明显滞后于片式电容器和电阻器 |

除了上述的电感器，还有些常见的电感器的外形结构如图 2.4.3 所示。

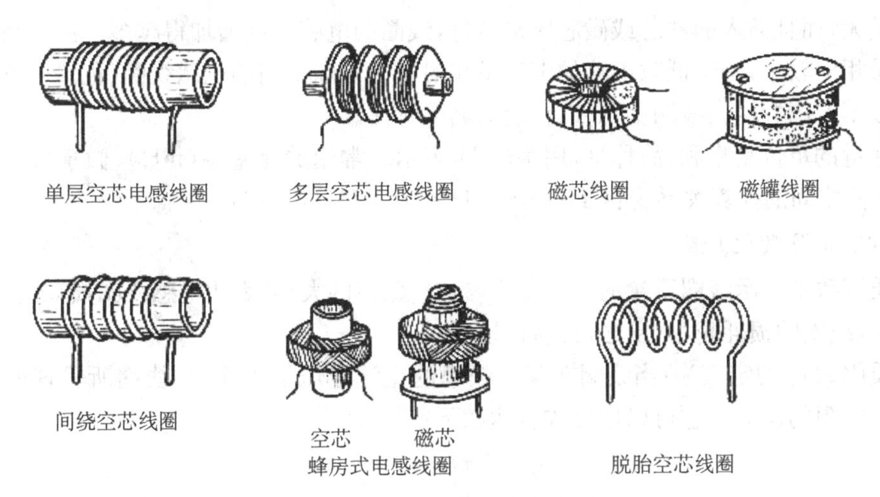


**图 2.4.3 常见电感器的外形**

2) 电感器的结构特点

这里主要介绍固定电感器的结构和特点。固定电感器实际上就是固定线圈,它可以是单层线圈、多层线圈、蜂房式线圈以及具有磁芯的线圈等。固定电感器为了减小体积,往往根据电感量和最大直流工作电流的大小,选用相应直径的导线在磁芯上绕制,然后装入塑料外壳,用环氧树脂封装而成。图 2.4.4 给出了一些固定电感器的结构。固定电感器具有体积小、重量轻、结构牢固和使用安装方便等特点,它主要应用在滤波、振荡、延迟和陷波等电路中。

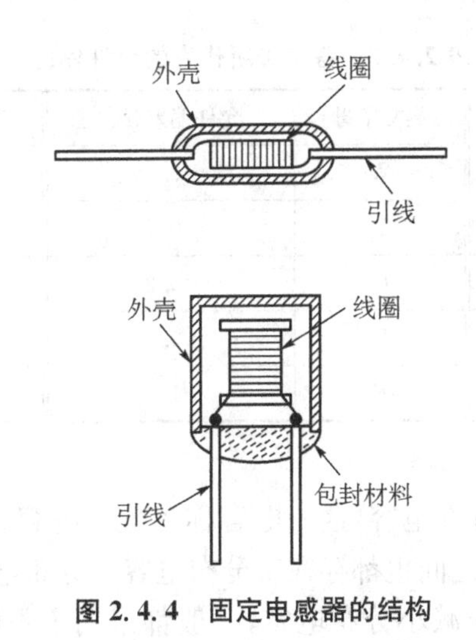


**图 2.4.4 固定电感器的结构**

## 2.4.3 电感线圈的主要参数

1) 电感量

电感量是线圈本身的固有特性,与电感线圈的匝数、几何尺寸、有无磁芯(铁芯)、绕制方式等有关。在同等条件下,匝数越多电感量越大,线圈直径越大电感量越大,有磁芯比没磁芯电感量大,而且插入的铁芯或磁芯质量越好,线圈的电感量就增加得越多。用于高频电路的电感量相对较小,用于低频电路的电感量相对较大。除专门的电感线圈(色码电感)外,电感量一般不专门标注在线圈上,而以特定的名称标注。

电感量的单位是亨利,简称亨,用字母 H 表示。常用的有毫亨(mH)、微亨($\mu$H)、纳亨(nH),它们之间的换算关系为:1 H$=10^3$ mH$=10^6$ $\mu$H$=10^9$ nH。

2) 品质因数($Q$值)

品质因数是表示线圈质量的一个重要参数。$Q$值的大小,表明电感线圈损耗的大小,其$Q$值越大,线圈的损耗越小;反之,其损耗越大。

品质因数$Q$的定义为:当线圈在某一频率的交流电压下工作时,线圈所呈现的感抗和线圈直流电阻的比值。它可以用公式表达如下:

$$Q=\frac{2\pi fL}{R}=\frac{\omega L}{R}$$

式中:$\omega$—— 工作角频率,$\omega=2\pi f$;

$L$—— 线圈的电感量;

$R$—— 线圈的直流电阻。

3) 允许偏差

允许偏差是指电感器上标称的电感量与实际电感量的允许误差值。

一般用于振荡或滤波等电路中的电感器要求精度较高,允许偏差为±0.2%~±0.5%;而用于耦合、高频阻流等线圈的精度要求不高;允许偏差为±10%~15%。

允许偏差在电感器的标注中常用英文字母表示,各字母代表的允许偏差见表 2.4.2 所示。

**表 2.4.2 各字母所代表的允许偏差**

| 英文字母 | 允许偏差(%) | 英文字母 | 允许偏差(%) | 英文字母 | 允许偏差(%) |
|---|---|---|---|---|---|
| Y | ±0.001 | W | ±0.05 | G | ±2 |
| X | ±0.002 | B | ±0.1 | J | ±5 |
| E | ±0.005 | C | ±0.25 | K | ±10 |
| L | ±0.01 | D | ±0.5 | M | ±20 |
| P | ±0.02 | F | ±1 | N | ±30 |

4) 分布电容

电感线圈的匝与匝之间存在电容,这一电容称为分布电容。此外,屏蔽罩之间,多层绕组的层与层之间,绕组与底板之间也都存在着分布电容。分布电容的存在,影响了线圈的性能,使线圈的$Q$值下降。为了减小分布电容,一般都采用了不同的绕制方法,如采用间绕法、蜂房式绕法等。

5) 额定电流

电感器长期工作所允许通过的最大电流,也叫额定电流。它是高频、低频扼流线圈和大功率谐振线圈的重要参数。各字母所代表的额定电流值如表 2.4.3 所示。实际使用电感线圈时,通过的电流一定要小于额定电流值,否则电感线圈将被烧毁或特性将改变。

表 2.4.3 电感线圈额定电流的代表字母及意义

| 字 母 | A | B | C | D | E |
|---|---|---|---|---|---|
| 意 义 | 50 mA | 150 mA | 300 mA | 0.7 A | 1.6 A |

### 2.4.4 电感器的规格标注

1）直接标注法

电感器的直接标注法就是将标称电感量用数字直接标注在电感器的外壳上，同时还用字母表示电感器的额定电流、允许误差。采用这种数字与符号直接表示其参数的，就称为小型固定电感。

例：电感器外壳上标有 C、Ⅱ、470 μH，表示电感器的电感量为 470 μH，最大工作电流为 300 mA，允许误差为±10%。

电感器外壳上标有 220 μH、Ⅱ、D，表示电感器的电感量为 220 μH，最大工作电流为 700 mA，允许误差为±10%。

LG2—C—2μ2—Ⅰ表示为高频电感线圈，额定电流 300 mA，电感量 2.2 μH，允许误差为±5%。

2）色标法

在电感器的外壳上用色环标注出电感器的电感量和允许误差，标注方法同电阻的标注方法一样。第一个色环表示第一位有效数字，第二个色环表示第二位有效数字，第三个色环表示倍乘数，第四个色环表示允许误差，单位为 μH。

例：某电感器的色环依次为蓝、绿、红、银，表明此电感器的电感量为 6 500 μH，允许误差为±10%。

3）数码标注法

数码标示法是用三位数字来表示电感器电感量的标称值，该方法常见于贴片电感器上。在三位数字中从左至右的第一、第二位为有效数字，第三位数字表示有效数字后面所加“0”的个数，单位为 μH。如果电感量中有小数点，则用“*R*”表示，并占一位有效数字。电感量单位后面用一个英文字母表示其允许偏差。

例如：标示为“102 J”的电感量为 1 000 μH，允许偏差为土 5%；标示为“183 K”的电感量为 18 mH，允许偏差为士 10%。需要注意的是要将这种标示法与传统的方法区别开，如标示为“470”的电感量为 47 μH，而不是 470 μH。

### 2.4.5 电感器的检测及意事项

1）电感器的检测

检测电感器时应先对外观进行检查，看线圈有无松散，引脚有无折断，线圈是否烧毁或外壳是否烧焦等。若有上述现象，则表明电感器已经损坏。

如图 2.4.5 所示，测量固定电感器的直流电阻时，用万用表 $R\times1\ \Omega$ 挡或 $R\times10\ \Omega$ 挡进行测量，万用表指针应接近零欧姆，若阻值无穷大，说明线圈已经开路损坏；若阻值为零，说明线圈完全短路。在电感量相同的多个电感器中，阻值越小，则 $Q$ 值越高。

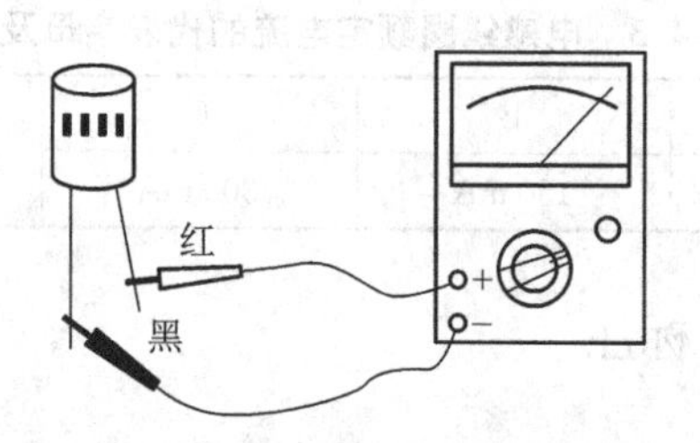


图 4.5　用万用表检测固定电感器

对于有金属屏蔽罩的电感线圈，还需要检测它的线圈与屏蔽罩之间是否短路。若用万用表测得线圈各引脚与外壳之间的电阻不是无穷大，而是有一定电阻值或为零，则说明该电感内部短路。

检测色码电感时，用万用表的 $R\times1\ \Omega$ 挡，将红、黑表笔接色码电感的引脚，此时指针应向右摆动，可以根据测出的阻值判断电感的好坏：

(1) 阻值为零，说明有短路性故障。

(2) 阻值为无穷大，说明内部开路。

(3) 只要能测出电阻值，电感的外形和外表颜色又无变化，可认为电感器是正常的。

2) 电感器的使用注意事项

电感器的用途很广，使用电感器时应注意其性能是否符合电路要求，使用时应注意一下几点：

(1) 在使用电感线圈时应注意不要随便改变线圈的形状、大小和线圈间的距离，否则会影响线圈原来的电感量。尤其是频率越高的电感线圈。有的高频线圈都会用高频蜡或其他介质材料进行密封固定。

(2) 电感线圈在装配时互相之间的位置和其它元件的位置要特别注意，应符合规定要求，以免互相影响而导致整机不能正常工作。

(3) 可调线圈应安装在易于调节的地方，以便调节线圈的电感量达到最理想的工作状态。

## 2.5　二极管

二极管是最常用的电子元件之一，属于半导体器件，半导体的导电能力介于导体和绝缘体之间。目前，制造二极管的材料多为锗或硅，分别为锗二极管和硅二极管。半导体一般呈晶体结构，所以半导体二极管也称晶体二极管，简称二极管。二极管最大的特性就是单向导电性，在电路中一般用作整流、检波、稳压及构成各种调制电路。

### 2.5.1　二极管的符号及特性

1) 二极管的符号

二极管是用一个 PN 结做成管芯，在 P 区和 N 区两侧各接上电极引线，并以管壳封装而成，从 P 区引出的电极为二极管的正极，从 N 区引出的电极为二极管的负极。二极管的结构及电路符号如图 2.5.1 所示。

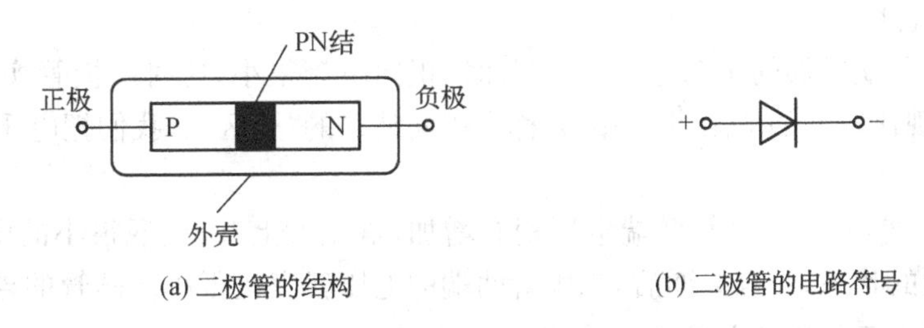

(a) 二极管的结构　　(b) 二极管的电路符号

**图 2.5.1　二极管的结构和电路符号**

## 2）二极管的特性

二极管是非线性元器件，当两端加极性不同的电压时，二极管的导电性能产生很大的差异。

当外加电压的正极接P区，负极接N区时，PN结呈导通状态，如图2.5.2(a)所示，二极管两端呈现的电阻很小，此时为二极管的正向连接，二极管两端的电阻为正向电阻。

当外加电压的正极接N区，负极接P区时，PN结呈截止状态，如图2.5.2(b)所示，二极管两端呈现的电阻很大，此时为二极管的反向连接，二极管两端的电阻为反向电阻。

二极管的这种正向导通、反向截止的特性，我们称之为单向导电性，单向导电性是二极管非常重要的一个特性。

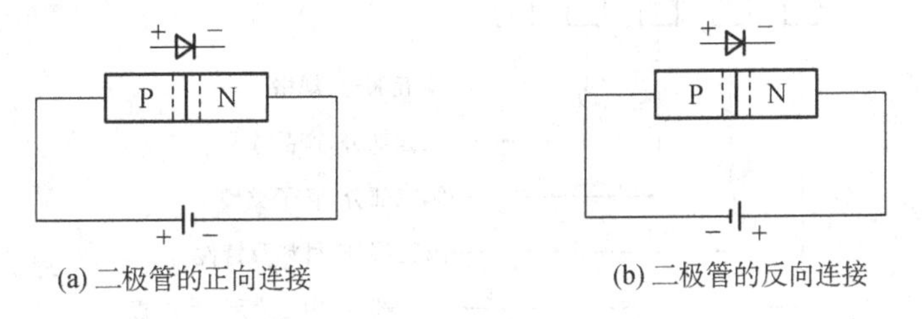

(a) 二极管的正向连接　　(b) 二极管的反向连接

**图 2.5.2　二极管的正、反向连接**

## 3）二极管的伏安特性曲线

二极管的伏安特性如图2.5.3所示，为了使曲线清晰，特性曲线的横坐标、纵坐标及正、负坐标轴的刻度不同。下面的表述以硅二极管为例。

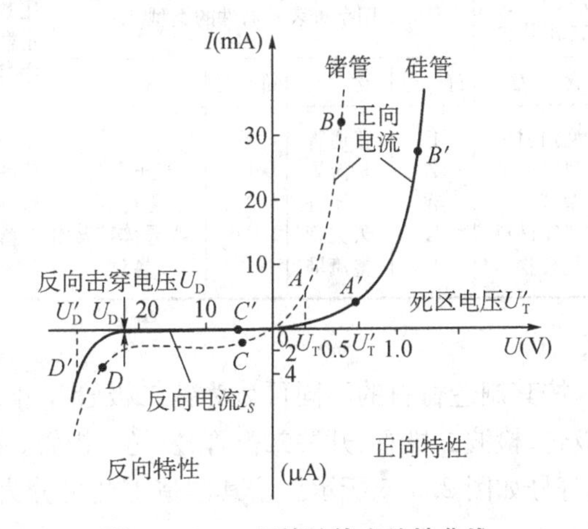


**图 2.5.3　二极管的伏安特性曲线**

(1) 正向特性

当二极管两端所加的正向电压$U<U'_T$时，正向电流很小，这时二极管实际上并没有完全导通，仍呈现比较大的电阻，这一部分称为正向特性的“死区”。我们把电压$U'_T$成为“死区电压”。

当$U>U'_T$时，只要二极管两端电压稍有增加，电流就上升，呈现很小的电阻，二极管才真正处于导通的状态，一旦导通后，二极管两端的电压就变化很小。硅管的导通电压为0.6～0.8 V，锗管的导通电压为0.1～0.3 V。

(2) 反向特性

当二极管两端所加反向电压$U<U'_D$时，从反向特性曲线可以看出，反向电流很小，二极管处于反向截止状态，呈现出很大的电阻，而且反向电流几乎保持不变。

当反向电压$U>U'_D$时，反向电流急剧增加，发生二极管的反向击穿现象。反向击穿电压一般在几十伏左右。

## 2.5.2 二极管的型号命名及分类

### 1) 二极管的型号命名

二极管的型号命名有五个部分组成，如图2.5.4所示，各部分的含义如表2.5.1所示。

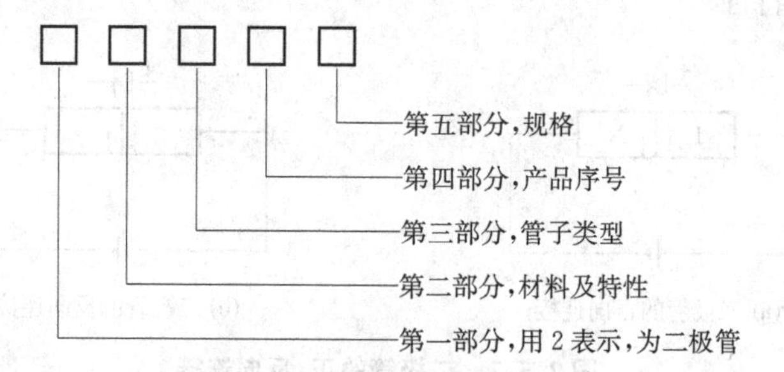


**图2.5.4 二极管的型号命名**

**表2.5.1 二极管型号命名各部分的含义**

| 第一部分 | | 第二部分 | | 第三部分 | | 第四部分 | | 第五部分 | 说 明 |
|---|---|---|---|---|---|---|---|---|---|
| 用数字表示器件的电极数目 | | 用字母表示器件的材料和极性 | | 用字母表示器件的类型 | | | | 用数字表示器件的序号 | 用字母表示规格号 |
| 符 号 | 含 义 | 符 号 | 含 义 | 符 号 | 含 义 | 符 号 | 含 义 | | |
| 2 | 二极管 | A<br>B<br>C<br>D<br>E | N型锗材料<br>P型锗材料<br>N型硅材料<br>P型硅材料<br>化合物 | P<br>Z<br>W<br>K<br>L | 普通管<br>整流管<br>稳压管<br>天关管<br>整流堆 | C<br>U<br>N<br>BT | 参理管<br>光电器件<br>阻尼管<br>半导体特殊器件 | 反映二极管参数的参别 | 反映二极管承受反向击穿电压的高低，如A、B、C、D、…，其中A承受的反向击穿电压最，B稍高 |

### 2) 二极管的分类

二极管的种类很多，按其制造材料的不同可分为锗二极管和硅二极管。按其用途可分为整流二极管、稳压二极管、检波二极管、开关二极管、发光二极管、光电二极管、变容二极管等。常见二极管的图形符号如图2.5.5所示。按其制造工艺可分为点接触型、面接触型及平面型二极管(见图2.5.6)。

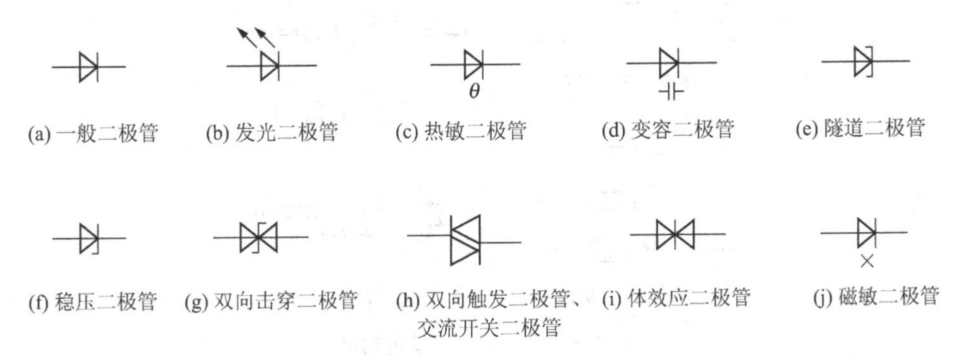


**图 2.5.5 常见的二极管符号**

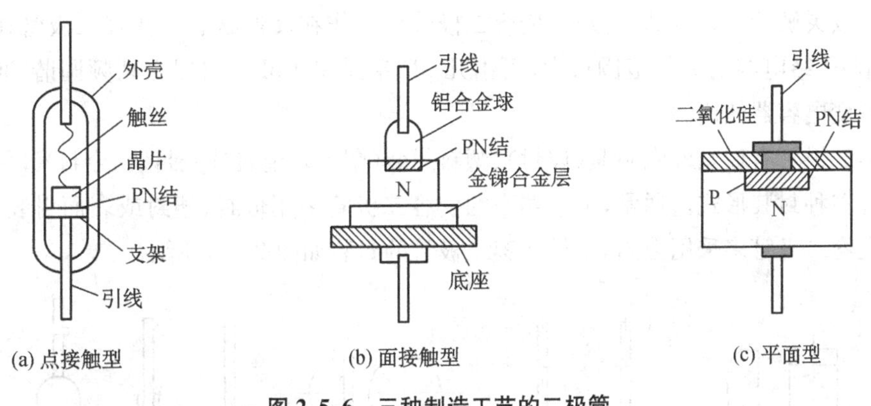


**图 2.5.6 三种制造工艺的二极管**

下面介绍几种常见的二极管：

(1) 稳压二极管

稳压二极管简称稳压管，它是用硅材料制成的半导体二极管，由于它具有稳定电压的特点，在稳压设备和一些电子电路中经常使用。

当二极管两端的反向电压超过反向击穿电压时，流过二极管的电流急剧增加，二极管处于反向击穿状态，只要采取限流措施，就能保证二极管不会发生热击穿而损坏。稳压二极管就是利用二极管的反向击穿特性并用特殊工艺制造的面接触型硅半导体二极管，它具有低压击穿特性，而且击穿后允许流过的电流较大。

稳压管应工作在反向击穿状态，因此，外接电源电压的极性应保证二极管反偏，且大小应不低于反向击穿电压。此外，稳压管的电流变化范围也要有一定的限制。如果电流太小则稳压效果差；如果电流太大，管子将发生热击穿而烧坏。

稳压管主要用于恒压源、辅助电源和基准电源电路，在数字逻辑电路中还常用作电平转移等。在过电压保护电路中稳压管起保护作用。

不同封装形式的稳压二极管如图 2.5.7 所示。

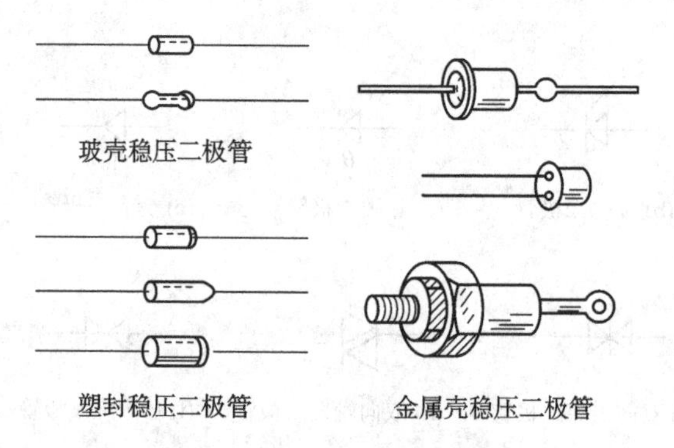


图 2.5.7　稳压二极管的封装

(2) 变容二极管

变容二极管简称变容管，是利用 PN 结的电容效应，并采用特殊工艺使结电容随反向电压变化比较灵敏的一种特殊二极管，变容二极管应工作在反偏状态。变容二极管在反向电压的作用下，结电容的变化范围很大，可由几 pF 变到 300 pF。可以在高频调谐、通信等电路中作可变电容器使用。

变容二极管有玻璃外壳封装(玻封)、塑料封装(塑封)、金属外壳封装(金封)和无引线表面封装等多种封装形式。通常，中小功率的变容二极管采用玻封、塑封或表面封装，而功率较大的变容二极管多采用金封，常见变容二极管的封装如图 2.5.8 所示。

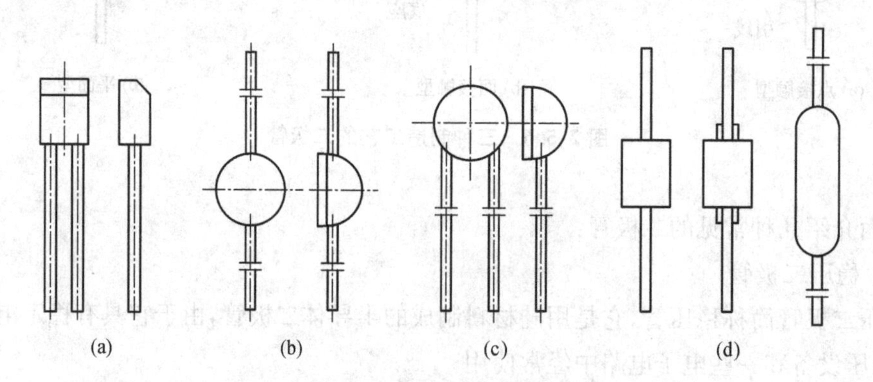


图 2.5.8　常见变容二极管的封装

(3) 整流二极管

整流二极管主要用于整流电路，主要利用二极管的是二极管单项向导电性，将交流电变为直流电。由于整流管的正向电流较大，所以整流二极管多为面接触型的二极管，结面积大、结电容大，但工作频率低。

我们在选用整流二极管时，主要应考虑其最大整流电流、最高大反向工作电压、截止频率和最大反向电流等参数。

(4) 发光二极管

发光二极管简称 LED，它是半导体二极管的一种，可以把电能转化成光能，发光二极管的结构如图 2.5.9 所示。发光二极管与普通二极管一样是由一个 PN 结组成，也具有单向导电性。发光二极管工作在正偏状态，当正向电流达到一定值时，就会发光。

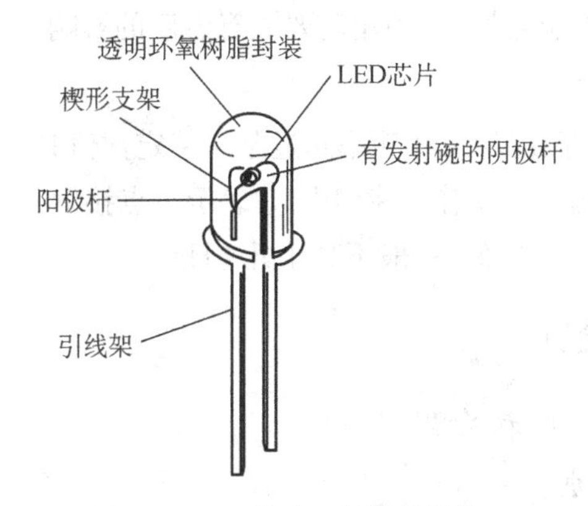


**图 2.5.9 发光二极管的结构**

发光二极管正常发光时，管压降约 1.5～2.2 V 左右，正向工作电流一般为几 mA 至几十 mA。发光二极管的发光强度基本上与正向工作电流成线性关系。

如果流过发光二极管的正向电流太大，就有可能烧坏发光二极管，因此发光二极管在使用时必须串联限流电阻以保护发光二极管。

(5) 检波二极管

检波二极管通常是用锗材料制成，所以常称为锗检波二极管。检波(也称解调)二极管的作用是利用其单向导电性，将高频或中频无线电信号中的低频信号或音频信号取出来，它在半导体收音机、收录机、电视机及通信等设备的小信号电路中广泛应用。

由于检波二极管经常要求能工作于较高频率下，所以要求结电容和反向电流都要小，对于正向通过电流能力不太要求，故其 PN 结多为点接触型，多采用玻璃封装，以保证良好的高频特性。

### 2.5.3 二极管的参数

二极管的参数用于定量描述二极管的性能指标，它表明了二极管的应用范围，是正确使用和合理选择二极管的依据。对于初学者，必须掌握二极管的以下几个重要参数。

1) 最大整流电流 $I_F$

最大整流电流是指二极管长期工作时允许通过的最大正向平均电流。该参数与 PN 结的材料、结面积和散热条件等有关。电流流过二极管时会使管芯发热，温度上升，当温度超过容许限度时，就会使管芯过热而损坏。所以在规定的散热条件下，流过二极管的电流不要超过最大整流电流。常用的 IN4001 - 4007 型锗二极管的最大整流电流为 1 A。

2) 最高反向工作电压 $U_R$

最高反向工作电压是指二极管正常工作时，避免击穿所能承受的最高反向电压值，用 $U_R$ 表示。它一般为击穿电压的一半，如实际工作电压的峰值超过此值，PN 结中的反向电流将剧增而使整流特性改变，甚至烧毁二极管。

3) 反向电流 $I_R$

反向电流指常温下二极管未击穿时的反向电流值。$I_R$ 越小，二极管的单向导电性越好。由于温度升高时 $I_R$ 将急剧增加,使用时要注意温度的影响。

4) 最高工作频率 $f_M$

由于 PN 结的结电容存在,当工作频率超过某一特定数值时,二极管的单向导电性将变差,我们称这一特定数值为最高工作频率,用 $f_M$ 表示。点接触式二极管的 $f_M$ 较高,在 100 MHz 以上;整流二极管的 $f_M$ 较低,一般不高于几 kHz。

### 2.5.4 二极管的检测

1) 二极管的模拟万用表检测

(1) 二极管的极性判别

用模拟万用表判断二极管的极性时,将万用表置于 $R\times100$ 或 $R\times1$ k 挡,用万用表的两支表笔分别接触二极管的两个电极,并记下指针的偏转。然后对调表笔再次测量二极管两个电极之间的阻值。两次测量中,电阻值小的那次,黑表笔所接为二极管的正极,红表笔所接为二极管的负极,如图 2.5.10 所示。二极管的正、反向电阻相差越大,说明二极管的单向导电性越好。

测量一般小功率二极管的正、反向电阻时,不宜使用 $R\times1$ 或 $R\times10$ k 挡。前者流过二极管的正向电流较大,可能烧毁二极管;后者加在二极管两端的反向电压太高,容易将二极管击穿。

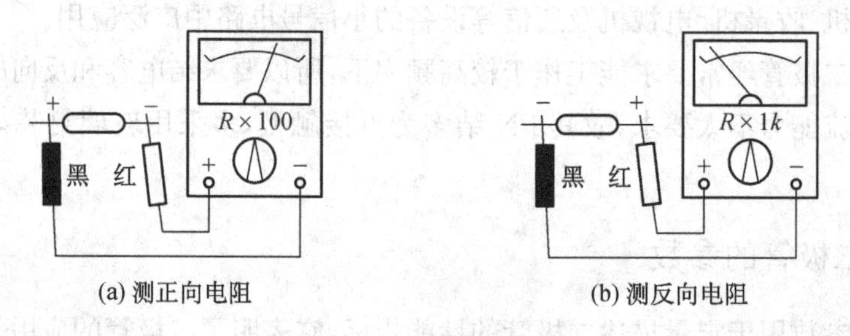


(a) 测正向电阻　　(b) 测反向电阻

**图 2.5.10 二极管极性判别**

(2) 判别二极管的好坏

用万用表测量二极管的正、反向电阻时,如果反向电阻接近∞,而正向电阻较小,且反向电阻与正向电阻之比大于 1 000,则为好管子。若正向电阻与反向电阻均极大,甚至接近∞,则说明管子内部已断路。若正向电阻与反向电阻均很小,接近 0,则说明管子内部已短路。若两次测得的电阻值相差不太大,则为反向漏电,整流性能不良,不宜使用。若测得电阻值不稳定,则内部接触不良,不能使用。

3) 用万用表测量稳压二极管的稳压值

测量稳压二极管的稳压值时,可以将稳压二极管与电容、电阻和耐压大于 300 V 的二极管接好,再与 220 V 市电连接,如图 2.5.11 所示。再将万用表拔至直流电压 50 V 挡,将红、黑表笔分别接至被测稳压二极管的负极和正极,此时,万用表上的电压示值即为该稳压二极管的稳压值,图 2.5.11 中所测稳压二极管的稳压值为 15 V。

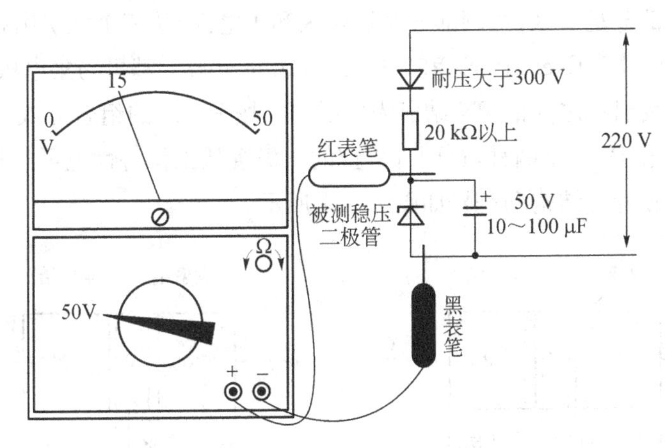


**图 2.5.11 用万用表测量稳压管稳压值**

2）二极管的数字万用表检测

（1）用二极管挡判定二极管的正、负极

对于不知极性的二极管，数字万用表可以很准确的进行判定。将数字万用表拨至二极管挡，此时红表笔带正电，黑表笔带负电。用两支表笔分别接触二极管的两个引脚：若显示值在 1 V 以下，说明管子处于正向导通状态，红表笔接的是正极，黑表笔接的是负极；若显示溢出符号“1”，证明管子处于反向截止状态，黑表笔接的是正极，红表笔接的是负极。

（注意，指针式万用表即模拟万用表在使用欧姆档时红表笔是接的电池的负极，黑表笔接的是电池的正极，与数字表是相反的）

（2）判断二极管好坏

使用数字万用表的二极管挡，将红表笔接二极管的正极，黑表笔接负极，所测得的为其正向压降。在测试常用的整流二极管、检波二极管和开关二极管等普通二极管时，正常情况下，硅二极管的正向压降为 0.5～0.7 V，反偏时应显示溢出符号“1”；锗二极管的正向压降为 0.15～0.3 V，反偏时溢出。测量时，若正、反向均显示“0”，则表明被测管子已经击穿短路；而如果正反向皆显示溢出符号“1”，则表明管子内部开路；若测得结果与正常数值相差较远，则表明管子性能不佳。

# 2.6 晶体三极管

晶体三极管（以下简称三极管）是内部有两个 PN 结，外部有三个电极构成的半导体器件。由于它的特殊构造，三极管在一定条件下具有“放大”作用，被广泛应用于多种电子设备中，是电子电路的核心元件。

## 2.6.1 三极管的结构与型号命名

1）三极管的结构

三极管是在一块半导体基片上制造两个符合要求的 PN 结。两个 PN 结把整块半导体分成三部分，中间部分是基区，两侧部分是发射区和集电区，从三个区引出相应的电极，分别为基极 B(base)、发射极 E(emitter)、和集电极 C(collector)。基极与集电极之间的 PN 结成为集电结，基极与发射极之间的 PN 结成为发射结。按 PN 结的组合方式不同，三极管的结构分成了 NPN 型和 PNP 型两种，这两种类型的三极管从工作特性上可互相弥补。NPN 型和 PNP 型两种三极管的结构和符号如图 2.6.1 所示。

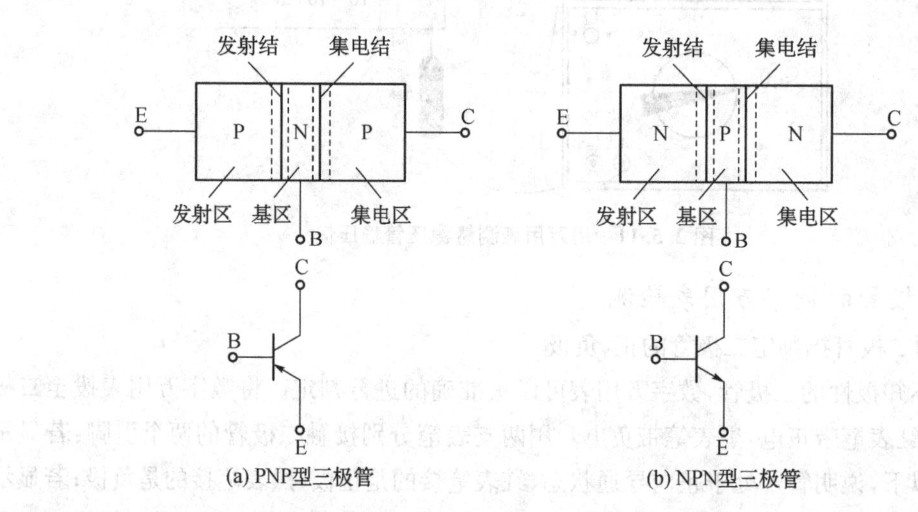


图 2.6.1　三极管的结构和符号

这里应当指出，三极管虽然有两个 PN 结，但决不是两个 PN 结的简单拼接，它的制造工艺的特点是：基区很薄且杂志浓度低，发射区杂志浓度高，集电结面积大。这些特点保证了三极管具有较好的电流放大作用。

2）三极管的型号命名

国产三极管的型号命名有五个部分组成，如图 2.6.2 所示，各部分的含义如表 2.6.1 所示。

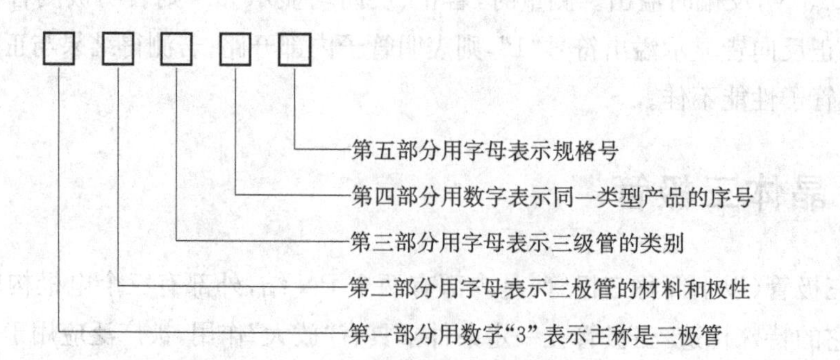


图 2.6.2　三极管命名的各组成部分

例：三极管 3AD50C 表示 PNP 型锗材料低频大功率三极管。

三极管 3DG201B 表示硅材料 NPN 型高频小功率三极管。

**表 2.6.1　三极管命名各组成部分的含义**

<table>
<tr><th colspan="2">第一部分：<br>主称</th><th colspan="2">第二部分：<br>三极管的材料和特性</th><th colspan="2">第三部分：类别</th><th rowspan="2">第四部分：<br>序号</th><th rowspan="2">第五部分：<br>规格号</th></tr>
<tr><th>数　字</th><th>含　义</th><th>字　母</th><th>含　义</th><th>字　母</th><th>含　义</th></tr>
<tr><td rowspan="11">3</td><td rowspan="11">三极管</td><td rowspan="2">A</td><td rowspan="2">锗材料、<br>PNP 型</td><td>G</td><td>高频小功率管</td><td rowspan="11">用数字表示同一类型产品的序号</td><td rowspan="11">用字母 A 或 B、C、D 等表示同一型号的器件的档次等</td></tr>
<tr><td>X</td><td>低频小功率管</td></tr>
<tr><td rowspan="2">B</td><td rowspan="2">锗材料、<br>NPN 型</td><td>A</td><td>高频大功率管</td></tr>
<tr><td>D</td><td>低频大功率管</td></tr>
<tr><td rowspan="2">C</td><td rowspan="2">硅材料、<br>PNP 型</td><td>T</td><td>闸流管</td></tr>
<tr><td>K</td><td>开关管</td></tr>
<tr><td rowspan="2">D</td><td rowspan="2">硅材料、<br>NPN 型</td><td>V</td><td>微波管</td></tr>
<tr><td>B</td><td>雪崩管</td></tr>
<tr><td rowspan="3">E</td><td rowspan="3">化合物<br>材料</td><td>J</td><td>阶跃恢复管</td></tr>
<tr><td>U</td><td>光敏管<br>（光电管）</td></tr>
<tr><td>J</td><td>结型场效<br>应晶体管</td></tr>
</table>

### 2.6.2　三极管的分类及参数

#### 1）三极管的分类

三极管的分类方式比较多。除上述的按结构分为 NPN 型和 PNP 型外，按工作频率可分为低频管和高频管，按耗散功率可分为小功率管和大功率管，按所用的半导体材料可分为硅管和锗管（国产的三极管硅管多为 NPN 型，锗管多为 PNP 型），按用途又可分为放大管、开关管和功率管等。在电子设备中，比较常用的是小功率的硅管和锗管。

下面简单介绍一些三极管的特点：

（1）低频小功率三极管：是指特征频率在 3 MHz 以下，功率小于 1 W 的三极管，一般用作为小信号放大。

（2）高频小功率三极管：是指特征频率在 3 MHz 以上，功率小于 1 W 的三极管，一般用作高频振荡和放大电路中。

（3）低频大功率三极管：是指特征频率在 3 MHz 以下，功率大于 1 W 的三极管，通常用在通信设备中作为调整管。

（4）高频大功率三极管：是指特征频率在 3 MHz 以上，功率大于 1 W 的三极管，通常用在通信等设备中作为驱动、放大。

（5）开关三极管：是利用控制饱和区和截止区互相转换工作的，开关三极管的开关过程需要一定的响应时间，响应时间的长短体现了三极管开关性能的好坏。

常用的三极管的外形如图 2.6.3 所示。

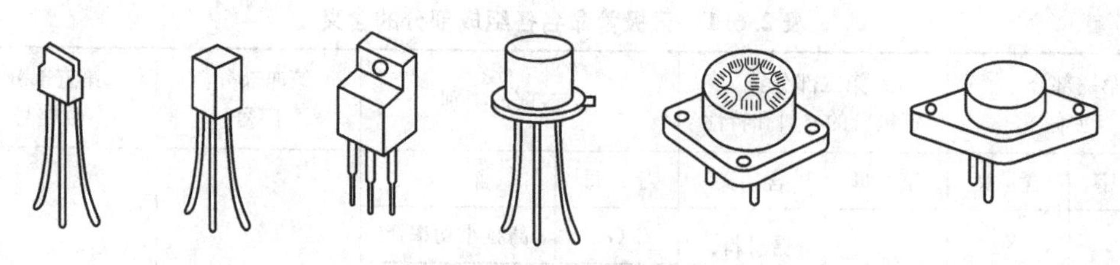

**图 2.6.3　常用三极管的外形**

2）三极管的参数

三极管的参数是用来表征三极管的性能优劣和使用范围的，它是合理选用三极管的重要依据。三极管的参数很多，这里介绍其中几个比较主要的参数。

（1）交流电流放大系数 $\beta(h_{FE})$

集电极输出电流的变化量 $\Delta I_c$ 与基极输入电流的变化量 $\Delta I_b$ 之比，即：$\beta=\frac{\Delta I_c}{\Delta I_b}$。

一般晶体管的 $\beta$ 大约在 10～200 之间，如果 β 太小，电流放大作用差；如果 β 太大，电流放大作用虽然大，但性能往往不稳定。

（2）极间反向电流 $I_{CBO}$ 和 $I_{CEO}$

这是表征三极管稳定性的参数。由于极间反向电流受温度影响很大，太大将使管子不能稳定工作。它主要有 $I_{CBO}$ 和 $I_{CEO}$ 两种。

$I_{CBO}$（集电极-基极反向饱和电流）表示发射极开路（$I_E=0$），集电极和基极间加上一定反向电压时的集电极反向电流。$I_{CBO}$ 的值越小越好。

$I_{CEO}$（集电极-发射极反向电流）表示基极开路（$I_B=0$），集电极和发射极之间加上一定反向电压时的电流，即穿透电流。$I_{CEO}$ 越小，三极管的热稳定性越好。

（3）极限参数

这是表征三极管能够安全工作的参数，即三极管工作时不应超过的限度，是选用三极管的重要参考依据。

集电极最大允许电流 $I_{CM}$：是指 β 值明显下降时的 $I_C$。当 $I_C>I_{CM}$ 时，三极管不一定会损坏，但放大性能将明显下降。

集电极最大允许功耗 $P_{CM}$：是指集电结上允许损耗功率的最大值，超过此值将导致三极管性能变差或烧毁。

反向击穿电压：$U_{(BR)CBO}$ 是指发射极开路时集电极-基极间的反向击穿电压，这是集电结所允许加的最高反向电压；$U_{(BR)CEO}$ 是指基极开路时集电极-发射极间的击穿电压，它比 $U_{(BR)CBO}$ 小。

在选用三极管时应注意其极限参数 $I_{CM}$、$U_{(BR)CEO}$ 和 $P_{CM}$ 应分别大于电路对三极管的集电极最大电流、集电极-发射极间击穿电压和集电极最大功耗的要求，使三极管工作在安全工作区。

### 2.6.3　三极管的特性曲线和放大作用

1）三极管的共射特性曲线

为了能直观地反映出三极管的性能，通常将三极管各电极上的电压和电流之间画成曲线，称为晶体管的特性曲线。应用最多的是共发射极接法时三极管的输入特性曲线和输出特性曲线。

(1) 输入特性曲线

输入特性曲线描述了在保持集电极与发射极之间的电压 $u_{CE}$ 为某一常数时，输入回路中的基极电流 $i_B$ 与基极射极间电压 $u_{BE}$ 的关系，如图 2.6.4 所示。它反映了三级管输入回路中电压与电流的关系，其函数表达式为：

$$i_B = f(u_{BE})\Big|_{u_{CE}=\text{常数}}$$

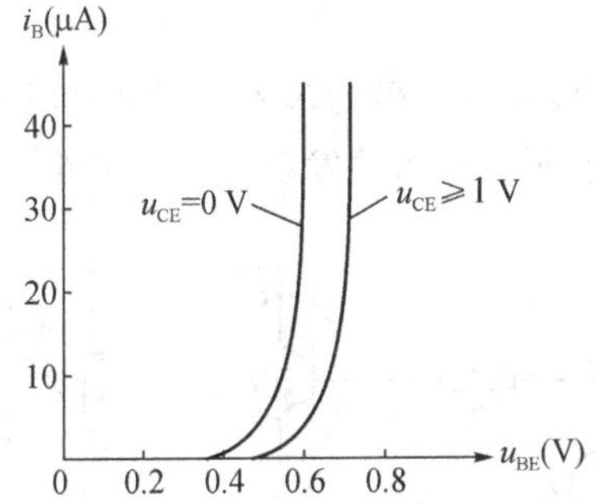

图 2.6.4 输入特性曲线

图 2.6.4 的输入特性曲线中，由于发射结正偏，所以三极管的输入特性曲线和二极管的正向特性曲线相似。但随着 $u_{CE}$ 的增加，特性曲线向右移动；或者说，当 $u_{BE}$ 一定时，随着 $u_{CE}$ 的增加，$i_B$ 将减小。

(2) 输出特性曲线

输出特性曲线是在 $i_B$ 为某一常数时，输出回路中 $i_C$ 与 $u_{CE}$ 的关系曲线，如图 2.6.5 所示。它反映了晶体管输出回路中电压与电流的关系。其函数表达式为：

$$i_c = f(u_{CE})\Big|_{i_B=\text{常数}}$$

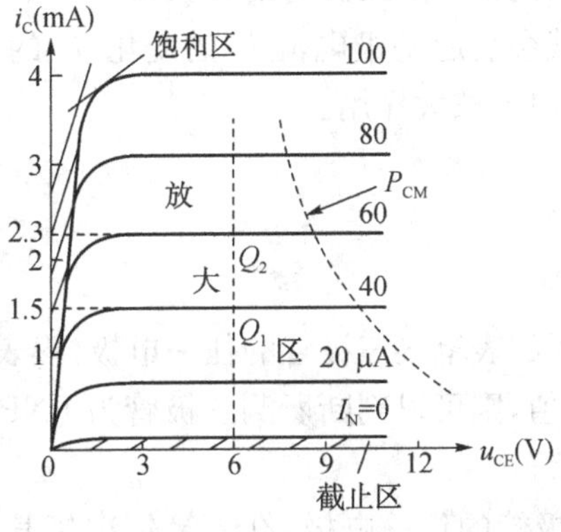

图 2.6.5 输出特性曲线

由图 2.6.5 可知三极管有三个工作区域：放大区、饱和区和截止区。

在放大区内，各条曲线几乎与横坐标平行，但随着 $u_{CE}$ 的增加，各条曲线略向上倾斜，这说明在该区域内，$i_C$ 主要受 $i_B$ 的控制。在该区域内，三极管的集电结反偏，发射结正偏。

在饱和区内，$u_{CE}<u_{BE}$集电结、发射结均正偏，$i_B$ 的变化对 $i_C$ 影响不大，两者不成正比。因不同 $i_B$ 的各条曲线都几乎重合在一起，此时 $i_B$ 对 $i_C$ 已失去控制作用。

在截止区内，$i_B=0$，$i_C=i_{CEO}\approx 0$，相当于晶体管的三个极之间都处于断开状态，此时集电结、发射结均反偏。

2）三极管的放大作用

要使三极管有电流放大的作用，则必须给三极管合适的偏置，即发射结正偏，集电结反偏。

图 2.6.6 中的放大器的基极和发射极为输入端，集电极和发射极为输出端，发射极是该放大电路输入和输出的公共端，所以成为共发射极放大电路。

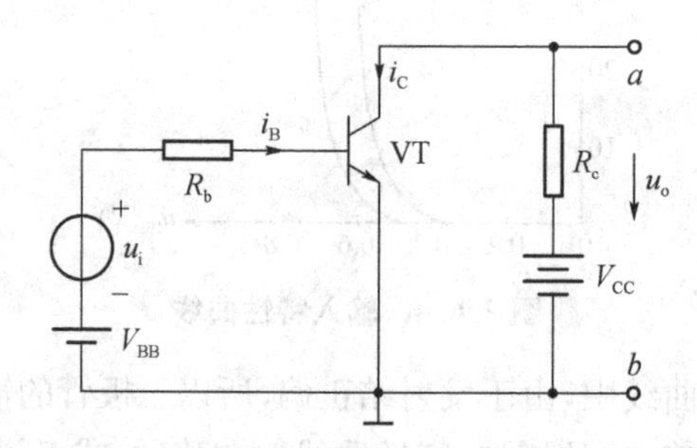


**图 2.6.6　共射放大电路**

图中 $V_{BB}$是基极电源，作用是使三极管的发射结正偏，$V_{CC}$是集电极电源，作用是使三极管的集电结反偏，$R_C$ 是集电极电阻。

图 2.6.6 中，集电极电流 $i_C$ 受基极电流 $i_B$ 的控制，并且 $i_B$ 很小的变化，会引起 $i_C$ 很大的变化，且变化满足一定的比例关系：$i_C$ 的变化量是 $i_B$ 变化量的 $\beta$ 倍$\left(\text{即 } \beta=\frac{\Delta i_C}{\Delta i_B}\right)$，即电流变化被放大了 $\beta$ 倍，所以我们把 $\beta$ 叫做三极管的放大倍数。如果我们将一个变化的小信号加到基极跟发射极之间，这就会引起基极电流 $i_B$ 的变化，$i_B$ 的变化被放大后，导致了 $i_C$ 很大的变化。这就是三极管的电流放大作用。

## 2.6.3　三极管的判别

1）三极管管型的判别

判别三极管的管型时，将红表笔接三极管的任一电极，黑表笔依次接其它的两个电极，直到两次所测的均为小电阻值，则可以判断所测三极管为 PNP 型，红表笔所接的为该三极管的基极 B，如图 2.6.7 所示。

相反地，将黑表笔接三极管的任一电极，红表笔依次接其它的两个电极，直到两次所测的均为小电阻值，则可以判断所测三极管为 NPN 型，黑表笔所接的为该三极管的基极 B。

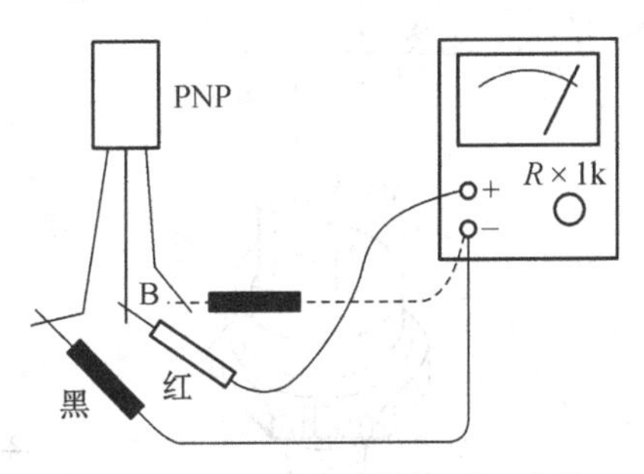


**图 2.6.7 判断三极管管型示意图**

### 2) 发射极 E 和集电极 C 的判别

以 NPN 型三极管为例,判断发射极 E 和集电极 C 的时候,如图 2.6.8 所示,用黑表笔接假定的集电极 C,红表笔接假定的发射极 E,并用手捏住 B 和 C,观察万用表指针的偏转情况后,再假设另外一个电极为集电极 C,用同样的方法再次测量。比较两次测量的结果,所测电阻值小的那次,假定正确,黑表笔所接为三极管的集电极 C,红表笔所接为发射极 E。

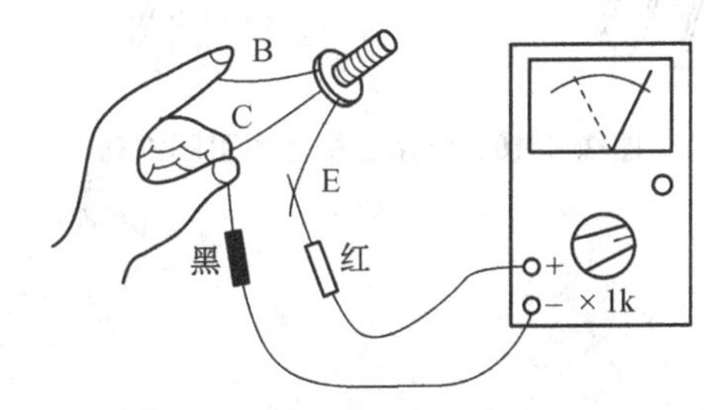


**图 2.6.8 判断发射极和集电极**

如果是 PNP 型三极管,判断发射极 E 和集电极 C 时,则是将红表笔接假定的集电极 C,黑表笔接假定的发射极 E,测量方法同 NPN 型三极管。

### 3) 利用万用表的 hFE 挡判别三极管电极

判断了三极管的管型类别和基极 B 后,还可以利用万用表的 hFE 挡来简单地判断三极管的另外两个电极。如图 2.6.9 所示,将万用表拔至 hFE 挡(三极管放大倍数测量挡),再根据判断出的三极管管型选择相应的插孔,并将基极 B 插入基极插孔中,另外两个电极分别插入另外两个插孔中,记下此时 hFE 刻度上指示的放大倍数值。再将两个未知电极互换插孔,重新测量,并记录数据。比较两次测量的结果,放大倍数大的那次插孔对应正确。C 极插孔对应的是集电极,E 极插孔对应的是发射极。

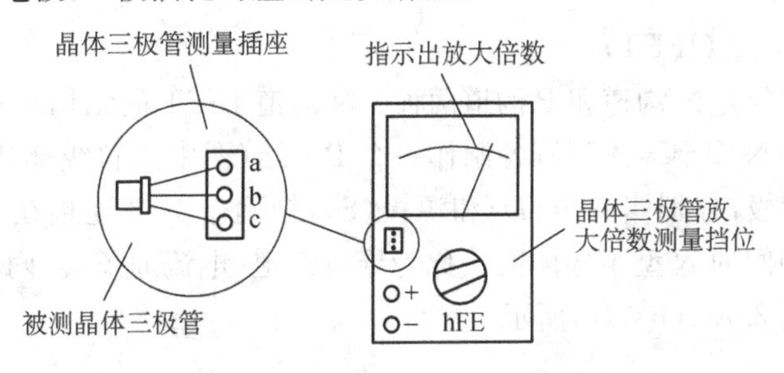


**图 2.6.9 用万用表 hFE 挡判别电极**

4）常用三极管的管脚排列（见图 2.6.10）

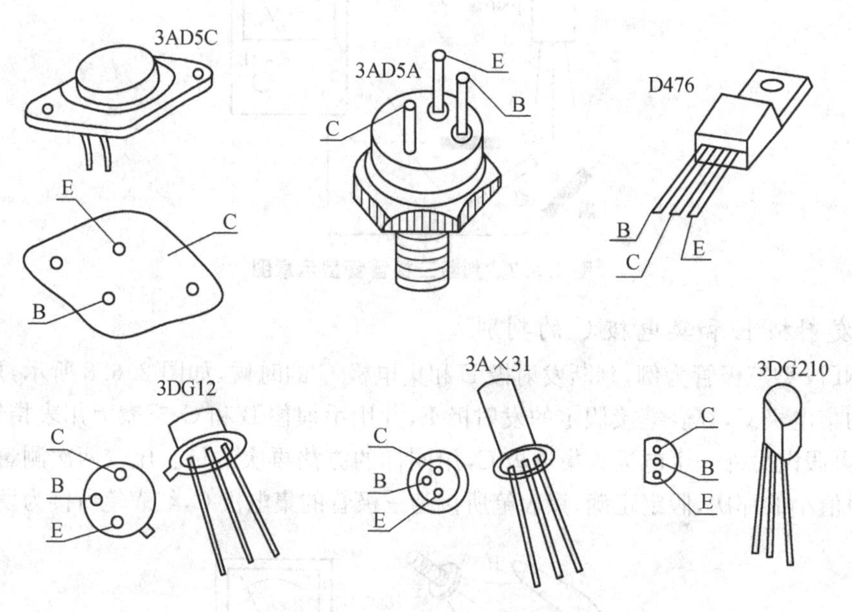


图 2.6.10　常用三极管的引脚排列

## 2.7　场效应管

场效应管也是用半导体材料制成的一种晶体管，由于其具有输入阻抗高、噪声低、热稳定性好、抗辐射能力强等特点，得到了广泛的应用。由于场效应管只依靠半导体中的多子实现导电，故称为单极型晶体管。

场效应管的外形与双极型晶体管一样，但工作原理不同。双极型晶体管是电流控制器件，通过控制基极电流来控制集电极电流或发射极电流。而场效应管是电压控制器件，其输出电流决定于输入信号电压的大小。

### 2.7.1　场效应管的分类、特点与型号命名

1）场效应管的分类

根据结构和原理的不同，场效应管分为结型场效应管（简称 JFET）和绝缘栅型场效应管（简称 IGFET）两种。

(1) 结型场效应管（JFET）

结型场效应管分为 N 沟道和 P 沟道两种。N 沟道 JFET 的结构示意图如图 2.7.1(a)所示。它是在一块 N 型半导体两侧各制作一个 PN 结（图中的斜线部分）。N 型半导体的两端各引出一个电极，分别叫漏极（D）和源极（S），把两个 P 区连接在一起的电极叫栅极（G），两个 PN 结中间的 N 型半导体区域称为导电沟道（电流通道）。两种结型场效应管的电路符号分别如图 2.7.1(b)、(c)所示。

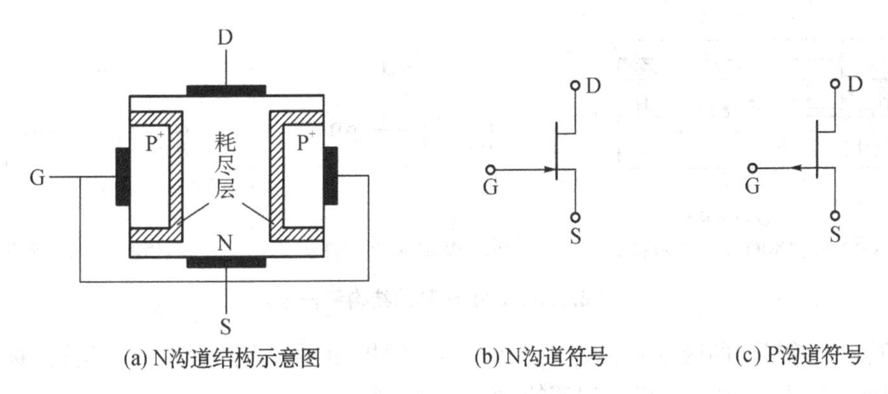


(a) N沟道结构示意图 (b) N沟道符号 (c) P沟道符号

**图 2.7.1 结型场效应管的结构和符号**

(2) 绝缘栅型场效应管(IGFET)

绝缘栅型场效应管按其工作状态分为增强型和耗尽型两类,每类又有 N 沟道和 P 沟道之分。应用最为广泛的 IGFET 是以二氧化硅($SiO_2$)作为金属栅极和半导体之间的绝缘层,故它是由金属(Metal)、氧化物(Oxide)、和半导体(Semiconductor)组成的,称为 MOSFET,简称 MOS 管,其输入电阻很高。

增强型 MOS 管(EMOS 管):图 2.7.2(a)是 N 沟道 EMOS 管的结构示意图。它是在一块低掺杂的 P 型硅片上,通过扩散工艺形成两个相距很近的高掺杂 N 型区,分别作为源极 S 和漏极 D。在两个 N 型半导体区域之间的硅表面上有一层很薄的二氧化硅($SiO_2$)绝缘层,使两个 N 型区隔绝起来,在绝缘层上面,覆盖一层金属电极就称为栅极 G。N 沟道和 P 沟道 EMOS 管的符号分别如图 2.7.2(b)、(c)所示。

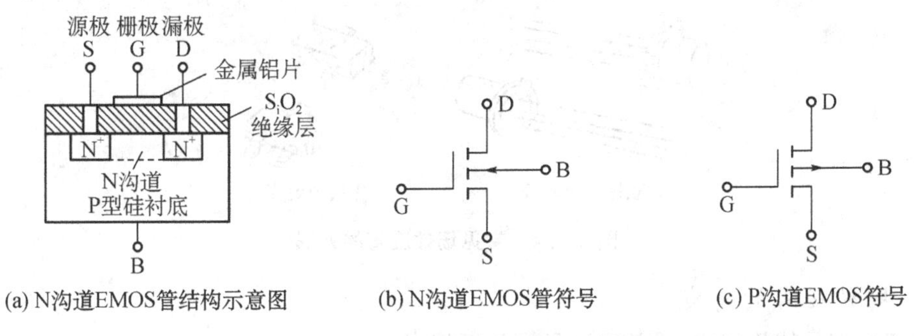


(a) N沟道EMOS管结构示意图 (b) N沟道EMOS管符号 (c) P沟道EMOS符号

**图 2.7.2 EMOS 管的结构和符号**

耗尽型 MOS 管(DMOS 管):N 沟道 DMOS 管的结构如图 2.7.3(a)所示,它与 N 沟道 EMOS 管的结构基本相同,不过制造时,在两个 N 型区之间的 P 型衬底表面注入少量五价元素,形成局部的低掺杂的 N 区。N 沟道和 P 沟道 DMOS 管的符号分别如图 2.7.3(b)、(c)所示。

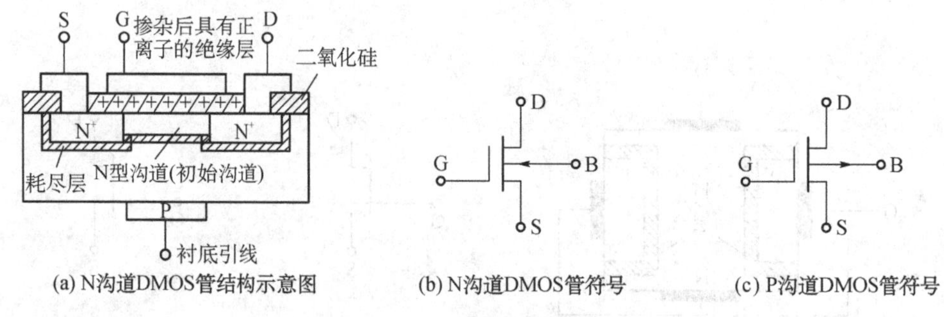


(a) N沟道DMOS管结构示意图　(b) N沟道DMOS管符号　(c) P沟道DMOS管符号

**图 2.7.3　DMOS 管的结构和符号**

增强型和耗尽型的区别是:当 $U_{GS}=0$ V 时,源极和漏极之间存在导电沟道,称为耗尽型;必须使 $|U_{GS}|>0$ 时才有导电沟道的,称为增强型。

所谓增强型是指当 $U_{GS}=0$ V 时,场效应管呈截止状态,加上正确的 $U_{GS}$后,多数载流子被吸引到栅极,从而“增强”了该区域的载流子,形成导电沟道。

耗尽型则是指当 $U_{GS}=0$ V 时即形成沟道,加上正确的 $U_{GS}$时,能使多数载流子流出沟道,因而“耗尽”了载流子,使场效应管转向截止。

常见的场效应管的外形如图 2.7.4 所示。

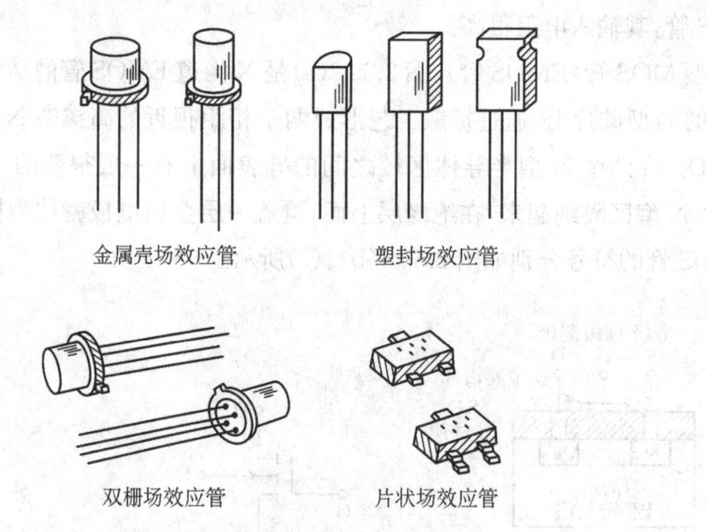


**图 2.7.4　常见场效应管的外形**

## 2) 场效应管的特点

与双极型晶体管相比,场效应管具有如下特点:

(1) 场效应管是电压控制器件,它通过 $U_{GS}$来控制 $I_D$。

(2) 场效应管的控制输入电流极小,因此它的输入电阻很大($10^7\sim10^{12}$ Ω)。

(3) 它是利用多数载流子导电,因此它的温度稳定性较好。

(4) 它组成的放大电路的电压放大系数要小于三极管放大电路的电压放大系数。

(5) 场效应管的抗辐射能力强。

(6) 由于它不存在杂乱运动的电子扩散引起的散粒噪声,所以噪声低。

3）场效应管的型号命名

国产场效应管的型号命名方法有两种，第一种命名方法与普通三极管相同，如图 2.7.5 所示。

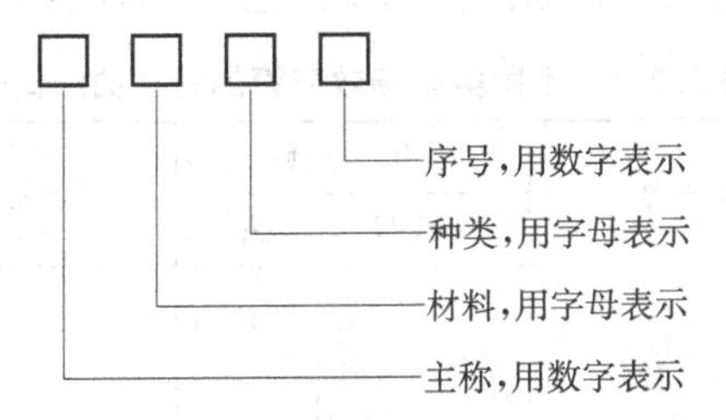


**图 2.7.5　场效应管第一种命名方法**

第二种命名方法是用“CS××#”表示，其中“CS”代表场效应管，“××”是以数字代表不同型号的序号，“#”是以字母表示同一型号中的不同规格。例如 CS14A、CS45G 等。

## 2.7.2　场效应管的参数及特性

1）场效应管的参数

场效应管的主要参数分为直流参数，交流参数和极限参数 3 大类。

(1) 直流参数

饱和漏极电流 $I_{DSS}$：指在栅、源极之间的电压 $U_{GS}=0$ 的条件下，漏、源极之间的电压大于夹断电压（$|U_{DS}|\geqslant|U_P|$）时，对应的漏极电流 $i_D$。

夹断电压 $U_P$：在 $U_{DS}$ 为某一固定值时，使 $i_D$ 等于一微小电流所加的 $U_{GS}$。

开启电压 $U_T$：在 $U_{DS}$ 为某一固定值时，使 $i_D$ 达到某一数值所需要的 $U_{GS}$。

直流输入电阻 $R_{GS}$：指 $U_{DS}=0$ 时，$U_{GS}$ 与 $I_G$ 的比值。

(2) 交流参数

低频跨导 $g_m$：是指当 $U_{DS}$ 为某一固定值时，漏电流的变化量和引起这个变化量的栅源电压变化量之比，它反映了栅源电压对漏极电流的控制能力。

漏极输出电阻 $r_{ds}$：$U_{GS}$ 为某一固定值时，漏源电压的变化量与相应的漏极电流的变化量之比，它反映了漏源电压对漏极电流的影响。

极间电容：场效应管三个电极之间的电容，极间电容会影响场效应管的高频性能。

(3) 极限参数

漏源击穿电压 $U_{(BR)DS}$：当漏极电流急剧上升产生雪崩击穿时的 $U_{DS}$。

栅极击穿电压 $U_{(BR)GS}$：指栅极与沟道间的 PN 结的反向击穿电压。

最大耗散功率 $P_{DM}$：其意义与三极管的 $P_{CM}$ 相同，是受场效应管的最高工作温度和散热条件限制的参数。

2）场效应管的特性

场效应管的特性曲线常用的有转移特性和输出特性两种。由于输入电流几乎等于零，所以讨论场效应管的输入特性是没有意义的。

场效应管的转移特性表示当 $U_{DS}$ 为某一定值时 $i_D$ 与 $U_{GS}$ 的关系：

$$i_D=f(u_{GS})\Big|_{u_{DS}=\text{常数}}$$

场效应管的输出特性又称为漏极特性，它表示当 $u_{GS}$ 为某一定值时，$i_D$ 与 $U_{DS}$ 的关系：

$$i_D = f(u_{DS})\Big|_{u_{GS}=\text{常数}}$$

为了便于学习和比较，表 2.7.1 给出了不同类型场效应管的转移特性和输出特性。

**表 2.7.1 不同类型场效应管的特性曲线比较**

| 结构种类 | 工作方式 | 图形符号 | 电压极性 | | 转移特性 | 输出特性 |
|---|---|---|---|---|---|---|
| | | | $U_P$ 或 $U_T$ | $U_{DS}$ | | |
| 绝缘栅 (MOSFET) N 沟道 | 耗尽型 | 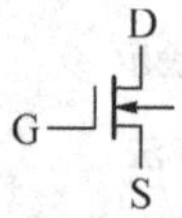 D G S | − | + | 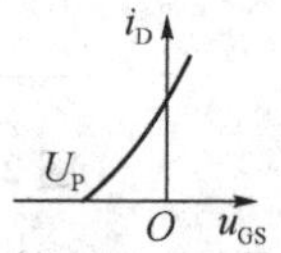 $i_D$ $U_P$ O $u_{GS}$ | 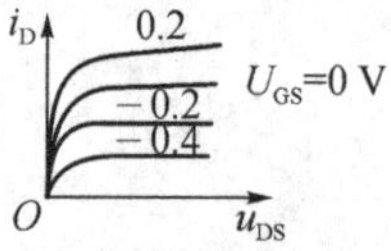 $i_D$ 0.2 $U_{GS}$=0 V −0.2 −0.4 O $u_{DS}$ |
| 绝缘栅 (MOSFET) N 沟道 | 增强型 | 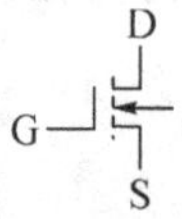 D G S | + | + | 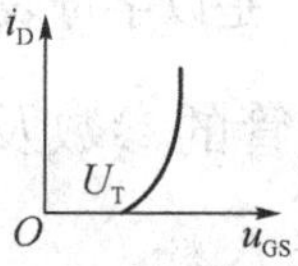 $i_D$ $U_T$ O $u_{GS}$ | 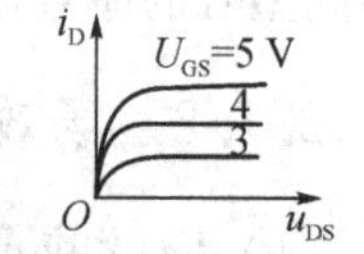 $i_D$ $U_{GS}$=5 V 4 3 O $u_{DS}$ |
| 绝缘栅 (MOSFET) P 沟道 | 耗尽型 | 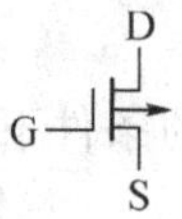 D G S | + | − | 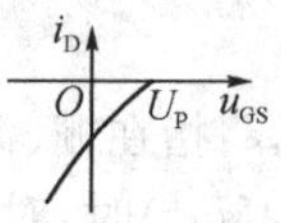 $i_D$ O $U_P$ $u_{GS}$ | 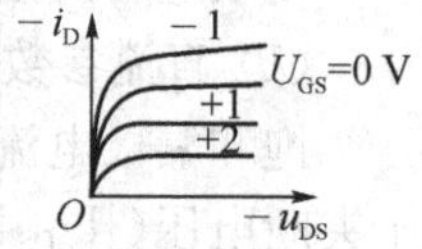 $-i_D$ −1 $U_{GS}$=0 V +1 +2 O $-u_{DS}$ |
| 绝缘栅 (MOSFET) P 沟道 | 增强型 | 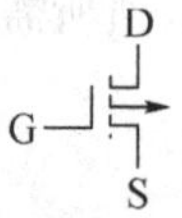 D G S | − | − | 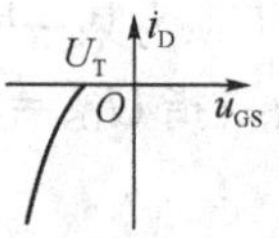 $U_T$ $i_D$ O $u_{GS}$ | 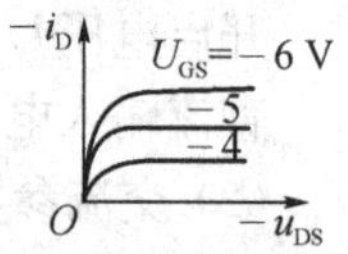 $-i_D$ $U_{GS}$=−6 V −5 −4 O $-u_{DS}$ |
| 结型 (JFET) P 沟道 | 耗尽型 | 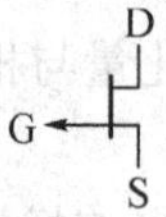 D G S | + | − | 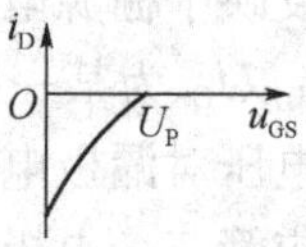 $i_D$ O $U_P$ $u_{GS}$ | 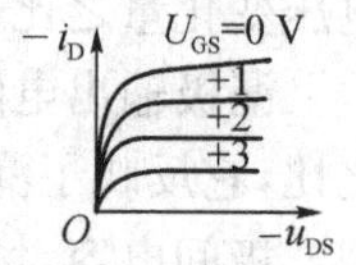 $-i_D$ $U_{GS}$=0 V +1 +2 +3 O $-u_{DS}$ |
| 结型 (JFET) N 沟道 | 耗尽型 | 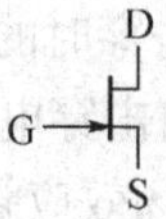 D G S | − | + | 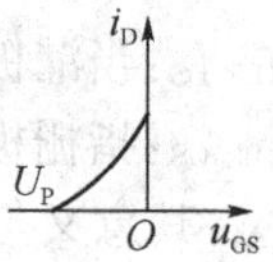 $i_D$ $U_P$ O $u_{GS}$ | 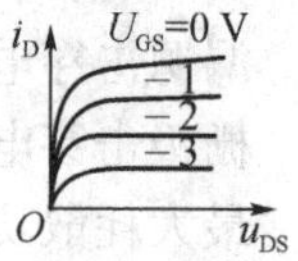 $i_D$ $U_{GS}$=0 V −1 −2 −3 O $u_{DS}$ |

## 2.7.3 场效应管的检测与使用注意事项

### 1）结型场效应管的电极判断

根据 PN 结正、反向电阻阻值不一样的现象，可以方便地用万用表的欧姆挡判别出结型场效应管的三个电极。

如图 2.7.6 所示，用万用表 $R\times 1$ k 挡，将黑表笔接管子的一个电极，红表笔分别接另外两个电极，如两次所测的阻值都很小，则被测场效应管为 N 沟道，黑表笔所接为栅极 G，另外两个电极分别为源极 S 和漏极 D(对于结型场效应管，漏极、源极可以互换)。如果是 P 沟道场效应管，则应是红表笔接其中的一个电极，黑表笔分别接另外两个电极时所测均为小电阻。

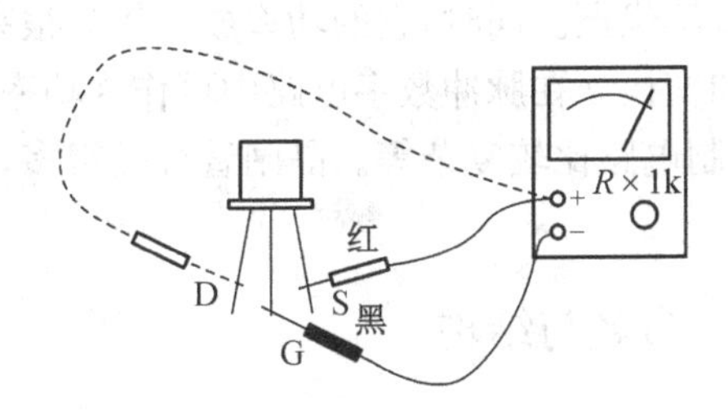


**图 2.7.6 万用表判断结型场效应管的电极**

常见场效应管的电极排列如图 2.7.7 所示。

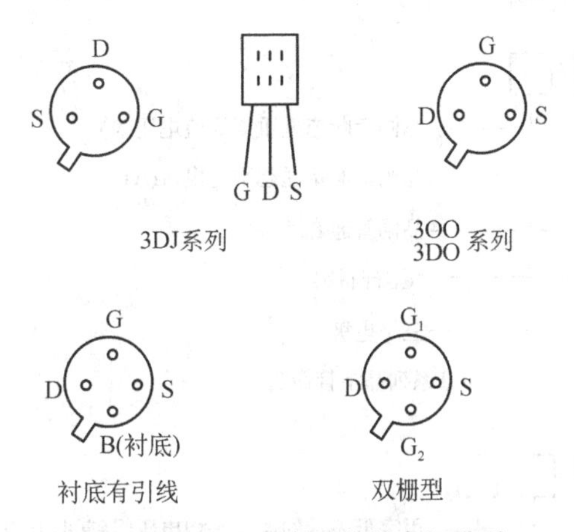


**图 2.7.7 常见场效应管的电极排列**

2) 结型场效应管的性能测量

测量时，用万用表 $R\times1$ k 或 $R\times100$ 挡，测量 P 沟道时，将红表笔接源极或漏极，黑表笔接栅极，如果测出的阻值很大，交换表笔后所测阻值很小，则说明管子是好的。如果测出的结果与其不符，说明管子不好。当栅极与源极之间，栅极与漏极之间均无反向电阻时，表明管子已经坏了。

3) 场效应管使用注意事项

结型场效应管和普通晶体三极管的使用注意事项相近，但是栅极和源极电压不能接反，否则会烧坏管子。

对于绝缘栅型场效应管，其输入阻抗很高，为防止感应过压而击穿，保存时应将三个电极短路。特别应注意不使栅极悬空，也就是栅极和源极之间必须经常保持直流通路。焊接时也要保持三个电极的短路状态，并先焊接源极和漏极，最后焊接栅极。焊接、测试的电烙铁和仪器都要有良好的接地线。不能用万用表测量 MOS 管的电极。场效应管的漏极和源极可以互换使用，但衬底已经和源极接好线后，则不能再进行互换。

# 2.8　晶闸管

晶闸管又称可控硅，它是一种大功率的半导体器件，具有体积小、重量轻、容量大、效率高、使用维护简单、控制灵敏等优点。同时，它的功率放大倍数很高，可以用微小的信号功率对大功率的电源进行控制和变换。在脉冲数字电路中可作为功率开关使用。其缺点是过载能力和抗干扰能力较差，控制电路比较复杂等。晶闸管种类很多，下面的表述在未加说明的情况下均指单向晶闸管。

## 2.8.1　晶闸管的型号命名与结构

### 1）晶闸管的型号命名

我国目前生产的普通晶闸管有 3CT 系列和 KP 系列，它们的型号命名方法有一些差别，分别如图 2.8.1(a)、(b)所示。

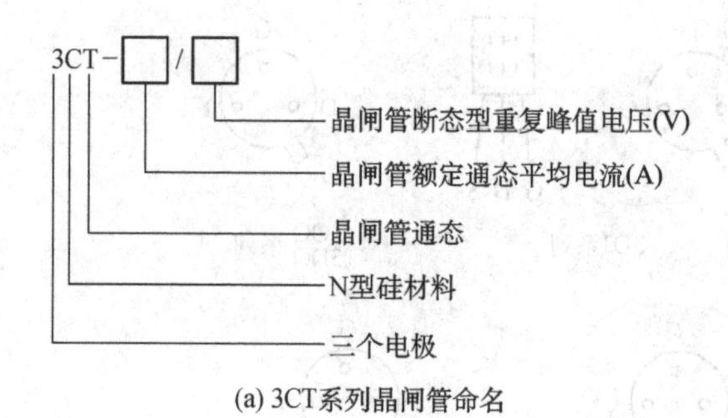


(a) 3CT系列晶闸管命名

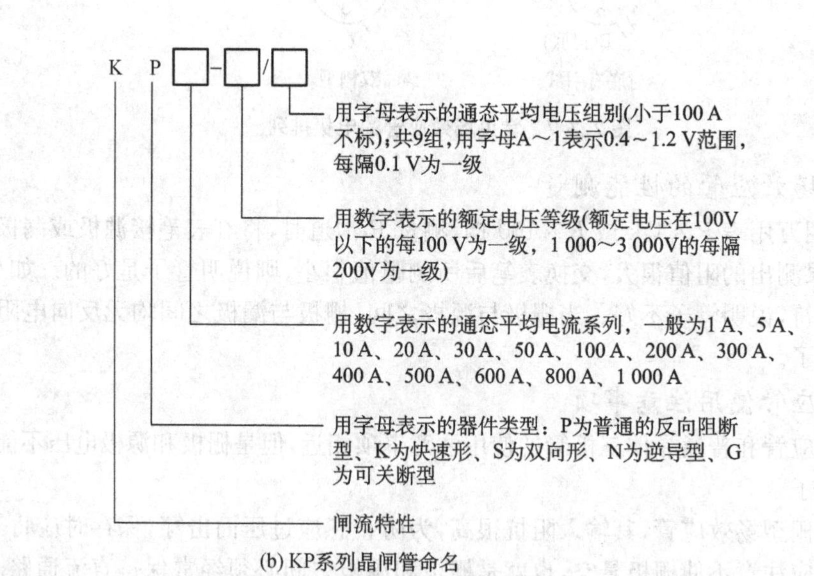


(b) KP系列晶闸管命名

**图 2.8.1　晶闸管命名**

### 2）晶闸管的结构

晶闸管(可控硅)是半导体器件，电路符号如图 2.8.2(a)所示。将 P 型半导体和 N 型半导体交替叠合成四层,形成三个 PN 结,再引出三个电极,这就是晶闸管的管心结构,如图 2.8.2(b)所示。其中,最外层的 P 区和 N 区分别引出两个电极,称为阳极 A 和阴极 K,中间的 P 区引出控制极(或称门极)。

普通晶闸管的外形有螺栓式和平板式,它们都有 3 个电极:阳极 A、阴极 K、控制极 G。螺栓式晶闸管有螺栓的一端是阳极,使用时可将螺栓固定在散热器上,另一端的粗引线是阴极,细引线是控制极,外形如图如图 2.8.3(a)所示。平板式晶闸管中间金属环的引出线是控制极,离控制极较远的端面是阳极,离控制极较近的端面是阴极,外形如图 2.8.3(b)所示。使用时可把晶闸管夹在两个散热器中间,散热效果好。

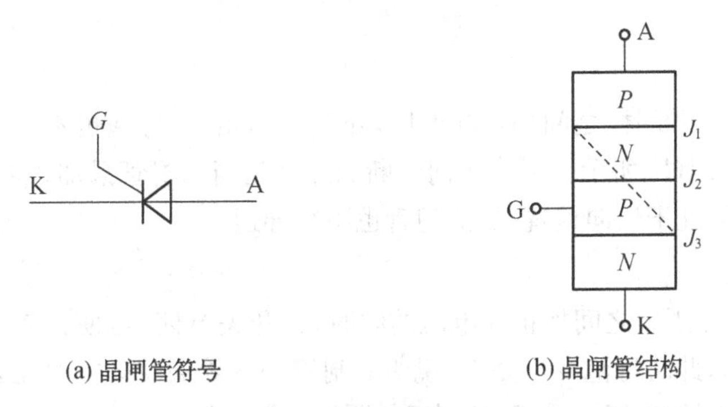


(a) 晶闸管符号 (b) 晶闸管结构

**图 2.8.2 晶闸管的符号和结构**

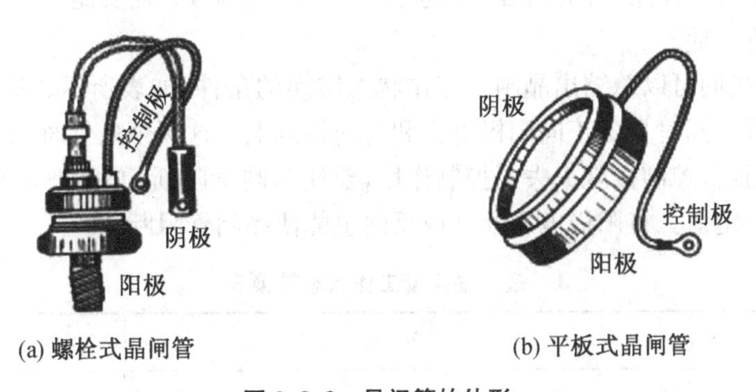


(a) 螺栓式晶闸管 (b) 平板式晶闸管

**图 2.8.3 晶闸管的外形**

## 2.8.2 晶闸管的工作状态

晶闸管的工作状态有三种:反向阻断、正向阻断和正向导通,这三种工作状态可以用下面的实验电路予以说明。

1) 反向阻断

将晶闸管的阴极接电源的正极,阳极接电源的负极,使晶闸管承受反向电压,如图 2.8.4(a)所示,这时不管开关 S 闭合与否,灯泡都不会发光。这说明晶闸管加反向电压时不会导通,处于反向阻断状态。其原因是在反向电压作用下,晶闸管的三个 PN 结均处于反向偏置,所以晶闸管不会导通。

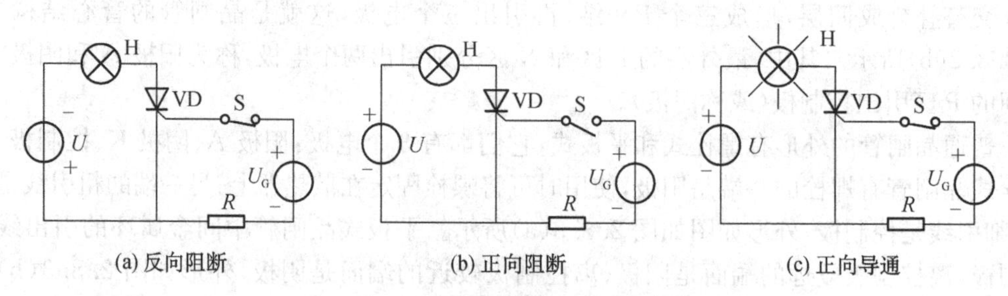


(a) 反向阻断　(b) 正向阻断　(c) 正向导通

**图 2.8.4　晶闸管的工作状态**

2）正向阻断

在晶闸管的阳极和阴极之间加正向电压，开关 S 不闭合，灯泡也不亮，晶闸管处于正向阻断状态，如图 2.8.4(b)所示。形成正向阻断的原因是当晶闸管只加正向电压而控制极未加电压时，PN 结 $J_2$ 处于反向偏置，故晶闸管也不会导通。

3）正向导通

在晶闸管阳极和阴极之间加正向电压的同时，将开关 S 闭合，使控制极也加正向电压，如图 2.8.4(c)所示，此时灯泡发出亮光，说明晶闸管处于导通状态。可见，晶闸管的导通条件是阳极与阴极之间加上正向电压，控制极与阴极之间也加上正向电压。晶闸管导通后，如果把开关 S 断开，灯泡仍然发光，即晶闸管仍然处于导通状态。这说明晶闸管一旦导通后，控制极便失去了控制作用。因此，在实际应用过程中，控制极只需要施加一定的正脉冲电压便可触发晶闸管导通。

综上所述，我们可以总结出晶闸管工作状态转换的条件，如表所示。通过上述实验，表明晶闸管导通只有同时具备正向阳极电压和正向控制电压这两个条件时，晶闸管才能导通。一旦晶闸管导通后，控制极就失去了控制作用，要使晶闸管阻断，必须把正向阳极电压或通态电流降低到一定值。将阳极电压断开或反向也能使晶闸管阻断。

**表　晶闸管工作状态转换表**

| 状　态 | 条　件 | 说　明 |
|---|---|---|
| 从关断到导通 | ① 阳极电位高于阴极电位<br>② 控制极有足够的正向电压和电流 | 两者缺一不可 |
| 维持导通 | ① 阳极电位高于阴极电位<br>② 阳极电流大于维持电流 | 两者缺一不可 |
| 从导通到关断 | ① 阳极电位低于阴极电位<br>② 阳极电流小于维持电流 | 任一条件即可 |

晶闸管的控制极电压、电流通常都比较低，而被控制的器件中可以通过高达几千伏的电压和上千安培以上的电流。晶闸管具有控制特性好、效率高、耐压高、容量大、体积小、重量轻等特点。晶闸管相当于一只无触点单向可控导电开关，以弱电去控制强电的各种电路。利用晶闸管的这种特性，我们可以将它用于可控整流、交直流变换、调速、开关、调光等自动控制电路中。

### 2.8.3 晶闸管的识别与检测

1）晶闸管电极的识别

用万用表识别晶闸管的电极时，将万用表拨至 $R\times1$ k 挡，分别测量各引脚之间的正反向电阻，如测得某两个引脚之间的电阻较大(见图 2.8.5(a))，再将两个表笔对调，重新测量这两个引脚之间的电阻，如果阻值较小(见 2.8.5(b))，这时黑表笔所接为晶闸管的控制极 G，红表笔所接为阴极 K，剩余的引脚便是阳极 A。在测量中如果正反向电阻都很大，则应该更换引脚重新测量，知道出现上述的情况为止。

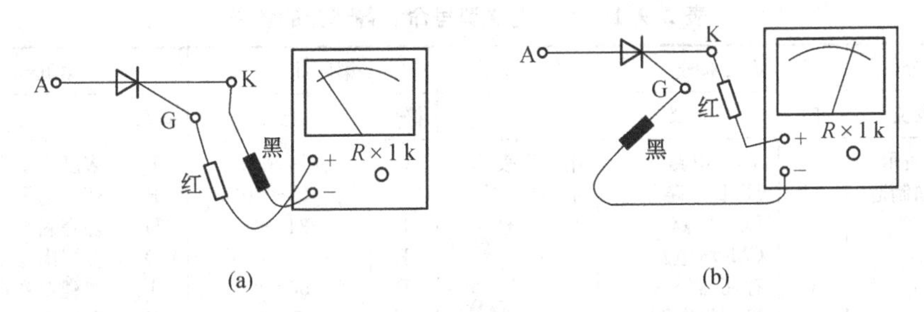


**图 2.8.5 万用表识别晶闸管电极**

2）极间阻值的测量

测量 GK 间的正向阻值应为几千欧。若阻值很小，说明 GK 间 PN 结击穿；若阻值过大，则极间有断路现象。测量 GK 间的反向电阻应为无穷大，当阻值很小或为零时，说明 PN 结有击穿现象。

测量 AG 间反向电阻应为无穷大，若阻值较小，说明内部有击穿或短路现象。

测量 AK 间的正反向低电阻都应为无穷大，否则说明内部有击穿或短路现象。

## 2.9 集成电路

集成电路是继电子管、晶体管之后发展起来的又一类电子器件。它是用半导体工艺或薄、厚膜工艺(或这些工艺的结合)，将晶体管、电阻及电容器等元器件按电路的要求，共同制作在一块半导体或绝缘基体上，再封装进一个便于安装、焊接的外壳内，构成一个完整的具有一定功能的电子电路。这种在结构上形成紧密联系的整体电路，称为集成电路。与分立元器件组成的电路相比，具有体积小，重量轻、引线短、焊点少、可靠性高，功耗低、使用方便及成本低等优点，并已广泛应用于计算机、通信系统、电子仪器仪表、工业自动化控制系统及航空航天等电子设备中，还广泛应用于电视机、录像机、收录机及电子表等消费类电子设备中。集成电路常用代号 IC 来表示。

### 2.9.1 半导体集成电路的型号命名和分类

1）半导体集成电路的型号命名

半导体集成电路的型号命名由五个部分组成，如图 2.9.1 所示。每个部分的含义如表 2.9.1 所示。

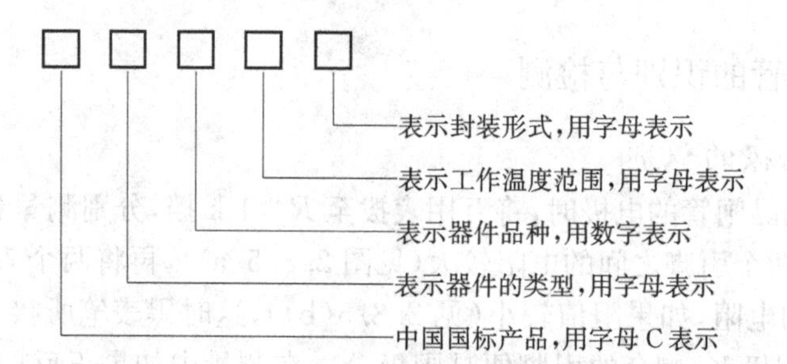


**图 2.9.1 集成电路的型号命名**

**表 2.9.1 集成电路型号命名各部分的含义**

| 第一部分 | | 第二部分 | | 第三部分 | 第四部分 | | 第五部分 | |
|---|---|---|---|---|---|---|---|---|
| 符号 | 意义 | 符号 | 意义 | 意义 | 符号 | 意义 | 符号 | 意义 |
| C | C表示中国制造 | T | TTL电路 | 用数字表示器件的系列代号 | C | 0～70℃ | F | 多层陶瓷扁平 |
| | | H | HTL电路 | | G | -25～70℃ | B | 塑料扁平 |
| | | E | ECL电路 | | L | -24～85℃ | H | 黑瓷扁平 |
| | | C | CMOS电路 | | E | -40～85℃ | D | 多层陶瓷双列直插 |
| | | M | 存储器 | | R | -55～85℃ | J | 黑瓷双列直插 |
| | | μ | 微型机电路 | | M | -55～125℃ | P | 塑料双列直插 |
| | | F | 线性放大器 | | | | S | 塑料单列直插 |
| | | W | 稳定器 | | | | K | 金属菱形 |
| | | B | 非线性电路 | | | | T | 金属圆形 |
| | | J | 接口电路 | | | | C | 陶瓷芯片载体 |
| | | AD | A/D转换器 | | | | E | 塑料芯片载体 |
| | | DA | D/A转换器 | | | | G | 网络针栅陈列 |
| | | D | 音响、电视电路 | | | | | |
| | | SC | 通信专用电路 | | | | | |
| | | SS | 敏感电路 | | | | | |
| | | SW | 钟表电路 | | | | | |

2）集成电路的分类

集成电路的分类方式比较多。

(1) 按功能结构分

集成电路按其功能、结构的不同,可以分为模拟集成电路、数字集成电路和数/模混合集成电路三大类。

模拟集成电路又称线性电路,用来产生、放大和处理各种模拟信号(指幅度随时间变化的信号。例如半导体收音机的音频信号、录放机的磁带信号等),其输入信号和输出信号成比例关系。

数字集成电路用来产生、放大和处理各种数字信号。

(2) 按制作工艺分

按制作工艺,集成电路可分为半导体集成电路和膜集成电路。膜集成电路又分为薄膜集成电路和厚膜集成电路。

用平面工艺在半导体晶片上制成的电路称为半导体集成电路。根据采用的晶体管不同,分为双极型集成电路(TTL集成电路)和MOS集成电路。TTL集成电路中的晶体管和常用的二极管、三极管性能一样。MOS集成电路,采用了MOS场效应管等。半导体集成电路工艺简单,集成度高,是目前应用最为广泛、品种最多、发展迅速的一种集成电路。

薄膜集成电路是将整个电路的晶体管、二极管、电阻、电容和电感等元件以及它们之间的互连引线，全部用厚度在 1 μm 以下的金属、半导体、金属氧化物、多种金属混合相、合金或绝缘介质薄膜，并通过真空蒸发、溅射和电镀等工艺制成的集成电路。

厚膜集成电路是根据电路图先划分若干个功能部件图，然后用平面布图方法转化成基片上的平面电路布置图，再用照相制版方法制作出丝网印刷用的厚膜网路模板。与薄膜混合集成电路相比，厚膜混合集成电路的特点是设计更为灵活、工艺简便、成本低廉，特别适宜于多品种小批量生产。在电性能上，它能耐受较高的电压、更大的功率和较大的电流。

(3) 按集成度高低分

SSIC 小规模集成电路(Small Scale Integrated circuits)

MSIC 中规模集成电路(Medium Scale Integrated circuits)

LSIC 大规模集成电路(Large Scale Integrated circuits)

VLSIC 超大规模集成电路(Very Large Scale Integrated circuits)

ULSIC 特大规模集成电路(Ultra Large Scale Integrated circuits)

GSIC 巨大规模集成电路也被称作极大规模集成电路或超特大规模集成电路(Giga Scale Integration)。

## 2.9.2 集成电路的封装和引脚识别

### 1) 集成电路的封装

不同种类的集成电路，封装不同，按封装形式分可普通双列直插式、普通单列直插式、小型双列扁平、小型四列扁平、圆形金属、体积较大的厚膜电路等。

双列直插式两列引脚之间的宽度一般有 7.4～7.62 mm、10.16 mm、12.7 mm、15.24 mm 等数种。

双列扁平封装两列之间的宽度分(包括引线长度：一般有 6～6.5 mm、7.6 mm、10.5～10.65 mm 等。

四列扁平封装 40 引脚以上的长×宽一般有：(10×10) mm(不计引线长度)、(13.6×13.6±0.4) mm(包括引线长度)、(20.6×20.6±0.4) mm(包括引线长度)、(8.45×8.45±0.5) mm(不计引线长度)、(14×14±0.15) mm(不计引线长度)等。

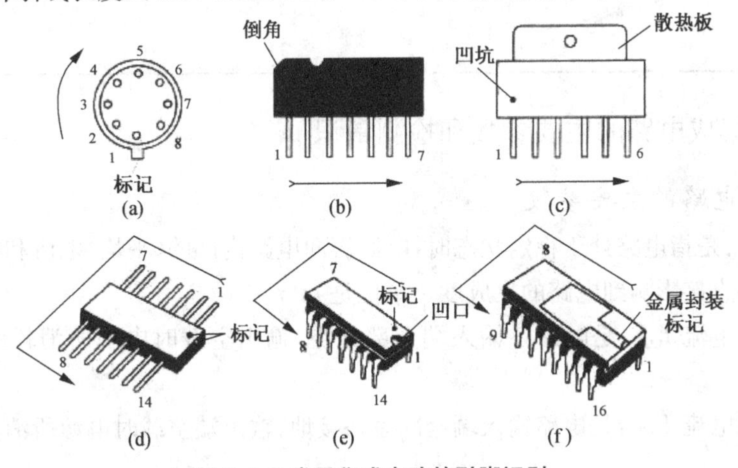


图 2.9.2 常见集成电路的引脚识别

表 2.9.2 列除了常见集成电路封装及特点。图 2.9.2 表示了几种常见的集成电路的引脚识别方法。

**表 2.9.2 常见集成电路的封装及特点**

| 名 称 | 外形图 | 说 明 |
|---|---|---|
| DIP | | DIP 是 Dual Inline Package 的缩写，意为双列直插封装 |
| DIP-tab | | 它是在双列直插封装的基础上，多出了一个散热片 |
| SIP | | SIP 是 Single Inline Package 的缩写，意为单列直插封装 |
| SOP | | SOP 是 Samll Out-line Package 的缩写，意为小外形封装 |
| SOJ | | SOJ 是 Samll Out-line J-leaded package 的缩写，意为 J 形引线小外形封装 |
| HSOP | | 这也是一种双列集成电路封装形式，只是在中间两侧装有散热片 |

## 2.9.3 集成电路的主要参数和检测常识

### 1) 集成电路的主要参数

静态功耗：是指电路处于稳定状态时，电源流向电路内部的(平均)电流和电源电压的乘积。它的大小直接影响到电路的集成度。单位是 mW。

导通电源电流 $I_{CCL}$：是电路各输入端全部悬空，输出空载时电源所消耗的电流。单位为 mA。

截止电源电流 $I_{CCH}$：是电路输入端全部短路接地，输出端空载时电源所消耗的电流。单位为 mA。

输入低电平电流(或输入短路电流)$I_{IL}$:是电路被测输入端接地,其余输入端开路时,流出该输入端的电流。单位为 mA。

输入高电平电流 $I_{IH}$:是电路一个输入端接高电平,其他输入端接地时,从输入端流进电路的电流。单位为 mA。

输入低电平电压(或称关门电平)$U_{IL}$:是保证电路输出为高电平时的输入低电平的上限值。单位为 V。

输入高电平电压(或称开门电平)$U_{IH}$:是保证电路输出为低电平时的输入高电平的下限值。单位为 V。

噪声容限:是指在最坏条件下数字电路的输入端上所允许的输入电压变化的极限范围,即驱动门输出电压极限值和被驱动门所要求的输入电压极限值之差。单位为 V。它表明电路抗干扰能力的强弱。

扇出系数:是指最多能够带的同类负载门的数目,它表示集成电路的带负载能力。

2) 集成电路的检测常识

(1) 检测前要了解集成电路及其相关电路的工作原理

检查和修理集成电路前首先要熟悉所用集成电路的功能、内部电路、主要电气参数、各引脚的作用以及引脚的正常电压、波形与外围元件组成电路的工作原理。

(2) 测试避免造成引脚间短路

电压测量或用示波器探头测试波形时,避免造成引脚间短路,最好在与引脚直接连通的外围印刷电路上进行测量。任何瞬间的短路都容易损坏集成电路,尤其在测试扁平型封装的 CMOS 集成电路时更要加倍小心。

(3) 严禁在无隔离变压器的情况下,用已接地的测试设备去接触底板带电的电视、音响、录像等设备

严禁用外壳已接地的仪器设备直接测试无电源隔离变压器的电视、音响、录像等设备。虽然一般的收录机都具有电源变压器,当接触到较特殊的尤其是输出功率较大或对采用的电源性质不太了解的电视或音响设备时,首先要弄清该机底盘是否带电,否则极易与底板带电的电视、音响等设备造成电源短路,波及集成电路,造成故障的进一步扩大。

(4) 要注意电烙铁的绝缘性能

不允许带电使用烙铁焊接,要确认烙铁不带电,最好把烙铁的外壳接地,对 MOS 电路更应小心,能采用 6～8 V 的低压电烙铁就更安全。

(5) 要保证焊接质量

焊接时确实焊牢,焊锡的堆积、气孔容易造成虚焊。焊接时间一般不超过 3 s,烙铁的功率应用内热式 25 W 左右。已焊接好的集成电路要仔细查看,最好用欧姆表测量各引脚间有否短路,确认无焊锡粘连现象再接通电源。

(6) 不要轻易断定集成电路的损坏

不要轻易地判断集成电路已损坏。因为集成电路绝大多数为直接耦合,一旦某一电路不正常,可能会导致多处电压变化,而这些变化不一定是集成电路损坏引起的,另外在有些

情况下测得各引脚电压与正常值相符或接近时，也不一定都能说明集成电路就是好的。因为有些软故障不会引起直流电压的变化。

(7) 测试仪表内阻要大

测量集成电路引脚直流电压时，应选用表头内阻大于 20 kΩ/V 的万用表，否则对某些引脚电压会有较大的测量误差。

(8) 要注意功率集成电路的散热

功率集成电路应散热良好，不允许不带散热器而处于大功率的状态下工作。

(9) 引线要合理

如需要加接外围元件代替集成电路内部已损坏部分，应选用小型元器件，且接线要合理以免造成不必要的寄生耦合，尤其是要处理好音频功放集成电路和前置放大电路之间的接地端。

# 3 焊接技术

在产品设计过程中，往往需要自己制作电路进行实验调试，这就要求电工电子技术人员掌握焊接技术。根据统计，任何电子产品无论是在生产过程中还是在使用时所出现的故障除元器件原因外，绝大多数是由于焊接不良引起的，因此掌握熟练的焊接技能是必要的。

## 3.1 焊接基础知识

### 3.1.1 焊接的概念及分类

焊接是利用加热或加压或两者并用等手段，用或不用填充材料，使分离的两部分金属，借助于原子的扩散与结合作用，而形成原子间一种永久性连接的工艺方法。利用焊接的方法进行连接而形成的接点叫焊点。

按照焊接过程中金属所处的状态及工艺的特点，可以将焊接方法分为熔化焊、压力焊和钎焊三大类。

1）熔化焊

熔化焊是一种利用局部加热的方法将连接处的金属加热至熔化状态而完成的焊接方法，熔化焊又叫熔焊。常见的气焊、电弧焊、超声波焊、等离子弧焊等都属于熔化焊。

2）压力焊

压力焊是在焊接时不用焊料，利用焊接时施加一定压力而完成焊接的方法，压力焊又称为压焊。压力焊有两种形式：

(1) 将被焊金属接触部分加热至塑性状态或局部熔化状态，然后施加一定的压力，以使金属原子间相互结合形成牢固的焊接接头，如锻焊、气压焊等就是这种类型的压力焊方法。

(2) 不进行加热，仅在被焊金属接触面上施加足够大的压力，借助于压力所引起的塑性变形，以使原子间相互接近而获得牢固的压挤接头，如冷压焊、爆炸焊等是这种类型的压力焊方法。

3）钎焊

钎焊是采用比母材熔点低的金属材料作钎料，在加热温度高于钎料低于母材熔点的情况下，利用液态钎料润湿母材，填充接头间隙，并与母材相互扩散实现连接焊件的方法。钎焊的焊料温度低于母材温度，焊接时焊料熔化母材不熔化，二者之间是物理结合。

钎焊按焊料熔点的不同，分为硬钎焊和软钎焊。焊料熔点高于 450℃的称为硬钎焊，焊料熔点低于 450℃的称为软钎焊。

钎焊的优点是容易保证焊件的尺寸精度，同时对于焊件母材的组织及性能的影响也比较小。钎焊的缺点是钎焊接头的耐热能力比较差，接头强度比较低，钎焊时表面清理及焊件装配质量的要求比较高。

电子元器件的焊接为锡焊，锡焊属于软钎焊，它的焊料是钎锡合金，熔点较低，如共晶焊锡的熔点为183℃，所以在电子元器件的焊接工艺中得到广泛应用。本章只介绍锡焊方法。

### 3.1.2 锡焊机理

锡焊过程实际上是焊料、焊剂、焊件在焊接加热的作用下，相互间所发生的物理—化学过程，不同金属表面相互浸润、扩散，最后形成多组织的结合层。锡焊的机理可以用浸润、扩散和界面层的结晶与凝固三个过程来表述。

1）浸润

所谓浸润就是加热后熔融的焊料沿着固体金属的凹凸表面与伤痕处产生毛细管力，形成的扩散，也叫润湿。焊接质量的好坏取决于浸润的程度，而浸润的程度主要决定于焊件的清洁程度及焊料表面张力。在焊料表面张力小，焊件表面无油污，并涂有助焊剂的条件下，焊料的浸润性能好。浸润性能的好坏一般用润湿角 $\theta$ 表示，润湿角是指焊料外圆在焊件表面交接点处的切线与焊件面的夹角。如图 3.1.1 所示，当 $\theta>90°$ 为焊料不润湿焊件；$\theta=90°$ 为浸润性能不良；$\theta<90°$ 为润湿良好。当润湿不足或不润湿时，焊料很容易脱落，焊接质量就差；当润湿良好，焊接质量就好。

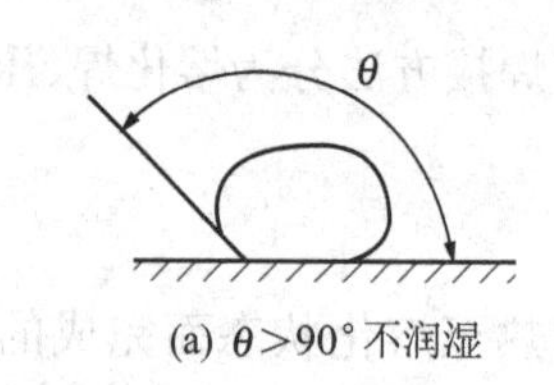

(a) $\theta>90°$ 不润湿

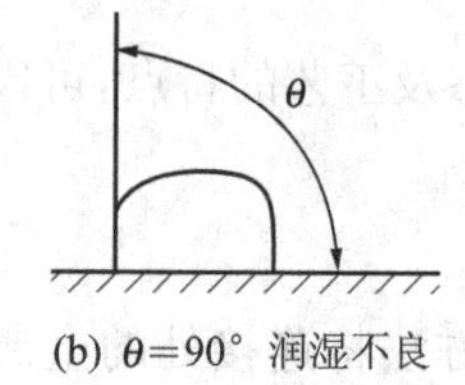

(b) $\theta=90°$ 润湿不良

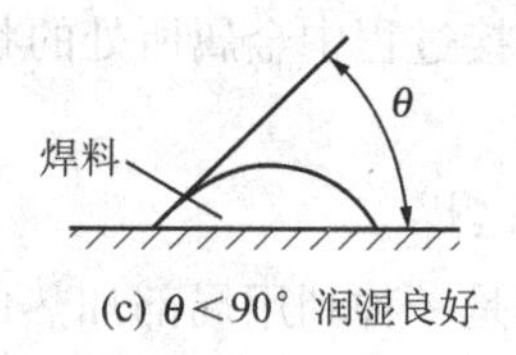

(c) $\theta<90°$ 润湿良好

**图 3.1.1　润湿角分析**

2）扩散

由于金属原子在晶格点阵中呈热振动状态，因此在温度升高时，它会从一个晶格点阵自动转移到其他晶格点阵，这个现象称为扩散。锡焊时，焊料和工件金属表面的温度较高，焊料与工件金属表面的原子相互扩散，在两者界面形成新的合金。

3）界面层的结晶与凝固

在润湿的同时，液态焊料和固态母材金属之间通过原子扩散，在焊料和母材的交界处形成一层金属化合层，即合金层，合金层使不同的金属材料牢固地连接在一起。合金层的成分和厚度取决于母材、焊料的金属性质，焊剂的物理化学性质，焊接的温度、时间等因素。因此，焊接的好坏，在很大程度上取决于这一层合金层的质量。

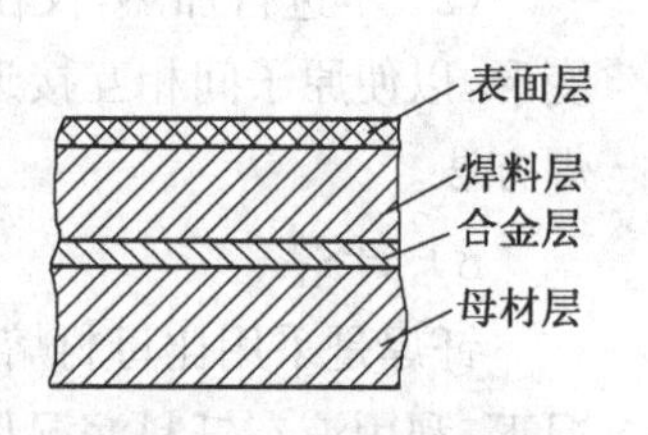

**图 3.1.2　焊接截面结构**

焊接结束后，焊接处截面结构共分四层：母材层、合金层、焊料层和表面层，如图 3.1.2 所示。

理想的焊接在结构上必须具有一层比较严密的合金层，否则将会出现虚焊、假焊现象，如图 3.1.3 所示。

应该指出，有些初学者头脑中存在一个错误概念：他们以为锡焊焊接无非是将焊料熔化

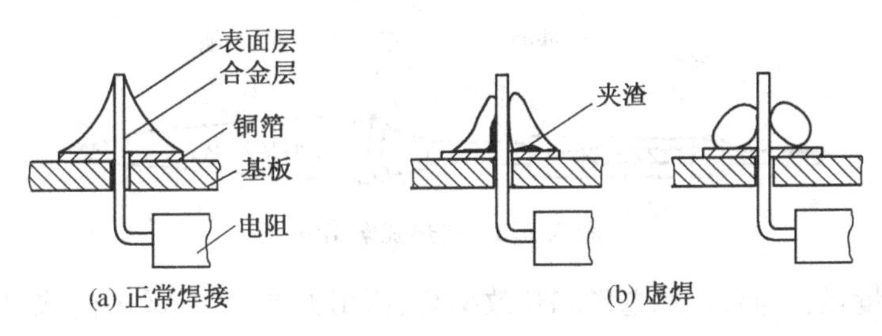


图 3.1.3　正常焊接与虚焊

后，用电烙铁将其涂到(或者说敷到)焊点上，待其冷却凝固即成。他们把焊料看成浆糊，看成了敷墙的泥，这是不对的。一定要记住：焊接不是“粘”，不是“涂”，不是“敷”，而是“溶入”，是“浸润”、“扩散”，是“形成合金层”。

## 3.2　焊接工具

### 3.2.1　电烙铁

电烙铁是焊接电子元器件及接线的主要工具，选择合适的电烙铁，并合理的使用它，是保证焊接质量的基础。

1) 电烙铁的分类

常见的电烙铁有外热式电烙铁、内热式电烙铁、恒温式电烙铁、吸锡电烙铁、感应式电烙铁等。下面介绍几种常用的电烙铁。

(1) 外热式电烙铁

外热式电烙铁由烙铁头、烙铁芯、外壳、手柄、电源引线、插头等几部分组成，其结构如图 3.2.1 所示。由于发热部件烙铁芯是装在烙铁头的外面，故称为外热式电烙铁。

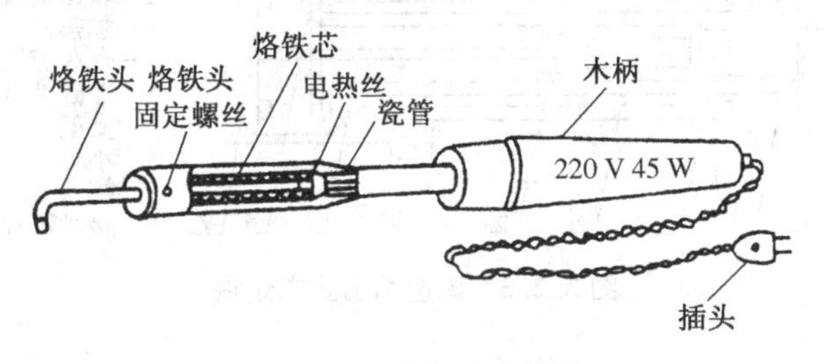


图 3.2.1　外热式电烙铁

外热式电烙铁的规格很多，常用的有 25 W、45 W、75 W、100 W 等，功率越大烙铁头的温度也就越高。外热式电烙铁结构简单、价格较低、使用寿命长，但其体积较大、升温较慢、热效率低。

(2) 内热式电烙铁

内热式电烙铁由烙铁头、烙铁芯、手柄、连接杆、弹簧夹组成，其结构如图 3.2.2 所示。由于烙铁芯安装在烙铁头里面，故称为内热式电烙铁。

内热式电烙铁的常用规格有 20 W、30 W 等。内热式电烙铁与外热式电烙铁比较，其优

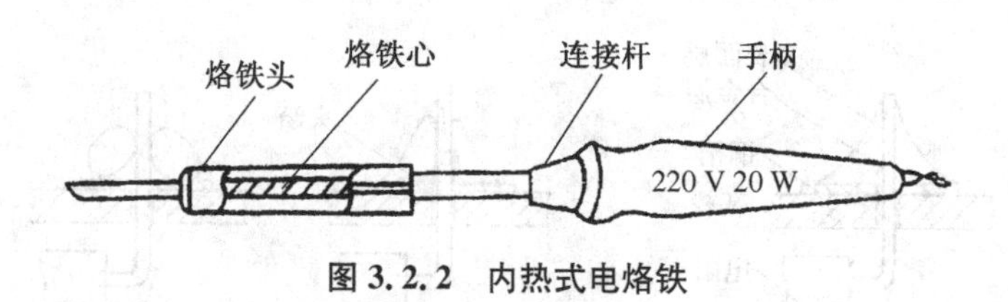


图 3.2.2　内热式电烙铁

点是体积小、重量轻、升温快、耗电省和热效率高、使用方便。20 W 内热式电烙铁就相当于25～40 W 的外热式电烙铁的热量，因而得到普遍应用。其缺点是烙铁芯的可靠性比外热式的差。

(3) 恒温式电烙铁

恒温式电烙铁的烙铁头温度可以控制，烙铁头可以始终保持在某一设定的温度。恒温式电烙铁头内装有带磁铁式的温度控制器，控制通电时间而实现温度控制，即给电烙铁通电时，烙铁头的温度上升，当达到某一点(称为居里点，因磁体成分而异)时，强磁体传感器达到了居里点而磁性消失，从而使磁芯触点断开，这时便停止向电烙铁供电；当温度低于强磁体传感器的居里点时，强磁体便恢复磁性，并吸动磁芯开关中的永久磁铁，使控制开关的触点接通，继续向电烙铁供电，如此循环便达到了控制温度的目的。根据控制方式不同可分为电控和磁控两种。

电控是用热电偶作为传感元件来检测和控制烙铁头的温度。当烙铁头温度低于规定值时，温控装置内的电子电路控制半导体开关元件或继电器接通电源，给电烙铁供电，使电烙铁温度上升。温度一旦达到预定值，温控装置自动切断电源。如此反复动作，使烙铁头基本保持恒温。

磁控恒温电烙铁是借助于软磁金属材料在达到某一温度(居里点)时会失去磁性这一特点，制成磁性开关来达到控温目的，其结构如图 3.2.3 所示。

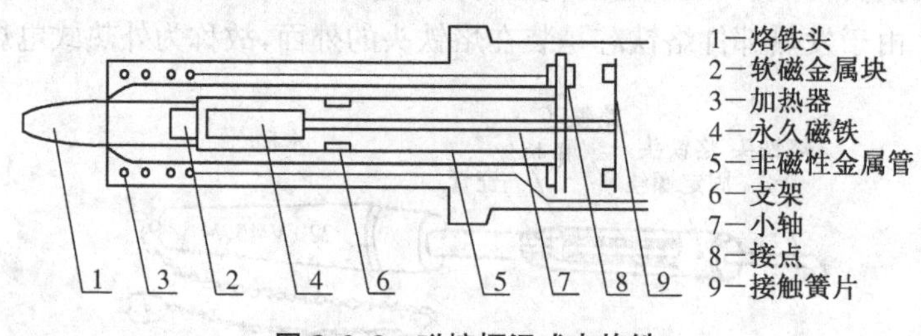


图 3.2.3　磁控恒温式电烙铁

(4) 吸锡电烙铁

吸锡电烙铁是将活塞式吸锡器与电烙铁融为一体的拆焊工具。它具有焊接和吸锡的双重功能，主要用于拆焊，与普通电烙铁相比，其烙铁头是空心的，且多了一个吸锡装置，其结构如图 3.2.4 所示。吸锡电烙铁具有使用方便、灵活、适用范围宽等特点。在操作时先加热焊点，待焊锡熔化后，按动吸锡装置，焊锡被吸走，使元器件与印制板脱焊。吸锡电烙铁不足之处是每次只能对一个焊点进行拆焊。

(5) 感应式电烙铁

感应式电烙铁也叫速热电烙铁，俗称焊枪。它里面实际是一个变压器，当初级通电时，次级感应出大电流通过加热体，使同它相连的烙铁头迅速达到焊接所需温度。其结构

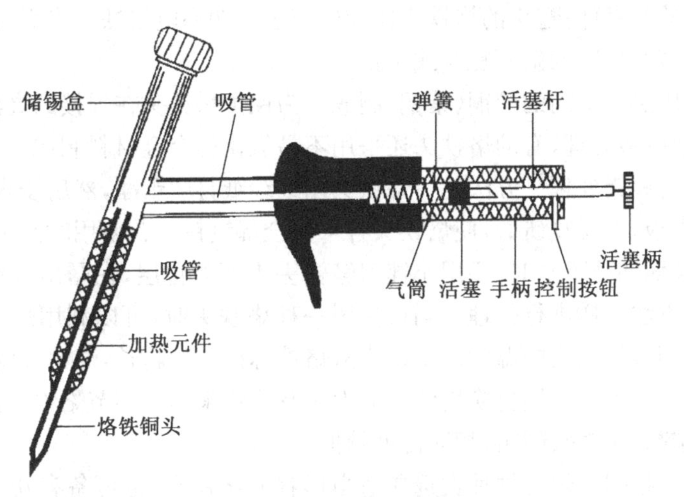


图 3.2.4　吸锡电烙铁

如图 3.2.5 所示。

感应式电烙铁的特点是加热速度快，一般通电几秒钟就可达到焊接温度，因此不需要持续通电，它的手柄上带有开关，工作时只需按下开关几秒即可焊接。感应式电烙铁适用于断续工作的使用，但由于烙铁头实际是变压器次级，对一些电荷敏感器件不宜使用这种烙铁。

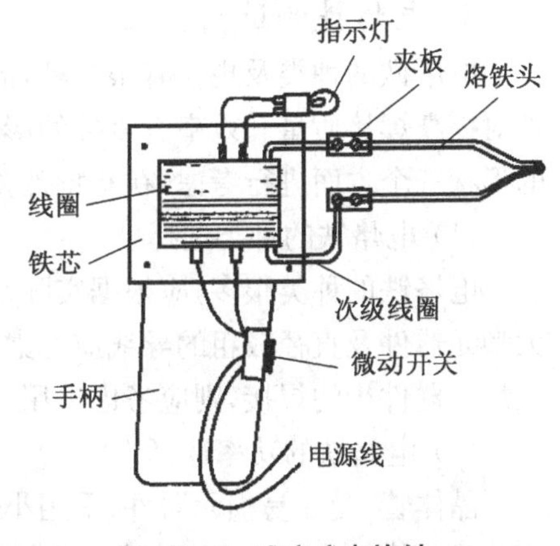


图 3.2.5　感应式电烙铁

(6) 其他电烙铁

除上述几种电烙铁外还有一种储能式电烙铁，该电烙铁是适应集成电路，特别是对电荷敏感的 MOS 电路的焊接工具。电烙铁本身不接电源，当把电烙铁插到配套的供电器上时，电烙铁处于储能状态，焊接时拿下电烙铁，靠储存在电烙铁中的能量完成焊接，一次可焊若干焊点。

2) 烙铁头

电烙铁的易损件是烙铁头和烙铁芯，烙铁头和烙铁芯单独作为配件在市面上均有销售。烙铁芯比较单一，只要尺寸一致、功率相同即可。

为了保证可靠方便的焊接，必须合理选用烙铁头的形状与尺寸，图 3.2.6 所示为几种常用烙铁头的外形，其中，圆斜面式是市售烙铁头的一般形式，适用于在单面板上焊接不太密集的焊点；凿式和半凿式多用于电器维修工作；尖锥式和圆锥式烙铁头适用于焊接高密度的

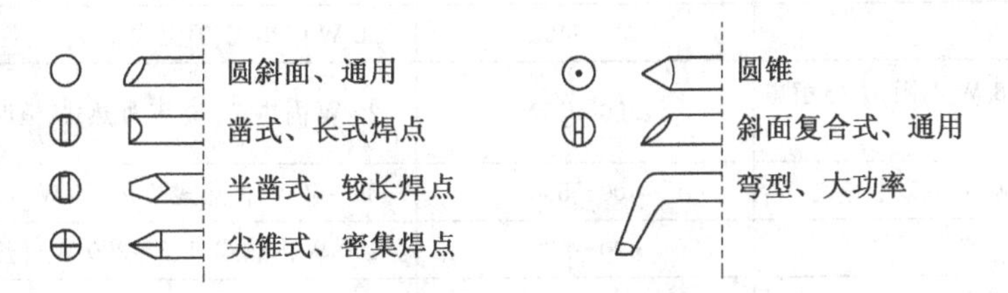


图 3.2.6　常用烙铁头外形

焊点和小而怕热的元器件;弯头的烙铁头比较适合于大功率电烙铁。当焊接对象变化大时,可选用适合于大多数情况的斜面复合式烙铁头。

烙铁头一般用热导率高的纯铜(紫铜)制成。为保护烙铁头在焊接的高温下不被氧化生锈,常将烙铁头经电镀处理,有的烙铁头还采用不易氧化的合金材料制成。新的烙铁头在正式焊接前应先进行镀锡处理。方法是将烙铁头用细纱纸打磨干净,然后浸入松香水,沾上焊锡在硬物(例如木板)上反复研磨,使烙铁头各个面全部镀锡。若使用时间很长,烙铁头已经发生氧化,使用表面凹凸不平时,要用小锉刀轻锉去表面氧化层,在露出紫铜光亮面后用同新烙铁头镀锡的方法一样进行处理。当仅使用一种烙铁头时,可以利用烙铁头插入烙铁芯深浅不同的方法调节烙铁头的温度。烙铁头从烙铁芯拉出的越长,烙铁头的温度相对越低,反之温度就越高。也可以利用更换烙铁头的大小及形状来达到调节烙铁头温度的目的。烙铁头越细,温度越高;烙铁头越粗,相对温度越低。

每个操作者可根据所焊元件种类选择适当形状的烙铁头,也可备有几个不同形状的烙铁头,以便根据焊接对象的变化和工作需要随机选用。

3) 电烙铁的选用

电烙铁的种类及规格有很多种,而且被焊工件的大小又有所不同,因而合理地选用电烙铁对提高焊接质量和效率有直接的影响。选用电烙铁主要从电烙铁的种类、功率及烙铁头的形状三个方面进行考虑,在有特殊要求时,应选择有特殊功能的电烙铁。

(1) 电烙铁的种类选择

电烙铁的种类很多,应根据实际情况灵活选用。一般的焊接应首选内热式电烙铁;对于大型元器件及直径较粗的导线应考虑选用功率较大的外热式电烙铁;对于要求工作时间长,被焊元器件少的焊接,则应考虑选用长寿命的恒温电烙铁。

(2) 电烙铁的功率选择

晶体管、受热易损元器件、采用小型元器件的普通印制电路板的焊接应选用 20~25 W 内热式电烙铁或 30 W 外热式电烙铁;焊接较大元器件时,如输出变压器的引脚、大电解电容的引脚,金属底盘接地焊片等,则应选用功率大一些的电烙铁,如 50 W 以上的内热式电烙铁或 75 W 以上的外热式电烙铁。

电烙铁的功率选择一定要适当,过大易烫坏元器件,过小易出现假焊、虚焊,直接影响焊接质量。电烙铁的功率选用可参考表 3.2.1。

**表 3.2.1　电烙铁功率选用**

| 焊接对象及工作性质 | 烙铁头温度<br>(室温、220 V 电压)(℃) | 选用烙铁 |
|---|---|---|
| 一般印制电路板、安装导线 | 300~400 | 20 W 内热式、30 W 外热式、恒温式 |
| 集成电路 | 350~400 | 20 W 内热式、恒温式 |
| 焊片、电位器、2~8 W 电阻、大电解电容、大功率管 | 350~450 | 20 W 内热式、30 W 外热式、恒温式 |
| 8 W 以上大电阻、$\phi$2 mm 以上导线 | 400~550 | 35~50 W 内热式、50~75 W 外热式、恒温式 |
| 汇流排、金属板等 | 500~630 | 100 W 内热式、150~200 W 外热式 |
| 维修、调试一般电子产品 | | 20 W 内热式、恒温式、感应式、储能式、两用式 |

4) 电烙铁的使用与保养

(1) 使用电烙铁一定要注意安全,使用前首先要核对电源电压是否与电烙铁的额定电压相符。电烙铁插头最好使用三极插头,要使外壳妥善接地。

(2) 电烙铁使用前应认真检查电源插头和电源线有无损坏,并检查烙铁头是否松动。

(3) 电烙铁无论是第一次使用还是重新修整后再使用,使用之前必须先给烙铁头镀上一层焊锡(使用久了的电烙铁应将烙铁头部锉亮),再通电加热升温,当烙铁头的温度升至能溶化焊锡时,将松香涂在烙铁头上,等松香冒白烟后再涂上一层焊锡,烙铁头表面就镀上了一层光亮的锡。这样做可以便于焊接和防止烙铁头表面氧化。

(4) 在使用过程中电烙铁应避免敲打碰跌,因为在高温时的震动,最易使烙铁芯损坏。去除烙铁头上多余的焊锡或清除烙铁头上的残渣可用湿布或湿海绵,不可乱甩,以防烫伤他人。

(5) 焊接过程中,电烙铁不能到处乱放,不用时应将电烙铁放在烙铁架上,这样既保证安全,又可适当散热,避免烙铁头"烧死"。对已"烧死"的烙铁头,应按新烙铁的要求重新上锡。

(6) 电源线不能搭在烙铁头上,以防烫坏绝缘层而发生事故。

(7) 电烙铁不宜长时间通电而不使用,这样容易使烙铁头加速氧化而烧断,甚至被烧"死"不再"吃锡"。使用结束后,应及时切断电源,拔下电源插头,待完全冷却后再将电烙铁收回工具箱。

### 3.2.2 其他工具

焊接所用的其他工具主要有烙铁架、镊子、尖嘴钳、斜口钳、剥线钳、螺丝刀、吸锡器、台灯、放大器等。

(1) 烙铁架

烙铁架的结构非常简单,焊接操作时,电烙铁一般放在方便操作的右方烙铁架中。

(2) 镊子

镊子有尖嘴和圆嘴两种,尖嘴镊子如图 3.2.7 所示。尖嘴镊子用于夹持细小的导线,以便于装配焊接。圆嘴镊子用于弯曲元器件引线和夹持元器件焊接等,用镊子夹持元器件焊接时还能起到散热的作用。

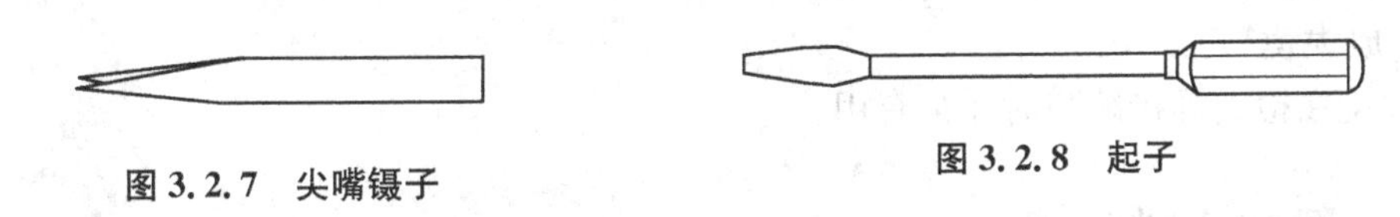

**图 3.2.7 尖嘴镊子**

**图 3.2.8 起子**

(3) 起子

起子又称螺丝刀或改锥,如图 3.2.8 所示,主要用来拧紧螺钉。根据螺钉大小可选用不同规格的起子。比较常见的起子有"一"字式和"十"字式两种。

在调节中频变压器和振荡线圈的磁芯时,为避免金属起子对电路调试的影响,需要使用无感起子。无感起子一般是采用塑料、有机玻璃或竹片等非铁磁性物质为材质制作,如图 3.2.9所示。

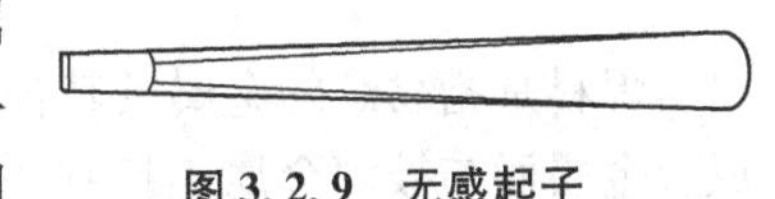

**图 3.2.9 无感起子**

(4) 钳子

钳子根据功能及钳口形状可分为尖嘴钳、斜口钳、平嘴钳、平头钳、剥线钳等。

不同的钳子有不同的用途。尖嘴钳头部较细，如图 3.2.10(a)所示，适用于夹持小型金属零件或弯曲元器件引线，以及电子装配时其他钳子较难涉及的部位，不宜过力夹持物体；斜口钳外形如图 3.2.10(b)所示，主要用于剪切导线，不允许剪切螺钉、较粗的钢丝，以免损坏钳口；平嘴钳外形如图 3.2.10(c)所示，平嘴钳钳口平直无纹路，可用于校直或夹弯元器件的引脚和导线；平头钳外形如图 3.2.10(d)所示，头部较宽，适用于螺母紧固的装配操作；剥线钳外形如图 3.2.10(e)所示，专用于剥有包皮的导线，使用时应注意将需剥皮的导线放入合适的槽口，剥线时不能剪断导线。

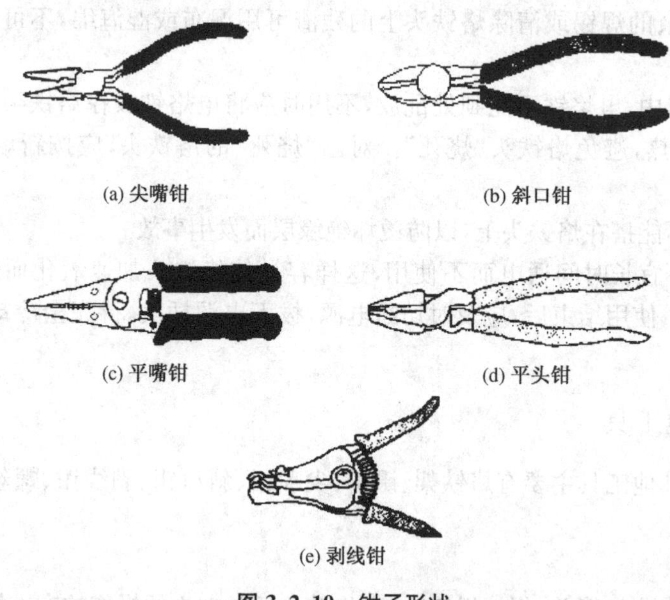


**图 3.2.10　钳子形状**

(5) 吸锡器

吸锡器是锡焊元器件无损拆卸时的必备工具。

(6) 台灯

台灯用于照明。

(7) 放大镜

放大镜在检查焊接缺陷时非常有用。

## 3.3　焊接材料

### 3.3.1　焊料

焊料是指易熔的金属及其合金，其熔点低于被焊金属。焊料熔化时，在被焊金属表面形成合金层而与被焊金属连接在一起。焊料按其组成成分可分为锡铅焊料、银焊料、铜焊料等。锡铅焊料中，熔点在 450℃以上的称为硬焊料，熔点在 450℃以下的称为软焊料。为使焊接质量得到保障,根据被焊物的不同,选用不同的焊料是很重要的。在电子产品装配中,一般选用锡铅焊料,俗称焊锡。含锡 61.9%、铅 38.1%的焊锡是共晶合金,此成分的合金熔点最低(183℃),共晶成分合金在焊接技术中的工艺性能是其他各种成分合金中最好的,它具有熔点低、机械强度高、表面张力小、抗氧化性好等优点。

焊料的形状有带状、球状、圆片状、焊锡丝等几种。为提高焊接质量和速度,手工焊接通常采用有松香芯的焊锡丝。

### 3.3.2　焊剂

焊剂又称助焊剂,一般由活化剂、树脂、扩散剂、溶剂四部分组成。主要用于清除焊件表面的氧化膜,保证焊锡浸润的一种化学剂。

1）常用助焊剂的基本要求

(1) 焊剂的熔点应低于焊料,比重比焊料小,这样才能发挥助焊剂活化的作用。

(2) 具有较强的化学活性,保证能迅速去除氧化层的能力。

(3) 具有良好的热稳定性,保证在较高的焊锡温度下不分解失效。

(4) 具有良好的润湿性,对焊料的扩展具有促进作用,保证较好的焊接效果。

(5) 留存于基板的焊剂残渣对焊后材质无腐蚀性。

(6) 具备良好的清洗性。

(7) 具有高绝缘性,焊剂喷涂在印制电路板上后,不能降低电路的绝缘性能。

(8) 焊剂的基本成分应对人体或环境无明显公害或已知的潜在危害。

2）助焊剂的作用

(1) 除去氧化膜　其实质是助焊剂中的氯化物,酸类同氧化物发生还原反应,从而除去焊接元器件、印制板铜箔以及焊锡表面的氧化物。

(2) 防止氧化　液态的焊锡及加热的焊件金属都容易与空气中的氧接触而氧化。助焊剂在氧化后,以液体薄层覆盖焊锡和被焊金属的表面,隔绝空气中的氧对他们的再一次氧化。

(3) 减小焊料表面张力　起界面活性作用,增加焊锡的流动性,改善液态焊锡对被焊金属表面的润湿。

(4) 传递热量　能加快热量从烙铁头向焊料和被焊物表面传递。

(5) 合适的助焊剂还能使焊点美观。

3）助焊剂的分类

助焊剂大致可分为无机助焊剂、有机助焊剂和树脂助焊剂三大类。电子装配中常用的是以松香为主要成分的树脂助焊剂。

(1) 无机助焊剂

无机助焊剂由无机酸和盐组成,具有高腐蚀性,常温下就能除去金属表面的氧化膜。但这种强腐蚀作用很容易损伤金属及焊点,电子产品中一般是不用的。

(2) 有机助焊剂

有机助焊剂主要由有机酸卤化物组成,具有较好的助焊作用,但也有一定的腐蚀性,残渣不易清除,且挥发物会污染空气,一般不单独使用,而是作为活化剂与松香一起使用。

(3) 树脂助焊剂

树脂助焊剂通常是从树木的分泌物中提取,属于天然产物,没有什么腐蚀性,松香是这类助焊剂的代表,所以也称为松香助焊剂。松香助焊剂的主要成分是松香酸和松香酯酸酐,松香助焊剂在常温下几乎没有任何化学活性,但加热到焊接温度时就会变得活跃,呈弱酸性,可与金属氧化膜发生还原反应,生成的化合物悬浮在焊锡表面,也起到使焊锡表面不被氧化的作用,焊接完恢复常温后,松香又变成固体,再次失去活性。焊接后其残渣分布均匀,无腐蚀无污染,无吸湿性,绝缘性能好。

4) 助焊剂残渣产生的不良影响

(1) 助焊剂残渣对基板有一定的腐蚀性,降低了电导性,产生迁移或短路。

(2) 非导电性的固形物如侵入,元件接触部位会引起接触不良。

(3) 树脂残留过多将会粘连灰尘及杂物。

(4) 影响产品的使用可靠性。

5) 助焊剂的选用

助焊剂的成分复杂,种类、型号很多,在选用时应优先考虑被焊金属的焊接性能、氧化及污染情况。铂、金、银、铜、锡等金属的焊接性能较强,为减少助焊剂对金属的腐蚀,多采用松香作为助焊剂。焊接时,尤其是手工焊接时多采用松香焊锡丝。铅、黄铜、青铜、铍青铜及有镍层金属材料的焊接性能较差,焊接时应选用有机助焊剂,焊接时能减少焊料表面张力,促进氧化物的还原作用,它的焊接能力比一般焊丝要好,但要注意焊后的清洗问题。

6) 助焊剂的使用注意事项

(1) 不同型号、不同性能的助焊剂不能混用。

(2) 能少用尽量少用。

(3) 使用时间长了,液态助焊剂中溶剂不断挥发,性能发生变化,应予以更换。

### 3.3.3 阻焊剂

焊接中,特别是在浸焊及波峰焊中,为提高焊接质量,需要耐高温的阻焊涂料,使焊料只在需要焊接的部位进行焊接,而把不需要焊接的部分保护起来,起到一种阻焊作用,这种阻焊材料叫做阻焊剂。

1) 阻焊剂的作用

(1) 可防止焊接过程中的桥接、短路及虚焊等现象的发生,对高密度印制电路板尤为重要,可降低返修率,提高焊点质量。

(2) 除焊盘外,其他部位不上锡,可大大节约焊料。

(3) 因阻焊剂的覆盖作用,使焊接时印制电路板受到的热冲击小,板面不易起泡、分层,同时也起到保护元器件和集成电路的作用。

(4) 使用带有色彩的阻焊剂,可使印制电路板的版面显得整齐美观。

2) 阻焊剂的分类

阻焊剂的种类有热固化型阻焊剂和光固化型阻焊剂等,目前热固化型阻焊剂已被逐步淘汰,光固化型阻焊剂被大量采用。

(1) 热固化型阻焊剂具有价格便宜、黏接强度高的优点,但也具有加热温度高、时间长、印制板容易变形、能源消耗大、不能实现连续化生产等缺点。

(2) 光固化型阻焊剂在高压汞灯下照射 2～3 min 即可固化，因而可节约大量能源，提高生产效率，便于自动化生产。

## 3.4　手工焊接技术

手工焊接技术是传统的焊接方法，虽然批量电子产品生产已较少采用手工焊接，但在产品研制、电子产品的维修、调试，乃至一些小规模、小型电子产品的生产中，仍广泛采用手工焊接技术，它是焊接工艺的基础。手工焊接是一项实践性很强的技能，在了解一般方法后，要多练、多实践才能有较好的焊接质量。

### 3.4.1　焊前准备

1) 电烙铁准备

应根据焊点的大小选择功率合适的电烙铁。烙铁头的形状要适应被焊工件表面的要求和产品的装配密度。烙铁头上应保持清洁，并且镀上一层锡，这样才能使传热效果好，容易焊接。

2) 焊接前的准备

应对元器件引线或电路板的焊接部位进行焊前处理，一般有测、刮、镀三个步骤：

(1) 测就是利用万用表检测所有元器件质量是否可靠，若有质量不可靠或已损坏的元器件，应用同规格元器件替换。

(2) 刮就是在焊接前做好焊接部位的清洁工作，一般采用的工具是小刀和细砂纸。对于集成电路的引脚，焊前一般不做清洁处理，但应保证引脚清洁。对于自制印制电路板，应首先用细砂纸将铜箔表面擦亮，并清理印制电路板上的污垢，再涂上松香酒精或助焊剂后方可使用。对于镀金银的合金引出线，应刮去金属引线表面的氧化层，使引线露出金属光泽，但不能把镀层刮掉，可用橡皮擦去表面脏物。

(3) 镀就是在元器件刮净的部位镀锡，具体做法是蘸松香酒精溶液涂在元器件刮净的部位，再将带锡的热烙铁头压在元器件引线上，并转动元器件引线，使其均匀地镀上一层很薄的锡层。导线焊接前，应将绝缘外皮剥去，再经过上面两项处理，才能正式焊接。若是多股金属丝的导线，打光后应先拧在一起，然后再镀锡。

### 3.4.2　焊接操作姿势

手工焊接中掌握正确的操作姿势，可以保证操作者的身体健康，减轻劳动伤害。为减少焊剂加热时挥发出的化学物质对人的危害，减少有害气体的吸入量，一般情况下，烙铁到鼻子的距离应该不少于 20 cm，通常以 30 cm 为宜。

1) 电烙铁的握法

电烙铁的握法一般有三种方式，如图 3.4.1 所示。

(1) 反握法，此法动作稳定，长时间操作不易疲劳，适用于大功率电烙铁，焊接散热量较大的被焊件。

(2) 正握法,此法适于中功率电烙铁或带弯头电烙铁的操作。

(3) 握笔法,此法适用于小功率的电烙铁,焊接散热量小的被焊件,如焊接收音机、电视机的印制电路板及其维修等。

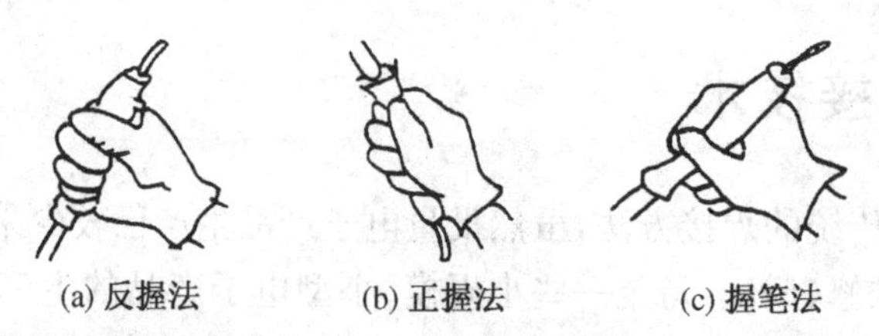
(a) 反握法　(b) 正握法　(c) 握笔法

图 3.4.1　电烙铁握持方法

2) 焊锡丝的拿法

在手工焊接中,一般是右手握电烙铁,左手拿焊锡丝,要求两手相互协调工作。焊锡丝一般有两种拿法,如图3.4.2所示。由于焊锡丝中含有一定比例的铅,而铅是对人体有害的一种重金属,因此操作时应该戴手套或在操作后洗手,避免食入铅尘。

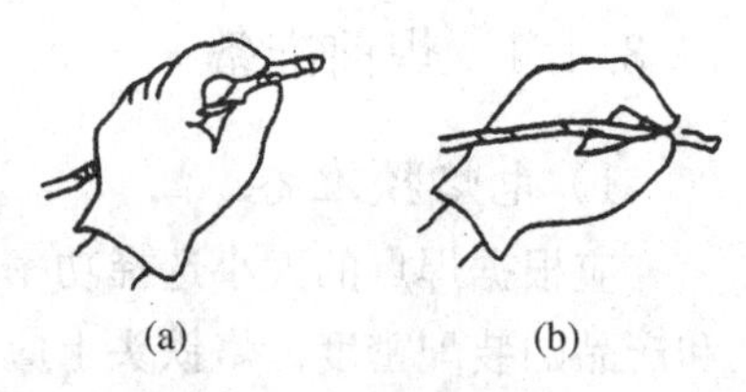
(a)　(b)

图 3.4.2　焊锡丝拿法

### 3.4.3　焊接操作方法

掌握好电烙铁的温度和焊接时间,选择恰当的烙铁头和焊点的接触位置,才可能得到良好的焊点。正确的手工焊接操作步骤一般有五工序操作法和三工序操作法。

1) 五工序操作法

(1) 准备焊接

将被焊件、焊锡丝和电烙铁准备好,如图 3.4.3(a)所示,左手拿焊锡丝,右手握经过上锡的电烙铁对准焊接部位,进入备焊状态。

(2) 加热焊件

如图 3.4.3(b)所示,将烙铁头接触焊接点,使焊接部位均匀受热,如元器件的引线和印制电路板上的焊盘需要均匀受热。

(3) 熔化焊料

当焊件加热到能熔化焊料的温度后,将焊丝置于焊点部位,即被焊件上烙铁头对称的一侧,而不是直接加在烙铁头上,使焊料开始熔化并润湿焊点,如图 3.4.3(c)所示。

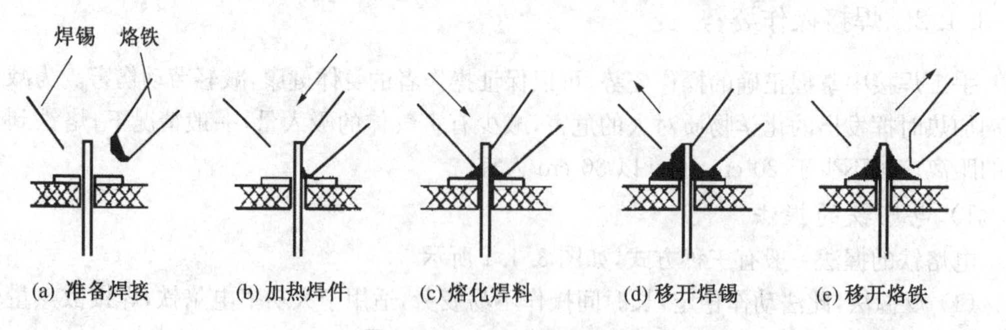

(a) 准备焊接　(b) 加热焊件　(c) 熔化焊料　(d) 移开焊锡　(e) 移开烙铁

图 3.4.3　五工序操作步骤

(4) 移开焊锡

当熔化一定量的焊锡后立即向左上45°方向将焊丝移开，如图3.4.3(d)所示。

(5) 移开烙铁

当焊锡完全润湿焊点，扩散范围达到要求后，立即移开烙铁头。注意烙铁头的移开方向应与电路板焊接面大致成45°，移开速度不能太慢，如图3.4.3(e)所示。

若烙铁头的移开方向与焊接面成90°垂直向上移开，此时焊点容易出现拉尖现象；若烙铁头移开方向与焊接面平行以水平方向移开，此时烙铁头会带走焊点上大量焊料。这都会降低焊点的质量。

2) 三工序操作法

对于热容量较小的焊件，如印制电路板上的较细导线和小焊盘的焊接，一般可简化为三工序操作法，其步骤如图3.4.4所示。

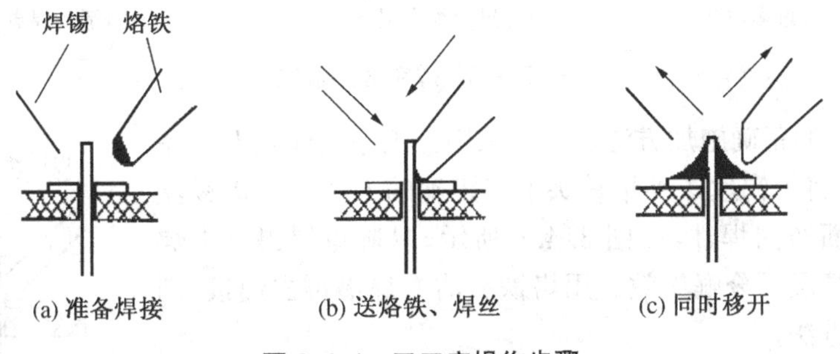


(a) 准备焊接　(b) 送烙铁、焊丝　(c) 同时移开

图3.4.4　三工序操作步骤

(1) 准备焊接

同以上步骤(1)。

(2) 加热与送丝

即将上述步骤(2)、(3)合为一步。即烙铁头放在焊件上后即放入焊丝。

(3) 去丝移烙铁

焊锡在焊接面上浸润扩散达到预期范围后，立即拿开焊丝并移开烙铁，并注意移去焊丝的时间不得滞后于移开烙铁的时间。

### 3.4.4 焊接要领

为了提高焊接质量，必须掌握焊接的要领。

(1) 烙铁头应保持清洁。焊接时烙铁头长期处于高温状态，又接触焊剂、焊料等受热分解的物质，其表面易氧化而形成一层黑色杂质，这些杂质容易形成隔热层，使烙铁头失去加热作用。因此要随时将烙铁头上的杂质除去，使其保持洁净状态。

(2) 加热要靠焊锡桥。在非流水作业中，焊接的焊点形状是多种多样的，不大可能不断更换烙铁头。要提高烙铁头加热的效率，需要有进行热量传递的焊锡桥。所谓焊锡桥就是靠烙铁头上保留少量焊锡作为加热时烙铁头与焊件之间传热的桥梁。由于金属溶液的导热效率远远高于空气，使焊件很快加热到焊接温度。应该注意作为焊锡桥的锡量不可保留过多，不仅因为长时间存留在烙铁头上的焊料处于过热状态，实际已经降低了质量，还可能造成焊点之间误连短路。

(3) 被焊件表面应保持清洁。若焊接面有油污、杂质和氧化膜，则必须清除干净，否则无法焊牢，造成虚焊。为了保证焊接质量，对焊件表面应进行镀锡处理。许多电子元件的引脚和印制电路板，其表面镀锡或镀锡铅合金，就是为了便于焊接。

(4) 使用合适的焊料和焊剂。不同的焊件材料，它们的可焊性不同，因此应该选择不同的焊料和焊剂。对于印制电路板的焊接，一般采用包有松香芯的焊锡丝。

(5) 焊锡量要合适。过量的焊锡不仅浪费，而且增加焊接时间，降低工作速度，焊点也不美观。更为严重的是在高密度的电路中，过量的焊锡很容易造成不易察觉的短路。焊锡量过少则不能形成牢固地结合，降低焊点强度，特别是在敷铜板上焊导线时，焊锡不足往往会造成导线脱落，焊锡量的掌握可参看图 3.4.5。

(a) 过多浪费

(b) 过少焊点强度差

(c) 合适的焊点

**图 3.4.5　焊锡量的掌握**

(6) 焊锡丝的正确施加方法。不论采用三工序法或是五工序法操作，都不应将焊锡丝送到烙铁头上。正确的方法是将焊锡丝从烙铁头的对面送向焊件，如图 3.4.6 所示，以避免焊锡丝中焊剂在烙铁头的高温下分解失效。用烙铁头沾上焊锡再去焊接，则更是不可取的方法。

焊锡丝
烙铁头

**图 3.4.6　焊锡丝施加方法**

(7) 掌握适当的焊接温度。在焊接时，为使被焊件达到适当的温度，并使焊料迅速熔化润湿，就要有足够的热量和温度。如果温度过低，焊锡流动性差，很容易凝固，形成虚焊；如果焊锡温度过高，焊锡流淌，焊点不易存锡，甚至造成印制电路板上的焊盘脱落。根据焊件大小和环境温度的不同，焊接最佳温度约为 240～280℃，在这个温度范围内，液态焊锡表面张力最小，润湿性、扩散性最好，焊锡和母材形成合金最迅速。

(8) 掌握合适的焊接时间。焊接除了要有适当的温度外，还需掌握焊接加热时间，一般控制在 1～3 秒。引线粗、大的焊件，焊接时间要适当延长。焊接时间过长或过短对焊接质量都不利。若焊接时间过短，焊接温度低，容易造成焊锡没有与焊件真正熔合，造成虚焊。虚焊会导致电路不通，或者暂时通，过一段时间又不通。但加热时间过长，温度过高，则容易出现损坏元器件，印制电路板铜层剥落，松香炭化等现象。真正准确地把握焊接时间，必须靠自己不断的实践中去摸索。所以，掌握焊接的火候是优质焊接的关键。

(9) 采用合适的焊点连接形式。焊点处焊件的连接形式大致可分为插焊、弯焊、绕焊和搭焊四种，如图 3.4.7 所示。

弯焊和绕焊机械强度高，连接可靠性好，但拆焊很困难。插焊和搭焊连接方便，但强度和可靠性稍差。电子电路由于元器件重量轻，对焊点强度要求不是非常高，因此元器件安装在印制电路板上通常采用插焊形式，在调试或维修中为方便装拆，临时焊接可采用搭焊形式。

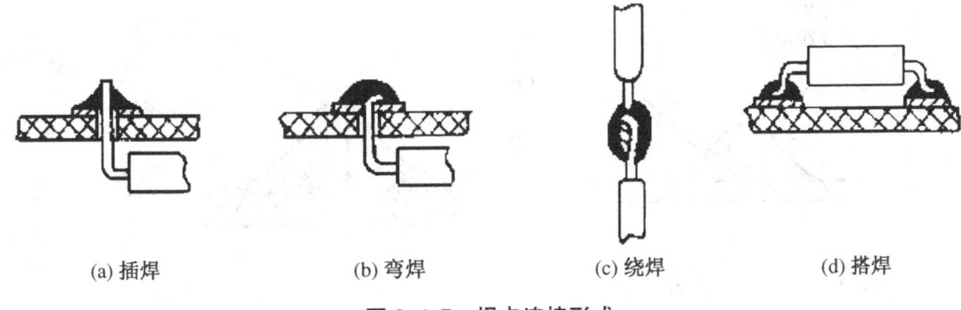

(a) 插焊　(b) 弯焊　(c) 绕焊　(d) 搭焊

**图 3.4.7 焊点连接形式**

## 3.4.5 焊接质量检查

### 1) 焊点质量要求

焊接质量直接影响到电子产品整机工作的正常和可靠性，因此每一个焊点都必须满足质量要求，焊点的质量要求主要有以下三点：

(1) 电气性能良好

焊点要有良好的导电性能，保证可靠的电气连接，这就必须有良好的焊接质量。高质量的焊点应使焊料与金属工件界面形成牢固的合金层，才能保证良好的导电性能。

(2) 具有一定的机械强度

电子设备有时要工作在振动的环境中，为使焊件不松动、不脱落，焊点必须具有一定的机械强度。通常可以用焊接强度来表示焊点的机械强度。影响焊点机械强度的因素有焊接质量、焊料性能和焊点结构形式等。绕焊、弯焊等机械强度优于插焊和搭焊。

(3) 光洁整齐的外观

焊接质量良好的焊点应该焊锡适量，焊点表面无裂纹、无针孔夹渣、无拉尖等现象，外表具有金属光泽，表面平整有半弓形下凹，焊料与焊件交界处平滑过渡，接触角小。

以上是对焊点的质量要求，可用它们作为检验焊点的标准。合格的焊点与焊料、焊剂、焊接工具、焊接工艺、焊点的清洗等都有着直接的关系。

### 2) 焊点质量检测

焊接结束后，还要对焊点进行检查，确认是否达到了焊接的要求，如果不精心检查，就会存在许多隐患，所以对焊接质量的检查是十分重要的。具体检查可以从以下几方面入手。

(1) 焊点外观检查

图 3.4.8 所示为两种典型的标准焊点形状，作为高质量标准焊点它们共同的要求是：外形以焊接导线为中心，匀称，成裙状拉开；焊料的连接面呈半弓形凹面，焊料与焊件交界处平滑，接触角尽可能小；焊点要圆满、表面光滑且色泽均匀、无裂纹、无针孔、无夹渣、无毛刺等。

所谓外观检查是目测(或借助放大镜、显微镜观测)焊点是否符合上述标准焊点外形。必要时还要用镊子拨动、拉线等方法检查有无引线松动、导线断线、焊盘剥离等缺陷。

(2) 用万用表电阻挡检查

在目测焊点外观的过程中，有时对一些焊接点之间的搭焊、虚焊并不是一眼就能看出来，需借助万用表电阻挡的测量来进行判断。对于搭焊，测量不相连的两个焊点，看是否短路；对于虚焊测量端子与焊盘之间，看是否开路，或元器件相连的两个焊点，是否与相应的电

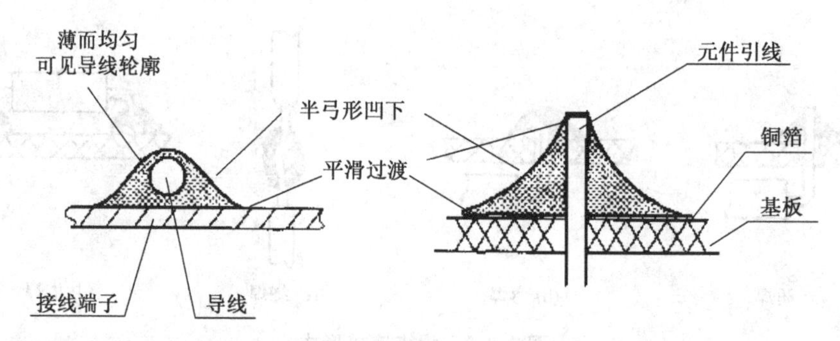


图 3.4.8　典型的标准焊点形状

阻值相符。

(3) 带松香重焊检验法

重焊法是检验一个焊点虚实真假最可靠的方法之一。这种方法是用带满松香焊剂、缺少焊锡的电烙铁重新熔化焊点,然后从旁边或下方撤走电烙铁,若有虚焊其焊锡一定都会被强大的表面张力收走,使虚焊暴露无余。

带松香重焊法是最可靠的检验方法,同时多用此方法还可以积累经验,提高用观察法检查焊点的准确性。

(4) 通电检查

通电检查必须在外观检查和连线检查无误后方可进行,也是检验电路性能的关键步骤。如果不经过严格的外观检查就直接通电检查,不仅困难较多而且有损坏仪器设备、造成安全事故的危险。

通电检查可以发现一些焊接上微小的缺陷,但对于内部虚焊的隐患不容易察觉。所以根本问题要提高焊接水平,不能把问题留给检查工序去完成。

3) 典型不良焊点外观及其原因分析

典型的不良焊点外观形状如图 3.4.9 所示。

(1) 焊盘剥离:如图 3.4.9(a)所示,产生原因是焊盘加热时间过长,温度过高使焊盘与电路板剥离,这种不良焊点极易引发印制板导线断裂、造成元器件断路、脱落等故障。

(2) 焊锡分布不对称:如图 3.4.9(b)所示,产生原因是焊剂或焊锡质量不好,焊料流动性不好,或是加热不足,这种不良焊点强度不够,在外力的作用下极易造成元器件断路、脱落等故障。

(3) 焊点发白、凹凸不平、无光泽:如图 3.4.9(c)所示,产生原因是烙铁头温度过高,或是加热时间过长,这种不良焊点强度不够,受到外力作用很容易引发元器件断路、脱落等故障。

(4) 焊点拉尖:如图 3.4.9(d)所示,产生原因是烙铁头撤离方向不对,或者是温度过高使焊剂大量升华,这种不良焊点会引发元器件与导线之间的桥接,形成短路故障。

(5) 冷焊:焊点表面呈豆腐渣状,如图 3.4.9 (e)所示,产生原因是烙铁头温度不够,或者是焊料凝固前焊件抖动,这种不良焊点强度不高,导电性较弱,受到外力作用时容易产生元器件断路故障。

(6) 焊点内部有空洞:如图 3.4.9(f)所示,产生原因是引线浸润性不良,或者是引线与

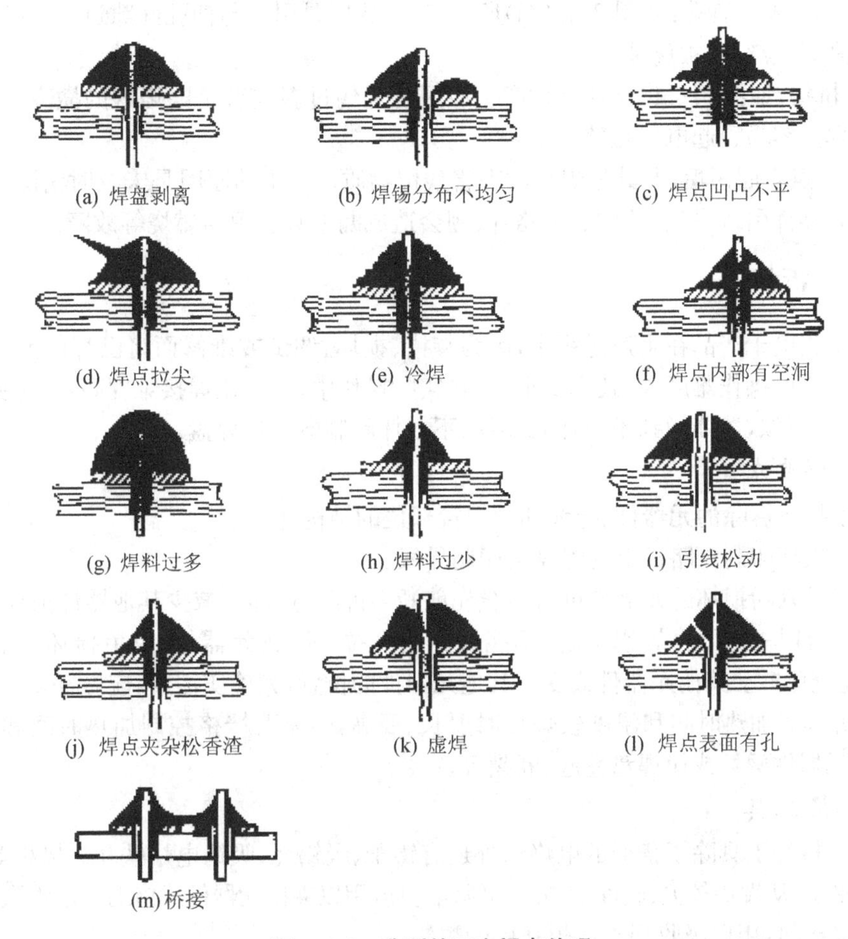


**图 3.4.9 典型的不良焊点外观**

插孔间隙过大,这种不良焊点可以暂时导通,但长时间容易引起导通不良,元器件容易出现断路故障。

(7) 焊料过多:如图 3.4.9(g)所示,产生原因是焊锡丝未及时撤离,这会造成焊料的浪费,可能包藏缺陷。

(8) 焊料过少:如图 3.4.9(h)所示,产生原因是焊锡丝撤离过早或焊料流动性差而焊接时间又短,这种不良焊点强度不高,导电性较弱,受到外力作用时容易产生元器件断路故障。

(9) 引线松动,元器件引线可移动,如图 3.4.9(i)所示,产生原因是焊料凝固前,引线有移动,或者是引线焊剂浸润不良,这种不良焊点容易引发元器件接触不良、电路不导通的故障。

(10) 焊点夹杂松香渣:如图 3.4.9(j)所示,产生原因是由于焊剂过多,或者加热不足所造成的,这种不良焊点强度不高,导电性不稳定。

(11) 虚焊:如图 3.4.9(k)所示,产生原因是焊件表面和焊盘不清洁,或者是焊剂不良,或者是加热时间不够使得焊料与引线接触角度过大,这种不良焊点强度不高,会使元器件的导通性不稳定,即电连接不可靠。

(12) 焊点表面有孔:如图 3.4.9(l)所示,产生原因是引线与插孔间隙过大,这种不良焊点强度不高,焊点容易被腐蚀。

(13) 桥接:如图 3.4.9(m)所示,产生原因是焊锡过多或者是电烙铁的撤离方向不当,这种不良焊点容易引起电气短路。

(14) 焊点表面污垢,尤其是焊剂的有害残留物质。产生的原因是未及时清除。酸性物质会腐蚀元器件引线、接点及印制电路,吸潮会造成漏电甚至短路燃烧等故障。

### 3.4.6 拆焊

拆焊是指电子产品在生产过程中,因为装错、损坏、调试或维修而将已焊的元器件拆下来的过程。它的操作难度大,技术要求高,在实际操作中,拆焊比焊接难度高,一定要反复练习,掌握操作要领,才能做到不损坏元器件、不损坏印制电路板焊盘。

1) 拆焊要求

(1) 不损坏拆除的元器件、导线和原焊接部位的结构件。

(2) 不损坏印制电路板上的焊盘与印制导线。

(3) 对已判断损坏的元器件可将引线先剪断再拆除,这样可减少其他器件损坏。

(4) 拆焊时一定要将焊锡熔解,不能过分用力拉、摇、扭元器件,以免损坏元器件和焊盘,应尽量避免拆动其他元器件或变动其他元器件的位置,如确实需要,应做好复原工作。

(5) 拆焊的加热时间和温度较焊接时要长、要高,但是要严格控制加热时间和温度,以免高温将元器件烫坏或使焊盘翘起、断裂等。

2) 拆焊工具

常用的拆焊工具除了普通的电烙铁外还有镊子、吸锡绳、吸锡电烙铁和热风枪等。

(1) 镊子:从端头较尖、硬度较高的不锈钢为佳,用以夹持元器件或借助电烙铁恢复焊孔。

(2) 吸锡绳:用以吸收焊点或焊孔中的焊锡。

(3) 吸锡电烙铁:用于吸去熔化的焊锡,使焊盘与元器件引线或导线分离,达到解除焊接的目的。

(4) 热风枪。又称贴片元件拆焊台,专门用于表面贴片元器件的焊接和拆卸。使用热风枪时应注意其温度和风力的大小,风力太大容易将元器件吹飞,温度过高容易将电路板吹鼓、线路吹裂。

3) 拆焊方法

(1) 分点拆焊法

对卧式安装的阻容元器件,两个焊接点距离较远,可采用电烙铁分点加热,逐点拔出。拆焊时,将印制板竖起,一边用电烙铁加热待拆元器件的焊点,一边用镊子或尖嘴钳夹住元器件引线将其轻轻拉出。

(2) 集中拆焊法

晶体管及立式安装的阻容元器件之间焊接点距离较近,可用烙铁头同时快速交替加热几个焊点,待焊锡熔化后一次拔出。对多焊接点的元器件,如开关、插头座、集成电路等可用专用烙铁头同时对准各个焊接点,一次加热取下。

(3) 保留拆焊法

对需要保留元器件引线和导线端头的拆焊,要求比较严格,也较麻烦,可用吸锡工具先吸去被拆焊接点外面的焊锡再进行拆焊。

(4) 剪断拆焊法

被拆焊点上的元器件引线及导线如留有余量,或确定元器件已损坏,可先将元器件或导线剪下,再将焊盘上的线头拆下。

总之,在拆焊时一定要注意用力要适当,动作要正确,以免焊锡飞溅,元器件损坏或印制板上焊盘、印制导线剥落,或造成人身伤害事故等。

4) 拆焊后的重新焊接

拆焊后一般都要重新焊上元器件或导线,操作时应注意以下几个问题。

(1) 印制电路板拆焊后,如果焊盘孔被堵塞,应先用镊子尖端在加热下从铜箔面将焊盘孔穿通,再插进元器件引线或导线进行重焊。不能直接用元器件的引线从基板面捅穿焊盘孔,这样很容易使焊盘铜箔与基板分离,甚至会使铜箔断裂。

(2) 重新焊接的元器件引线和导线的剪截长度离底板或印制电路板的高度、弯折形状和方向应与原来的保持一致,这样才能使电路的分布参数不发生大的变化,以免使电路的性能受到影响,尤其对于高频电子产品更要注意。

(3) 重新焊接好拆焊处的元器件或导线后,应将因拆焊需要而弯折或移动的元器件恢复原状。

### 3.4.7 焊接后的清洗

锡铅焊接法在焊接过程中都要使用助焊剂,焊剂在焊接后一般并不能充分挥发,经反应后的残留物会影响电子产品的电性能和防潮湿、防盐雾、防霉菌性能。因此焊接后一般要对焊点进行清洗。

目前使用较普遍的清洗方法有液相清洗法和气相清洗法。有用机械设备自动清洗的,也有用手工清洗的。无论采用哪种方法,都要求清洗材料只对助焊剂的残留物有较强的溶解能力和去污能力,而对焊点无腐蚀作用。为保证焊点的质量,不允许直接刮掉焊点上助焊剂的残留物,以免损伤焊点。

## 3.5 电子工业中焊接技术简介

手工烙铁焊接虽然要求每个工程技术人员都应该熟练掌握,但它只适用于小批量生产和日常维修加工,而在电子产品工业化生产中,电子元器件也日趋集成化、小型化和微型化,印制电路板上元器件的排列也越来越密,焊接质量要求也越来越高。在大批量生产中,手工焊接已不能满足生产效率和可靠性的要求,这就需要采用自动焊接生产工艺。下面简要介绍几种工业生产中的焊接方法。

### 3.5.1 浸焊

浸焊是将插装好元器件的印制板装上夹具后,把铜箔面浸入锡锅内浸锡,一次完成印制电路板多焊点的焊接方法。浸焊的生产效率比手工烙铁焊高得多,而且可以消除漏焊的现象。浸焊分为手工浸焊和自动浸焊两种。

1）手工浸焊

对于小体积的印制电路板如果要求不高时，采用手工浸焊较为方便。手工浸焊是由操作人员手持夹具将需要焊接的已经插好元器件的印制电路板浸入锡锅内来完成的，其操作步骤如下：

(1) 锡锅的准备。焊前应将锡锅加热，以熔化的焊锡温度达到 230～250℃为宜。为了及时去除焊锡层表面的氧化层，应随时加入助焊剂，通常使用松香粉。

(2) 印制电路板的准备。将插好元器件的印制电路板上涂上一层助焊剂，使焊盘上涂满助焊剂，一般在松香酒精溶液中浸一下。

(3) 用简单的夹具将待焊接的印制电路板以 15°倾角浸入锡锅中，使焊锡表面与印制电路板的焊盘完全接触，如图 3.5.1 所示。浸焊的深度以印制电路板厚度的 50%～70%为宜，浸焊的时间约为 3～5 s。

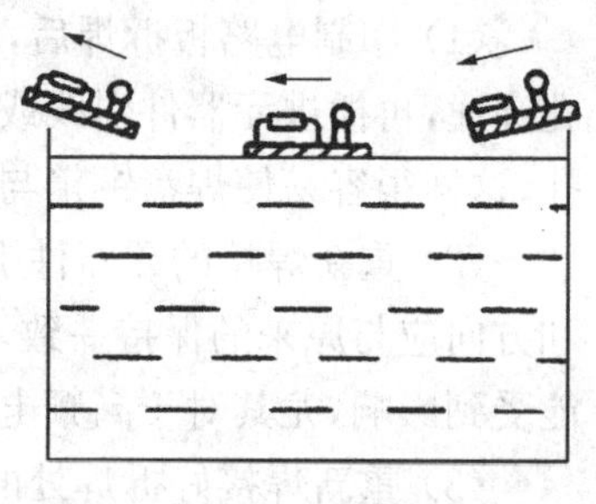
图 3.5.1　手工浸焊示意图

(4) 达到浸焊时间后，立即将印制电路板以 15°倾角离开锡锅。等冷却后检查焊接质量。如果有较多焊点没有焊好，则要检查原因，并重复浸焊。只有个别未焊好的，可用手工补焊。

(5) 用剪刀剪去元器件过长的引脚，露出锡面长度不超过 2 mm 为宜。

(6) 印制电路板经吹风冷却后从夹具上卸下。

浸焊的关键是印制电路板浸入锡锅时一定要保持平稳，接触良好，时间适当。手工浸焊仍属于手工操作，这就要求操作者必须具有一定的操作技能，因而不适用于大批量生产。

2）自动浸焊

(1) 工艺流程

使用机器浸焊设备浸焊时，先将插好元器件的印制电路板用专用夹具装在传送带上。印制电路板经泡沫助焊剂槽被喷上助焊剂，经加热器烘干，再浸入焊料中进行浸焊，待冷却凝固后再送到切头机剪去过长的引脚。这种浸焊效果好，尤其是在焊接双面印制电路板时，能使焊料深入到焊接点的孔中，使焊接更牢靠。图 3.5.2 所示是其一般工艺流程图。

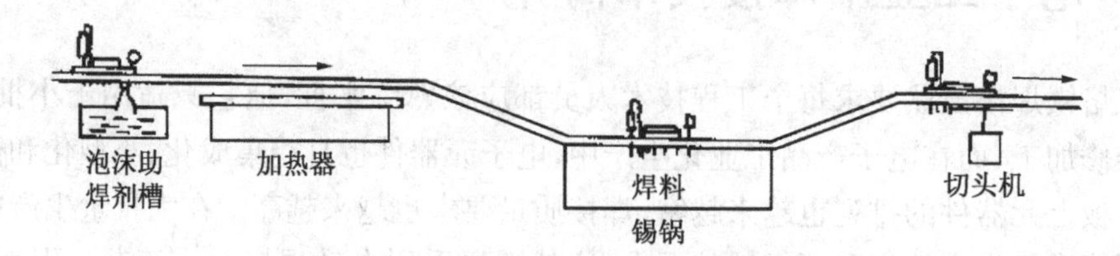

图 3.5.2　自动浸焊工艺流程图

(2) 自动浸焊设备

① 带振动头的自动浸焊设备　一般自动浸焊设备上都带有振动头，它安装在安置印制电路板的专用夹具上。印制电路板通过传送机构导入锡槽，浸锡时间 2～3 s，同时开启振动头 2～3 s 使焊锡深入焊点内部，尤其对双面印制电路板效果更好，并可振掉多余的焊锡。

② 超声波浸焊设备　超声波浸焊设备是利用超声波来增强浸焊的效果，增加焊锡的渗

透性,使焊接更可靠。此设备增加了超声波发生器、换能器等部分,因此比一般设备复杂一些。

浸焊比手工焊接的效率高,设备也较简单,但是锡锅内的焊锡表面是静止的,表面氧化物容易粘在焊接点上,因此要及时清理掉锡锅内熔融焊料表面形成的氧化膜、杂质和焊渣。另外,焊锡与印制电路板焊接面全部接触,温度高,时间长,容易烫坏元器件并使印制电路板变形,难以充分保证焊接质量。浸焊是初始的自动化焊接,目前在大批量电子产品中已为波峰焊所取代,或在高可靠性要求的电子产品生产中作为波峰焊的前道工序。

### 3.5.2 波峰焊

波峰焊是在浸焊基础上发展起来的,是目前应用最广泛的自动化焊接工艺。与浸焊比较,其最大的优点是锡锅内的锡不是静止的,熔化的焊锡在机械泵的作用下由喷嘴源源不断流出而形成波峰,波峰焊的名称由此而来。波峰焊使焊接质量和效率大大提高,焊点的合格率可达 99.97%以上,在现代工厂企业中它已取代了大部分的传统焊接工艺。

波峰焊的主要设备是波峰焊接机,其主要部分有电源控制柜、泡沫助焊箱、烘干箱、电热式预热器、波峰锡槽和风冷装置等。

波峰焊除了在焊接时采用波峰焊接机外,其余的工艺及操作与浸焊类似。其工艺流程可表述为:元器件安装→装配完的印制电路板放到传送装置的夹具上→喷涂助焊剂→预热→波峰焊→冷却→印制电路板的焊后处理。

### 3.5.3 再流焊

再流焊又称回流焊,它是伴随微型化电子产品的出现而发展起来的一种新的焊接技术,目前主要用于片状元件的焊接。

再流焊是先将焊料加工成一定粒度的粉末,加上适当的液态黏合剂,使之成为有一定流动性的糊状焊膏,用糊状焊膏将元器件粘贴在印制电路板上,通过加热使焊膏中的焊料融化而再次流动,从而实现将元器件焊到印制电路板上的目的。再流焊的工艺流程可简述如下:将糊状焊膏涂到印制电路板上→搭载元器件→再流焊→测试→焊后处理。

再流焊的操作方法简单、焊接效率高、质量好、一致性好,而且仅在元器件的引线下有很薄的一层焊料,它适用于自动化生产的微电子产品的焊接。

### 3.5.4 高频加热焊

高频加热焊是利用高频感应电流,将被焊的金属进行加热焊接的方法。高频加热焊的装置主要是由高频电流发生器和与被焊件形状基本适应的感应线圈组成。高频加热焊的焊接方法是:将感应线圈放在被焊件的焊接部位上,然后将垫圈形或圆环形焊料放入感应线圈内,再给感应线圈通以高频电流,由于电磁感应,焊件和焊料中产生高频感应电流(涡流)而被加热,当焊料达到熔点时就会融化并流动,待到焊料全部融化后,便可移开感应线圈或焊件。

### 3.5.5 脉冲加热焊

脉冲加热焊是以脉冲电流的方式通过加热器在很短的时间内对焊点加热实现焊接的。

脉冲加热焊的具体方法是:在焊接前,利用电镀或其他方法,在焊点位置加上焊料,然后通以脉冲电流,进行短时间的加热,一般以 1s 左右为宜,在加热的同时还需加压,从而完成焊接。

脉冲加热焊可以准确地控制时间和温度,焊接的一致性好,不受操作人员熟练程度高低的影响,适用于小型集成电路的焊接,如电子手表、照相机等高密度焊点的电子产品,即不易使用电烙铁和焊剂的产品。

## 3.6 表面安装技术

表面安装技术也称 SMT 技术,是一种将无引脚或引脚极短的片状器件(也称 SMD 器件)以及其他适合于表面贴装的电子元件(SMC)直接贴、焊到印制电路板或其他基板表面的安装技术。它打破了在印制电路板上"通孔"安装元器件,然后再焊接的传统工艺,目前表面安装技术已在计算机、通信、工业生产等多个领域得到了广泛应用。

### 3.6.1 表面安装技术的优点

表面安装技术使用小型化的元件,不需要通孔,直接贴在印制电路板表面,其优点具体如下:

1) 组装密度高

表面安装技术采用了 SMD 及 SMC,比传统通孔插装组件所占面积和重量明显减少,另外没有印制电路板带孔的焊盘,线条可以做得很细,因而印制电路板上元器件的密度可以做得很高,还可以将印制电路板多层化。与通孔技术相比,体积缩小了 30%～40%,重量也减少了 10%～30%。

2) 生产效率高

表面安装技术无需在印制电路板上打孔,无需孔的金属化,元器件无需预成形,与传统的安装技术相比,减少了多道工序,不但节约了材料,而且节约了工时,也更适合自动化控制大规模生产。

3) 可靠性高

由于贴装元器件无引线或引线极短,体积小,中心低,直接贴焊在电路板的表面上,抗震能力强,可靠性高,采用了先进的焊接技术使焊点缺陷率大大降低,一般不良焊点率小于十万分之一,比通孔插装组件波峰焊接技术低一个数量级。

4) 产品性能好

无引线或短引线元器件,电路寄生参数小、噪声低,特别是减少了印制电路板高频分布参数的影响。安装的印制电路板变小,使信号的传送距离变短,提高了信号的传输速度,改善了高频特性。

5) 便于自动化生产

表面安装技术可以进行计算机控制,整个 SMT 程序都可以自动进行,生产效率高,而且安装的可靠性也大大提高,适合于大批量生产。

6) 降低成本

印制电路板使用面积减小;频率特性提高,减少了电路调试费用;片式元器件体积小,重量轻,减少了包装、运输和储存费用;片式元器件发展快,成本迅速下降。

### 3.6.2 表面安装技术中存在的一些问题

(1) 元器件上的标称数值看不清楚,维修工作困难。

(2) 维修调换器件困难,并需专用工具。

(3) 器件与印制电路板之间热膨胀系数(CTE)一致性差。

(4) 初始投资大,生产设备结构复杂,涉及技术面宽,费用昂贵。

(5) 采用 SMT 的 PCB 单位面积功能强,功率密度大,散热问题复杂。

(6) PCB 布线密,间距小,易造成信号交叉耦合。

随着专用拆装及新型的低膨胀系数印制电路板的出现,它们已不再成为阻碍 SMT 深入发展的障碍。

### 3.6.3 表面安装技术工艺流程

在目前的实际应用中,表面安装技术有两种最基本的工艺流程,一类是焊锡膏(再流焊)工艺;另一类是贴片胶(波峰焊)工艺。在实际生产中,应根据所用元器件和生产装备的类型及产品的需求,选择单独使用或者重复、混合使用,以满足不同产品生产的需要。

1) 再流焊工艺

再流焊工艺流程如图 3.6.1 所示。该工艺流程的特点是简单、快捷,有利于产品体积减小。

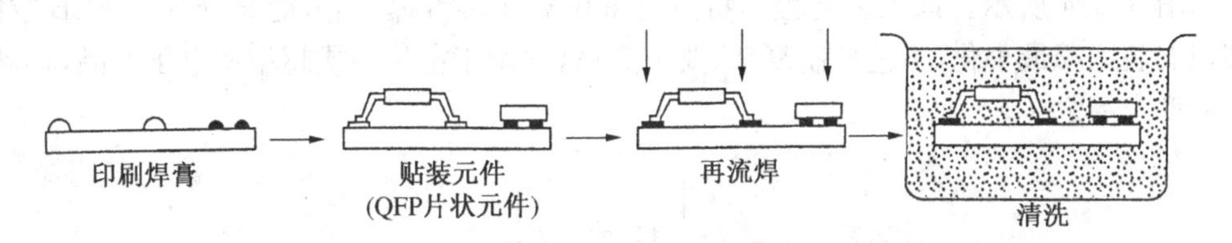


图 3.6.1 再流焊工艺流程图

2) 波峰焊工艺

波峰焊工艺流程如图 3.6.2 所示。该工艺流程的特点是利用双面板空间,电子产品的体积可以进一步减小,且仍使用通孔元件,价格低廉,但设备要求增多。波峰焊过程中缺陷较多,难以实现高密度组装。

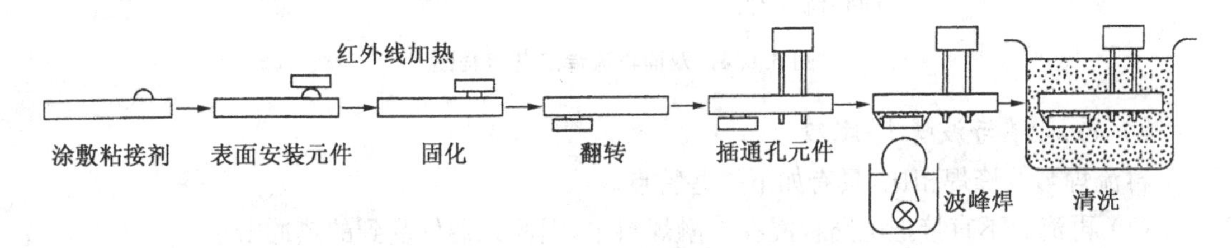


图 3.6.2 波峰焊工艺流程图

若将上述两种工艺流程混合与重复,则可以演变成多种工艺流程供电子产品组装使用,如混合安装。

3）混合安装

如图 3.6.3 所示。该工艺流程的特点是充分利用 PCB 双面空间，是实现安装面积最小化的方法之一，并仍保留通孔元件价廉的优点，多用于消费类电子产品的组装。

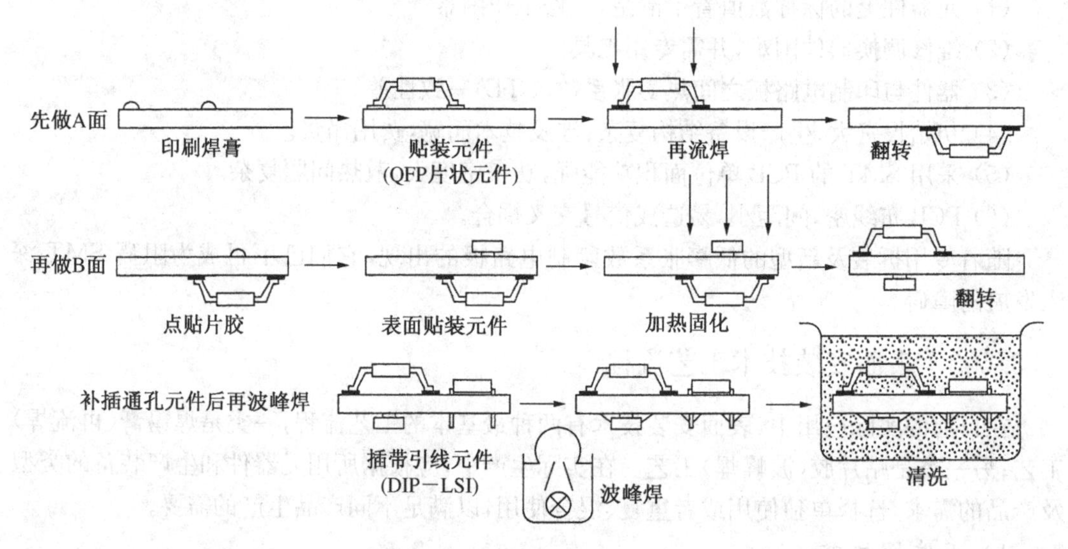


**图 3.6.3　混合安装工艺流程图**

4）双面均采用再流焊工艺

如图 3.6.4 所示。该工艺流程的特点是采用双面再流焊工艺，能充分利用 PCB 空间，并实现安装面积最小化，工艺控制复杂，要求严格，常用于密集型或超小型电子产品，移动电话是典型产品之一。

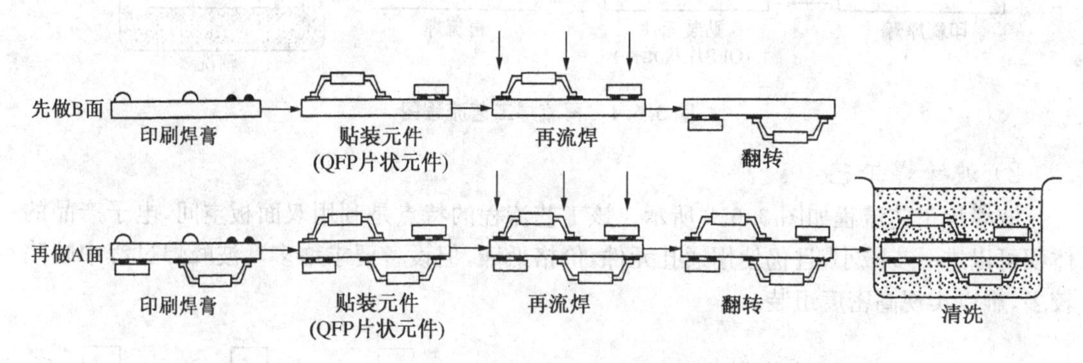


**图 3.6.4　双面再流焊工艺流程图**

5）再流焊与波峰焊比较

再流焊与波峰焊相比，具有如下一些特点。

(1) 再流焊不直接把电路板浸在熔融焊料中，因此元器件受到的热冲击小。

(2) 再流焊仅在需要部位施放焊料。

(3) 再流焊能控制焊料的施放量，避免了桥接等缺陷。

(4) 焊料中一般不会混入不纯物，使用焊膏时能正确地保持焊料的组成。

(5) 当 SMD 的贴放位置发生偏离时，由于熔融焊料的表面张力作用，只要焊料的施放位置正确,就能自动校正偏离,使元器件固定在正常位置。

### 3.6.4 表面安装元器件

表面安装元器件称无端子元器件,问世于20世纪60年代,习惯上人们把表面安装无源元器件,如片式电阻、电容、电感称之为SMC(Surface Mounted Component),而将有源器件,如小外形晶体管SOT及四方扁平组件(QFT)称之为SMD(Surface Mounted DeVices)。无论是SMC还是SMD,在功能上都与传统的插装元器件相同,但其体积明显减小,高频特性明显提高、形状标准化、耐振动、集成度高等优点,是传统插装元器件所无法比拟的,从而极大地刺激了电子产品向多功能、高性能、微型化、低成本的方向发展。表面安装技术(SMT)的发展在很大程度上也是得益于表面安装元器件的普及。

1) 表面安装电阻器

表面安装电阻器按特性及材料分类,有厚膜电阻器、薄膜电阻器和大功率线绕电阻器。按外形结构分类,有矩形片式电阻器和圆柱形电阻器。

(1) 矩形片式电阻器

矩形片式电阻器结构如图3.6.5所示。根据制造工艺不同可以分为薄膜型(RK型)和厚膜型(RN型)两种。薄膜型电阻器是在基板上喷射一层镍铬合金而成。其性能稳定,阻值精度高,但价钱较贵。厚膜型电阻器是在扁平的高纯度$Al_2O_3$基板上印一层二氧化钌浆料,烧结后经光刻而成。其成本比薄膜型电阻器低廉,性能也相当优良,因此,在目前实际应用中使用最为广泛。

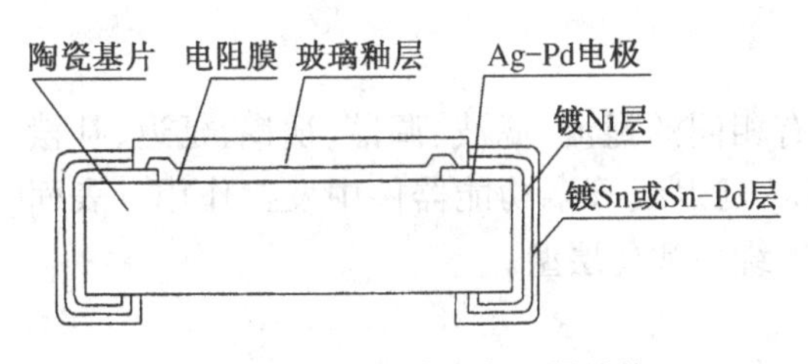


**图3.6.5 矩形片式电阻器结构**

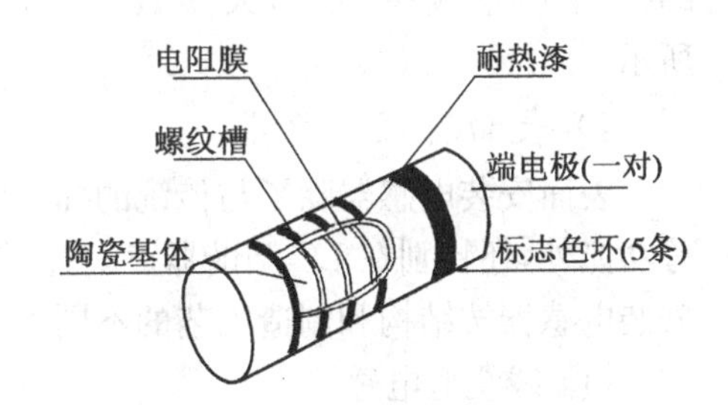


**图3.6.6 圆柱形电阻器结构**

(2) 圆柱形电阻器

圆柱形电阻器即金属电极无引脚端面元件(Metal Electrode Leadless Face),简称MELF电阻器,其结构如图3.6.6所示。圆柱形电阻器在结构和性能上与分立元件有通用性和继承性,在制造设备和制造工艺上也存在共同性。加之其包装使用方便、装配密度高、噪声电平和三次谐波失真较低等特点,使该电阻器应用十分广泛。目前,圆柱形电阻器主要有碳膜ERD型,高性能金属膜ERO型和跨接用0 Ω电阻器三种。

2) 表面安装电位器

表面安装电位器,又称片式电位器(Chip Potentiometer),其结构如图3.6.7所示,它包括片状、圆柱状、扁平矩形结构等各类电位器。主要采用玻璃釉作为电阻体材料,其特点是体积小、重量轻、高频特性好、阻值范围宽、温度系数小等。

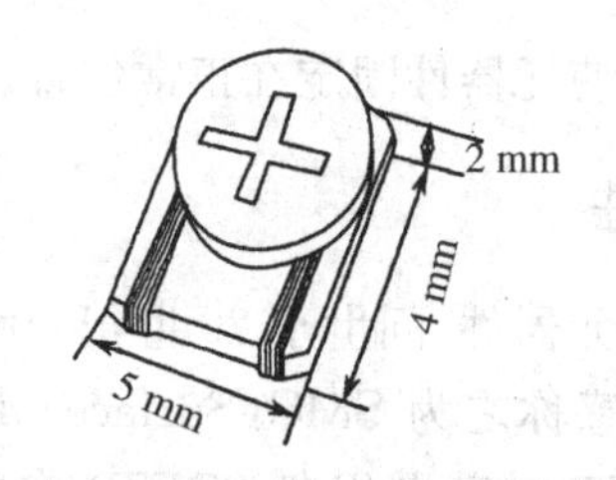


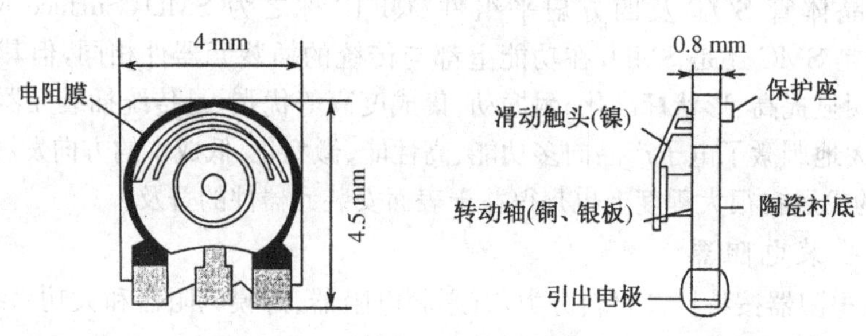


图 3.6.7　片式电位器结构

3）表面安装电容器

表面安装电容器的种类繁多，目前生产和应用较多的主要有瓷介电容器和钽电容器两种。其中，瓷介电容器的占有量约为 80%以上。

瓷介电容器又分为矩形和圆柱形两种，圆柱形是单层结构，生产量较少，矩形大多数为叠层结构，如图 3.6.8 所示。

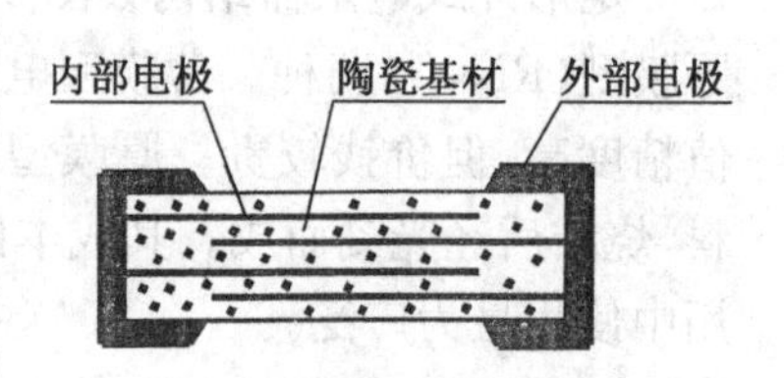


图 3.6.8　片式电容器结构

4）表面安装电感器

表面安装电感器除了与传统的插装电感器有相同的扼流、滤波、调谐、褪耦、延迟、补偿等功能外，还特别在 LC 调谐器、LC 滤波器及 LC 延迟线等多功能器件中发挥作用。表面安装电感器按结构和制造工艺的不同可以分成线绕型和叠层型。

(1) 线绕型电感

这是一种小型的通用电感，是在一般线绕电感的基础上改进的，如图 3.6.9 所示，电感量是由铁氧体线圈架的导磁率和线圈数决定的。它的优点是电感量范围宽、精度高。缺点是这种电感是开磁型的结构，易漏磁，体积比较大。

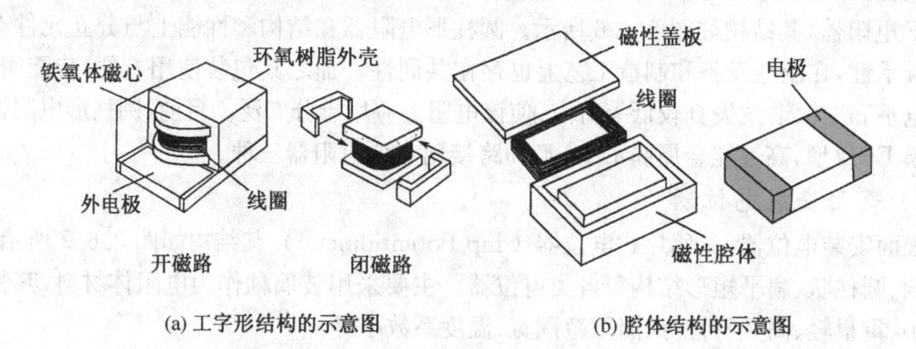


(a) 工字形结构的示意图　　(b) 腔体结构的示意图

图 3.6.9　线绕型片式电感器结构

(2) 叠层型电感

叠层型电感由铁氧体浆料和导电浆料相间形成叠层结构，经烧结形成，其结构如图 3.6.10 所示。其结构特点是闭路磁路，具有没有漏磁、耐热性好、可靠性高、体积小等特点，适用于高密度的表面组装，但它的 Q 值较低，电感量也较小。

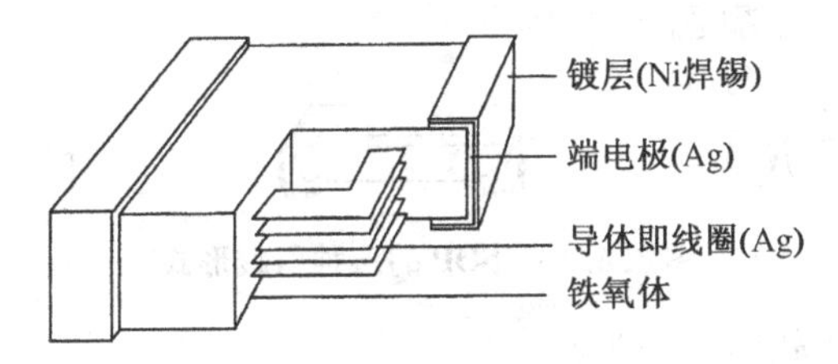


**图 3.6.10　叠层型片式电感器结构**

### 5) 表面安装二极管

表面安装二极管有圆柱形和矩形片式两种封装形式。

(1) 圆柱形封装

这种封装结构是将二极管芯片装入有内部电极的玻璃管内，两端装上金属帽作为正负极。

(2) 矩形片式封装

矩形片式二极管的封装如图 3.6.11 所示。

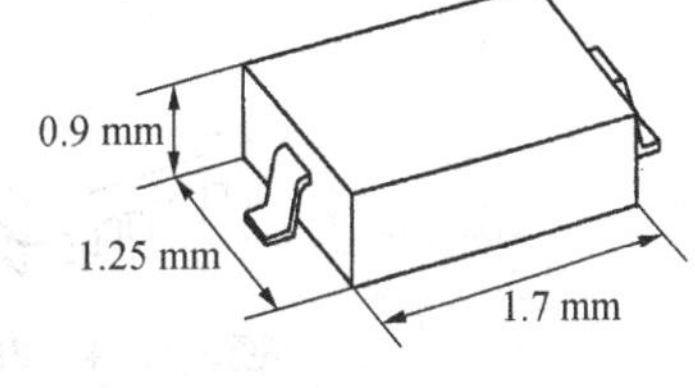


**图 3.6.11　矩形片式二极管**

### 6) 表面安装三极管

表面安装三极管主要用塑料晶体管封装形式(SOT)，SOT 的主要封装形式有 SOT23，SOT89，SOT252 等，其中 SOT23 一般用来封装小功率晶体管、场效应管、二极管和带电阻网络的复合晶体管，功耗为 150～300 mW。其外形尺寸如图 3.6.12(a)所示。

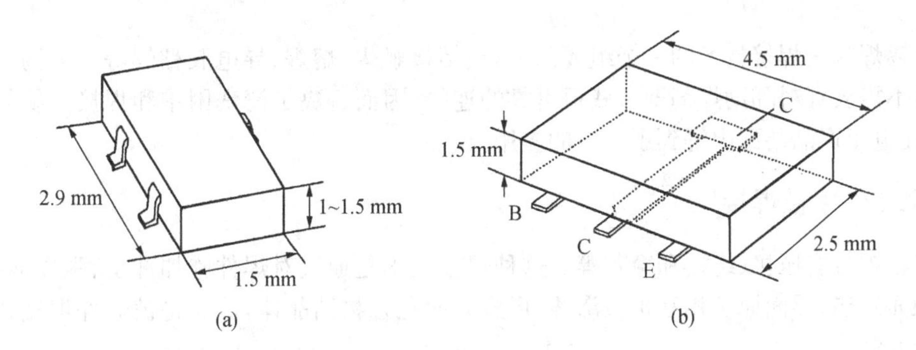


**图 3.6.12　表面安装三极管**

SOT89 适用于较高功率的场合，它的发射极、基极和集电极是从封装的一侧引出，封装底面有散热片和集电极连接，晶体管芯片黏贴在较大的铜片上，以增加元件的散热能力，它的功耗为 300 mW～2 W。其外形尺寸如图 3.6.12(b)所示。

SOT252 一般用来封装大功率器件、达林顿晶体管、高反压晶体管，功耗为 2～50 W。

### 7) 表面安装集成电路

表面安装集成电路有多种封装形式，有小外形封装集成电路(SOP)、塑料有引线芯片载体(PLCC)、方形扁平封装芯片载体(QFP)等多种。

(1) 小外形封装集成电路(SOP)

SOP的引线在封装体的两侧,引线的形状有翼形、J形、I形,如图3.6.13所示。翼形引线的焊接比较容易,生产和测试也较方便,但占用PCB的面积大。J形引线可节省较多的PCB面积,从而可提高装配密度。

**图3.6.13　SOP的三种引线形式**

(2) 塑料有引线芯片载体(PLCC)

PLCC的形状有正方形和长方形两种,引线在封装体的四周且用向下弯曲的"J"形引线,如图3.6.14所示,采用这种封装比较节省PCB的面积,但检测较困难,这种封装一般用在计算机、专业集成电路、门阵列电路等处。

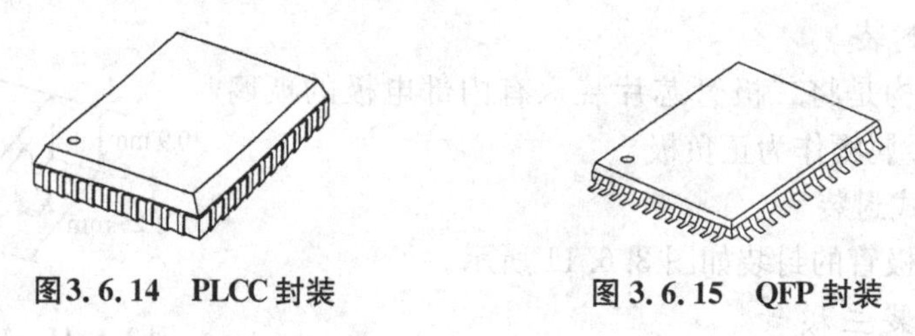

**图3.6.14　PLCC封装**　　**图3.6.15　QFP封装**

(3) 方形扁平封装芯片载体(QFP)

QFP封装也有正方形和长方形两种,如图3.6.15所示,其引线形状有翼形、J形、I形。

## 3.7　无锡焊接技术

无锡焊接是焊接技术的一个组成部分,包括接触焊、熔焊、导电胶粘焊等。无锡焊接的特点是不需要焊料和助焊剂即可获得可靠的连接,因而解决了清洗困难和焊接面易氧化的问题,在电子产品装配中得到了一定的应用。

### 3.7.1　接触焊接

接触焊接有压接、绕接和穿刺等。这种焊接技术是通过对焊件施加冲击、强压或扭曲,使接触面发热,界面原子相互扩散渗透,形成界面化合物结晶体,从而将被焊件焊接在一起的焊接方法。

1) 压接

借助机械压力使两个或两个以上的金属物体发生塑性变形而形成金属组织一体化的结合方式称为压接,它是电线连接的方法之一。压接的具体方法是:先除去电线末端的绝缘包皮,并将它们插入压线端子,用压接工具给端子加压进行连接。压接分冷压接与热压接两种,目前以冷压接使用较多。

压接技术的特点是:操作简便,适应各种环境场合;电气接触良好,耐高温和低温,接点机械强度高;成本低,无任何公害和污染。压接虽然有不少优点,但也存在不足之处:压接点的接触电阻较大,因操作者施力不同,质量不够稳定;很多接点不能用压接方法。

2) 绕接

绕接是利用一定压力把导线缠绕在接线端子上,使两金属表面原子层产生强力结合,从而达到机械强度和电气性能均符合要求的连接方式。

绕接与锡焊相比有明显的特点:可靠性高,失效率低,无虚焊、假焊;接触电阻小,在1 mΩ以内,仅为锡焊的1/10;抗振能力比锡焊大40倍;无污染、无腐蚀;成本低,操作简单,易于熟练掌握。

3) 穿刺焊接

该工艺适合于以聚氯乙烯为绝缘层的扁平线缆和接插件之间的连接。先将连接的扁平线缆和接插件置于穿刺机上下工装模块中,再将芯线的中心对准插座每个簧片中心缺口,然后将上模压下施行穿刺。插座的簧片穿过绝缘层,在下工装模的凹槽作用下将芯线夹紧。

### 3.7.2　熔焊

熔焊是靠加热被焊金属使之熔化产生合金而焊接在一起的焊接技术。由于不用焊料和助焊剂,因此焊接点清洁,电气和机械连接性能良好。但是所用的加热方法必须迅速,以限制局部加热范围而不至于损坏元器件或印制电路板。

1) 电阻焊和锻接焊

电阻焊是焊接时把被焊金属部分在一对电极的压力下夹持在一起,通过低压强电流脉冲,在导体金属相接触部位通过强电流产生高温而熔合在一起。一般用于元器件制造过程中内部金属间或与引出线之间的连接。

锻接焊是把要连接的两部分金属放在一起,但留出小的空气隙,被焊的两部分金属与电极相连。用电容通过气隙放电产生电弧,加热表面,当接近焊接温度时使两者迅速靠在一起而熔合成一体。锻接焊适用于高导电性金属的连接。

2) 激光焊接

激光焊接是近几年发展起来的新型熔焊工艺,它可以焊接从几微米到50 mm的工件。激光焊接的优点是:焊接装置与被焊工件之间无机械接触;可焊接难以接近的部位;能量密度大,适合于高速加工;可对带绝缘的导体直接焊接;可对异种金属焊接。

3) 电子束焊接

电子束焊接是近几年来发展的新颖、高能量密度的熔焊工艺。它是利用定向高速运行的电子束,在撞击工件后将部分动能转化为热能,从而使被焊工件表面熔化,达到焊接目的。

4) 超声焊接

超声焊接也是熔焊工艺的一种,适用于塑性较小的零件的焊接,特别是能够实现金属与塑料的焊接。超声焊接的基本原理是超声振荡变换成焊件之间的机械振荡,从而在焊件之间产生交变的摩擦力,这一摩擦力在被焊工件的接触处可引起一种导致塑性变形的切向应力。随着变形而来的是接触面之间温度的升高,导致焊件原子间结合力的相互晶化,从而达到焊接的目的。

# 4 印制电路板的设计与制作

印制电路板(Printed Circuie Board)也称为印刷电路板，通常叫做印制板或 PCB。PCB 是电子设备中的重要组成部分，小到电子手表、计算器、通用电脑，大到计算机、通信电子设备、军用武器系统，只要有集成电路等电子元器件，它们之间的电气互连都要用到 PCB。它提供集成电路等各种电子元器件固定装配的机械支撑、实现集成电路等各种电子元器件之间的布线和电气连接或电绝缘、提供所要求的电气特性，如特性阻抗等。同时为自动锡焊提供阻焊图形；为元器件插装、检查、维修提供识别字符和图形。

随着电子产品向小型化、薄型化、多功能和可靠性的方向发展，对 PCB 板的设计提出了越来越高的要求。不断发展的印制电路板制作使电子产品的设计、装配走向了标准化、规模化、机械化和自动化的时代。掌握印制电路板的基本设计方法和制作工艺，了解生产过程是学习电子工艺技术的基本要求。

## 4.1 印制电路板的基本知识

### 4.1.1 印制电路板的基本组成

1) 板层

印制电路板是由一系列的板层构成的，不同的印制电路板具有不同的工作板层。在印制电路板设计中要根据实际需要进行选择和设置，特别是在多层板设计时，一旦选定了所用印制版的层数，必须关掉那些未被使用的层，以免布线出现差错。

2) 铜膜线

铜膜线就是连接焊盘的导线，是印制电路板最主要的组成部分，在印制电路板设计中具有电气连接的意义。

3) 焊盘

电路板和元件之间的联系就是通过焊盘。在进行焊盘的设计时，要考虑该元件的形状、大小以及受热情况等因素来选择合适的焊盘。常见的焊盘形状有圆形、方形、八角形等。

4) 元件封装

元件封装是指元件实际焊接到印制板上时所指示的外观和焊点位置。元件封装仅仅是一个空间概念，它的主要参数是形状尺寸，因此不同的元件可以使用同一个元件封装，同种元件也可以有不同的封装形式。

5) 过孔

指在双面 PCB 上，将上下两层印制线连接起来且内部充满或涂有金属的小洞。有的过孔可作焊盘使用，有的仅起连接作用。

### 4.1.2 敷铜板及其分类

制造印制电路板的主要材料是敷铜板，所谓敷铜板就是经过粘接、热挤压工艺，使一定厚度的铜箔牢固地敷着在绝缘基板上。由于所用覆铜板基板材料及厚度不同，敷铜板所用铜箔与黏结剂也各有差异，制造出来的敷铜板在性能上就有很大差别。铜箔覆在基板的一面，称作单面敷铜板，覆在基板二面的称作双面敷铜板。

敷铜板按基板的刚、柔程度可以分为刚性敷铜板和柔性敷铜板两大类。刚性敷铜板的基材有纸基板、玻璃布基板、复合材料和特殊材料等；柔性敷铜板的基材有聚酯薄膜、聚酰亚胺薄膜等柔性材料。

目前我国常用的敷铜板有以下几种：

(1) 酚醛纸质敷铜板：这种敷铜板的优点是价格低，但是其易吸水，机械强度低，耐高温性能差。通常适用于中低档民用产品及要求不高的仪器仪表。

(2) 环氧纸质敷铜板：这种敷铜板的价格高于酚醛纸质敷铜板，不过其机械强度高、耐高温和耐潮湿性都较好。

(3) 环氧玻璃布敷铜板：这种敷铜板的价格较高。但性能优于环氧纸质敷铜板，且基板透明。

(4) 聚四氟乙烯敷铜板：这种敷铜板的价格高，其最大的特点是耐高温，耐腐蚀，并且绝缘性能好，如果在微波频段和高频电路应用中应选用这种敷铜板。

### 4.1.3 印制电路板的分类

按照工作层面的多少，电路板可以分为单面板、双面板和多层板。

(1) 单面板：单面板是指仅在电路板的一面上有导电图形的印制电路板。由于电路板的所有走线都必须放置在一个面上，使得单面板的布线相对来说比较困难，所以导电图形一般都比较简单，只适用于比较简单的电路设计。

(2) 双面板：双面板是最常见、最通用的电路板，其绝缘基板的两面都有导电图形，两面的电气连接主要通过过孔或焊盘进行连接。因为两面都可以走线，大大降低了布线的难度，因此被广泛采用。

(3) 多层板：多层板是指有三层或三层以上导电图形的印制电路板。它由几层较薄的单面或双面印制板(每层厚度 0.4 mm 以下)叠合而成，其总厚度一般为 1.2～2.5 mm。为了将夹在绝缘基板中间的印制导线引出，多层板上安装元件的孔需经金属化处理，使之与夹在绝缘基板中的印制导线连接。

## 4.2 印制电路板的设计原则

印制电路板的设计，就是根据设计人员的意图，将电路原理图转换成印制板图，确定加工技术要求的过程。

印制电路板的设计通常有两种方式：一种是人工设计，另一种是计算机辅助设计。无论采取哪种方式，都必须符合原理图的电气连接和产品电气性能、机械性能的要求，并考虑印制板加工工艺和产品装配工艺的基本要求。

要使电子电路获得最佳性能，元器件的布局及导线的布设是很重要的。为了设计出质量好、造价低的印制电路板，应遵循以下一般原则。

### 4.2.1　元器件布局原则

1）布局应考虑整机的结构要求

在通常条件下，所有的元器件均应布置在印制电路板的同一面上，只有在顶层元器件过密时，才能将一些高度有限并且发热量小的元器件，如贴片电阻、贴片电容等放在底层。

重量超过 15 g 的元器件，应当用支架加以固定，然后焊接。那些又大又重，发热量多的元器件，不宜装在印制板上，而应装在整机的机箱底板上，且应考虑散热问题。

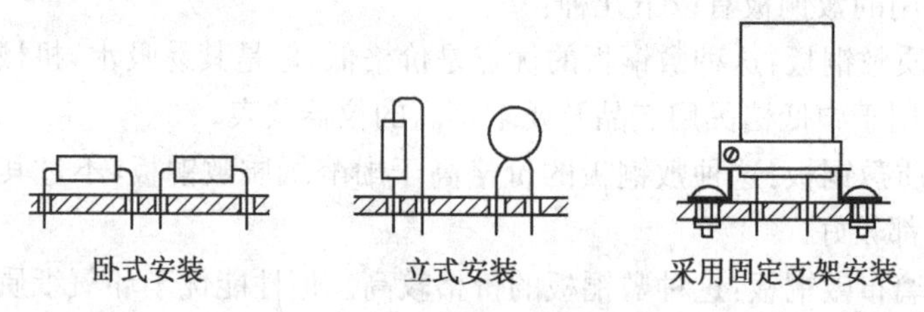


**图 4.2.1　元器件的安装方式**

元器件的布局还要考虑安装方式，安装方式有立式和卧式两种。立式安装元器件占地面积小，适合于元器件要求排列紧密的情况；卧式安装机械稳定性好，排列整齐，元器件跨度大，两个焊点间可以走线。对于必须安装在印制电路板的大型元器件，焊装时应采取固定措施。元器件的安装方式如图 4.2.1 所示。

2）布设均匀，排列紧凑

在保证电气性能的前提下，元器件应放置在栅格上且相互平行或垂直排列，以求整齐、美观，一般情况下不允许元器件重叠；元器件排列要紧凑，输入和输出元器件尽量远离。

元器件要整齐、紧凑地排列在印制电路板上。尽量减少和缩短各元器件之间的引线和连接以及缩小印制导线的长度和印制板的体积。

3）防止电磁干扰

对电磁辐射较强的元器件，以及对电磁感应较灵敏的元器件，应加大它们相互之间的距离或加以屏蔽。尽量避免高低电压器件相互混杂、强弱信号的元器件交错在一起。对于会产生磁场的元器件，如变压器、扬声器、电感等，布局时应注意减少磁力线对印制导线的切割，相邻元器件磁场方向应相互垂直，减少彼此之间的耦合。对干扰源进行屏蔽，屏蔽罩应有良好的接地。在高频工作的电路，要考虑元器件之间的分布参数的影响。

4）抑制热干扰

对于发热元器件，应优先安排在利于散热的位置，必要时可以单独设置散热器或小风扇，以降低温度，减少对邻近元器件的影响。一些功耗大的集成块、大或中功率管、电阻等元器件，要布置在容易散热的地方，并与其他元器件隔开一定距离。热敏元器件应紧贴被测元器件并远离高温区域，以免受到其他发热元器件影响，引起误动作。双面放置元器件时，底层一般不放置发热元器件。

### 4.2.2 布线原则

(1) 根据印制线路电流的大小,尽量加粗电源线宽度,减少环路电阻。同时使电源线、地线的走向和数据传递的方向一致,这样有助于增强抗噪声能力。

(2) 数字地与模拟地分开。低频电路的地应尽量采用单点并联接地,高频电路宜采用多点串联接地,地线应短而粗。并且公共地线不应闭合,以免产生电磁感应。

(3) 避免电路中各级共用地线而导致相互间产生干扰。几乎任何一个电路都存在自身的接地点,电路中的接地点的概念表示零电位。但在实际的印制电路板上,接地点并不能保证是绝对零电位,往往会存在很小的非零电位值。由于电路的放大作用,接地点的非零电位值就会对电路的性能产生干扰,造成这种干扰的主要原因就是两个或两个以上的回路共用一个地线。在设计印制电路时,应避免不同回路的电流同时流过某个公共地线。

(4) 避免交流电源对直流电路产生干扰。任何电子仪器包括电子产品都需要电源供电,并且绝大多数直流电源是由交流市电通过降压、整流、稳压后提供的。供电电源的质量会直接影响到电子线路的性能和技术指标。应避免由于布线不合理而导致交流信号对直流电路产生干扰。

### 4.2.3 印制导线、焊盘的尺寸和形状要求

1) 印制导线的宽度

印制导线的宽度主要由铜箔与绝缘基板间的黏附强度和电流的强度决定,同时应该宽窄适度,并且和焊盘的大小相符合。一般,印制导线的宽度可选在 0.3～2.5 mm 之间。现在国内专业的制板厂家的技术水平,已经有能保证线宽和间距在 0.2 mm 以下的高密度印制板的工艺质量。导线的宽度在 1～1.5 mm 左右,就可以完全满足一般电路的要求。对于集成电路的信号线,导线的宽度可以选在 1 mm 以下甚至 0.25 mm,但是为了保证导线在印制板上的抗剥离强度和工作可靠性,线条也不宜太细。只要印制板的面积和布线密度允许,应尽可能采用较宽的导线。特别是电源线、地线和大电流的信号线。

2) 印制导线的间距

导线之间距离的确定,应当考虑导线之间的绝缘电阻和击穿电压在最坏的条件下的要求。印制导线越短,间距越大,则绝缘电阻按比例增加(印制导线间距与允许工作电压、击穿电压的关系如表 4.2.1 所示)。如果印制导线间距很小,信号传输时的串扰就会增加。所以,为了保证产品的可靠性,应尽量使导线的间距不小于 1 mm。如果印制导线密度大布线困难,在工作电压和绝缘电阻允许的条件下,可以减小导线间距。

**表 4.2.1 印制导线间距与允许工作电压、击穿电压的关系**

| 印制导线间距(mm) | 允许工作电压(V) | 击穿电压(V) |
|---|---|---|
| 0.5 | 200 | 1 000 |
| 1.0 | 400 | 1 500 |
| 1.5 | 500 | 1 800 |
| 2.0 | 600 | 2 100 |
| 3.0 | 800 | 2 400 |

3）印制导线的形状和走向

对于印制导线的形状，参考图 4.2.2，在设计时应注意以下几点：

（1）同一印制板上的印制导线（除了电源线和地线）宽度最好一致。

（2）印制导线的走向不能有急剧的拐弯和尖角，因为很小的内角在制板时难以腐蚀，而在过尖的外角处，铜箔容易剥离或翘起。最佳的拐弯形式是平缓的过渡，拐角的内角和外角最好都是圆弧。一般情况下拐角不得小于 90°，圆弧半径不小于 2 mm。

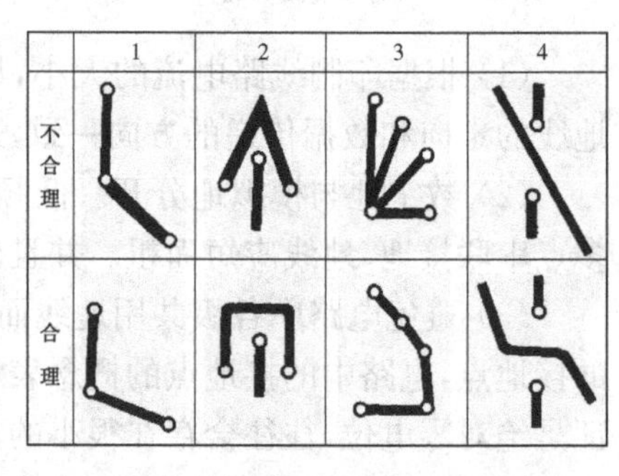

图 4.2.2 印制导线的形状和走向

（3）印制导线应尽可能避免有分支，若必须有分支，分支处应圆滑。

（4）印制导线通过两个焊盘之间，且不于焊盘连通的时候，应与焊盘有最大而且相等的距离。

4）焊盘的大小和形状

在设计焊盘时，如果外径太小，焊盘就容易在焊接时粘断或剥落，但也不能太大，否则需要延长焊接时间、用锡量增多，并且影响印制板的布线密度。一般情况，在单面板上，焊盘的外径一般比引线孔的直径大 1.3 mm 以上，在高密度的单面板上，焊盘的外径应至少比引线孔的直径大 1 mm；在双面板上，由于焊锡在金属化孔内也形成浸润，提高了焊接的可靠性，所以焊盘可以比单面板略小一些，但一般不小于引线孔的 2 倍。

常见的焊盘形状有圆形、岛形、方形和椭圆形等，如图 4.2.3 所示。圆形焊盘常用于元器件规则排列的情况，在双面板中也多使用圆形焊盘。岛形焊盘常用于元器件的不规则排列，特别是当元器件采用立式不规则固定时更为普遍。方形焊盘常见于手工制作的印制板中，当印制电路板上元器件体积较大，数量少且线路简单时，也多采用方形焊盘。椭圆形的焊盘一般用于集成电路器件。

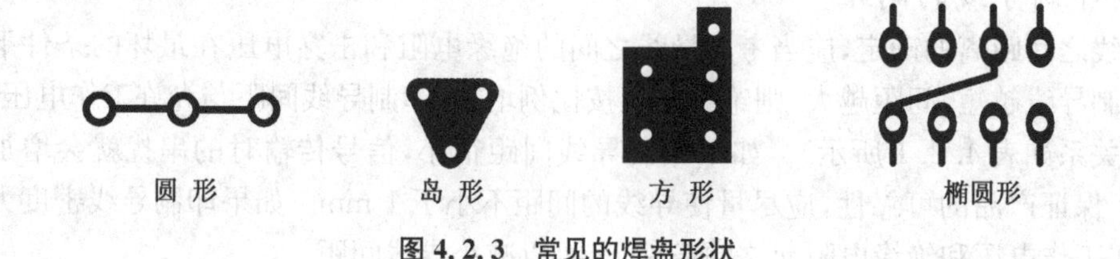

图 4.2.3 常见的焊盘形状

## 4.3 Protel 99 SE 使用基础

### 4.3.1 Protel 99 SE 软件介绍

1）Protel 99 SE 简介

从上个世纪末开始，世界电子工业的发展日新月异，取得了巨大的进步。大规模和超大规模集成电路的应用及发展使电路板设计变得越来越复杂，因此对印制电路板设计与制作应用软件的需求也越来越迫切。1988年，美国ACCELTechnologies Inc推出的TANGO计算机辅助印制电路板设计软件应运而生。但是随着电子工业的蓬勃发展，TANGO软件已经不能满足更为复杂的电子电路设计需求，针对这种情况，Protel Technology公司适时推出了Protel for DOS，在一定程度上解决了软件功能与设计需求之间的矛盾。进入上世纪90年代后，Windows操作系统以其良好的人机界面得到了广泛的应用，于是Protel Technology公司在1991年又推出了第一款基于Windows操作系统的Protel for Windows 1.0，在软件界面的友好性和功能的易用性等方面都有很大的提高，并且版本不断升级为Protel for Windows 2.0、Protel for Windows 3.0、Protel 98、Protel 99及Protel 99 SE，至今Protel 99 SE仍然是应用最为广泛的计算机辅助电路设计软件之一。

Protel 99 SE是应用于Windows9X/2000/NT操作系统下的EDA设计软件，采用设计库管理模式，可以进行联网设计，具有很强的数据交换能力和开放性及3D模拟功能，是一个32位的设计软件，可以完成电路原理图设计，印制电路板设计和可编程逻辑器件设计等工作。

2) Protel 99 SE的系统组成

按照系统功能来划分，Protel 99 SE主要包含电路工程、电路仿真与PLD几大部分和6个功能模块。

(1) 电路工程设计部分

① 电路原理图设计部分(Advanced Schematic 99)：电路原理图设计部分包括电路图编辑器(简称SCH编辑器)、电路图零件库编辑器(简称Schlib编辑器)和各种文本编辑器。本系统的主要功能是绘制、修改和编辑电路原理图、更新和修改电路图零件库、查看和编辑有关电路图和零件库的各种报表。

② 印制电路板设计系统(Advanced PCB 99)：印制电路板设计系统包括印制电路板编辑器(简称PCB编辑器)、零件封装编辑器(简称PCBLib编辑器)和电路板组件管理器。本系统的主要功能是：绘制、修改和编辑电路板；更新和修改零件封装；管理电路板组件。

③ 自动布线系统(Advanced Route 99)：本系统包含一个基于形状(Shape-based)的无栅格自动布线器，用于印制电路板的自动布线，以实现PCB设计的自动化。

(2) 电路仿真与PLD部分

① 电路模拟仿真系统(Advanced SIM 99)：电路模拟仿真系统包含一个数字/模拟信号仿真器，可提供连续的数字信号和模拟信号，以便对电路原理图进行信号模拟仿真，从而验证其正确性和可行性。

② 可编程逻辑设计系统(Advanced PLD 99)：可编程逻辑设计系统包含一个有语法功能的文本编辑器和一个波形编辑器(Waveform)。本系统的主要功能是：对逻辑电路进行分析、综合；观察信号的波形。利用PLD系统可以最大限度地精简逻辑器件，使数字电路设计达到最简化。

③ 高级信号完整性分析系统(Advanced Integrity 99)：高级信号完整性分析系统提供了一个精确的信号完整性模拟器，可用来分析PCB设计、检查电路设计参数等。

## 4.3.2 Protel 99 SE 的界面

### 1) 启动 Protel 99 SE

安装好 Protel 99 SE 之后，我们就可以通过“开始”菜单直接启动程序，也可以通过“开始”菜单的“程序”子菜单中选择“Protel 99 SE”启动程序，还可以通过双击桌面上的“Protel 99 SE”快捷方式图标“ ”启动程序，Protel 99 SE 的启动画面如图 4.3.1 所示。

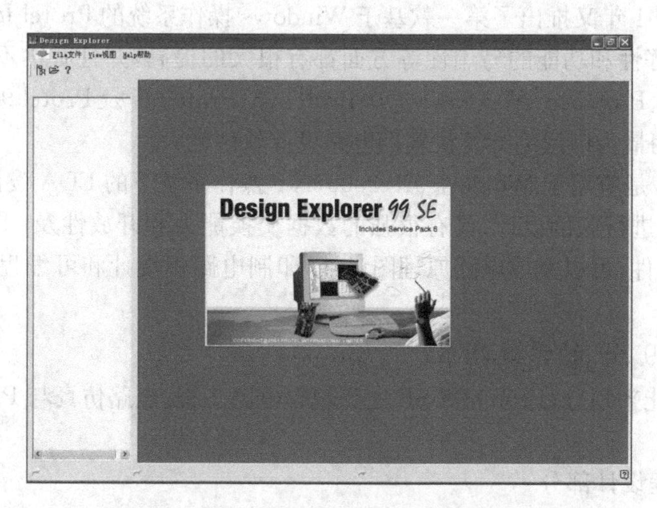


**图 4.3.1 Protel 99 SE 的启动画面**

启动完成后则显示 Protel 99 SE 的初始界面，如图 4.3.2 所示。

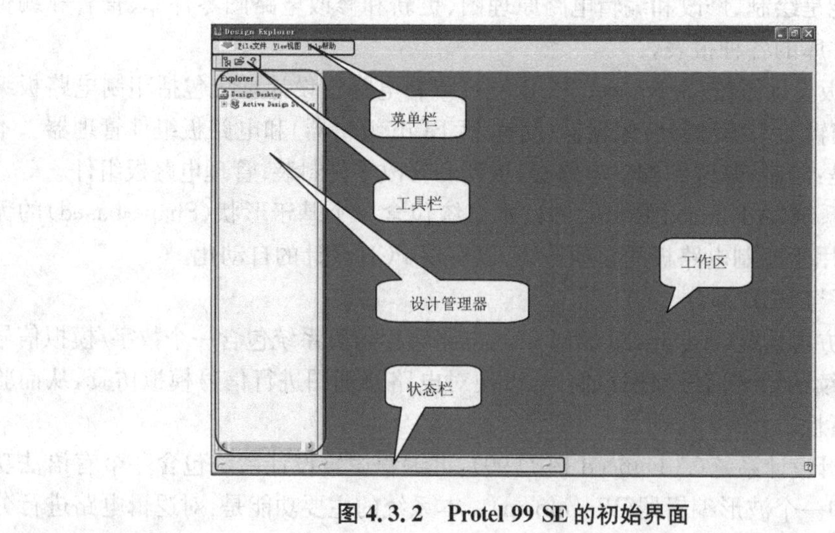


**图 4.3.2 Protel 99 SE 的初始界面**

### 2) 菜单栏

(1) 系统菜单

系统菜单位于菜单栏的最左边，用图标“ ”表示。单击该图标出现的菜单如图 4.3.3 所示，其中几个主要菜单项的功能如下：

① Customize 命令：用于帮助用户根据自己的习惯和需求对 Protel 99 SE 的菜单、工具

栏和快捷键进行个性化的设置。

② Preferences 命令：选择该命令，会弹出“Preferences”对话框。使用其中的选项可以对 Protel 99 SE 进行优化设置。

③ Design Utilities 命令：选择该菜单项后，会弹出“Compact&Repair”对话框，它有两个功能：一是将零碎的文件压缩打包成一个设计数据库文件；二是修复损坏的设计数据库文件。

④ Run 命令：它包括“运行脚本”和“运行进程”两个命令，类似于 Windows“开始”菜单的“运行...”命令。

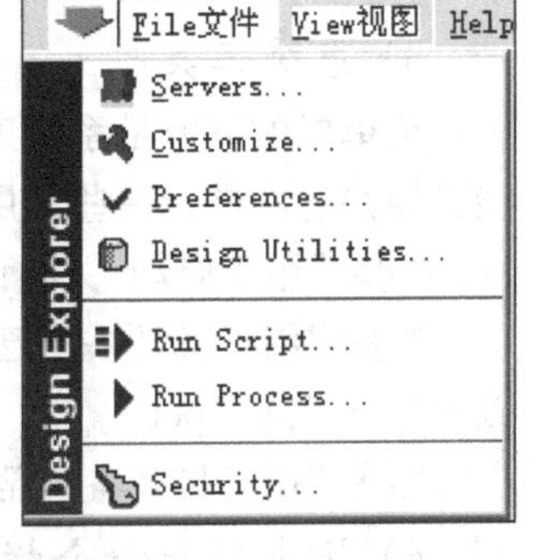


**图 4.3.3　系统菜单的下拉菜单**

(2) File(文件)菜单

该菜单包括各种可对文件执行的操作。其菜单项会根据当前打开的文档的不同而有所差异。如果没有新建或者打开任何文档，该菜单的内容只有四项，它们分别是：

① New(新建)

该命令用于新建设计数据库。

② Open(打开)

该命令用于打开一个已有的设计数据库文件，或者 Protel 99 SE 支持的其他任何类型的文件。单击工具栏上的“ ”按钮也能够实现相同的功能。

③ Exit(退出)

该命令用于退出 Protel 99 SE。退出程序时，如果正在编辑的文件在最后一次修改后还没有保存，那么 Protel 99 SE 会提示用户是否需要保存修改，用户可以根据需要进行选择。

④ 最近编辑的文件

在打开过几个文档之后，File 菜单的最下方会增加一系列的菜单项，它们表示最近被打开过的设计文档，最上方的文档被打开的时间最近。该菜单项最多可显示 9 个最近打开的文档。

(3) View(视图)

该菜单主要用于管理 Protel 99 SE 的界面显示。其菜单项内容同样会根据当前打开的文档的不同而有所差异。如果没有新建或打开任何文档，该菜单的内容只有三项，它们分别是：

Design Manager：显示或隐藏设计管理器，同工具栏上的按钮“ ”。

Status Bar：显示或隐藏状态栏。

Command Status：显示或隐藏命令状态栏。

(4) Help(帮助)

Protel 99 SE 提供了非常全面的帮助文档，用户可以从 Help 菜单打开帮助窗口，获取帮助信息。

Contents：该命令用于打开 Protel 99 SE 的帮助主页面，里面列出了各种帮助主题，单击主题就可以得到相应的帮助信息。

Help On：该命令根据当前的环境界面不同显示不同的菜单项。单击某个菜单项就可以直接进入相关的帮助主题。

About：选择该命令则会显示 Protel 99 SE 的版本信息。

3）系统工具栏

菜单栏的下方是系统工具栏，工具栏实际上是菜单栏菜单中的部分内容，但使用工具栏能更加快捷的进行一些常用操作。

“ ”用于启动/关闭设计管理器。

“ ”用于打开一个已有的设计数据库文件，文件的后缀名除了可以是“.ddb”外，还可以是“.sch”或“.pcb”。

“ ”用于打开各种帮助信息。

4）状态栏和命令栏

（1）状态栏

界面底部的状态栏如图 4.3.4 所示，它分为左、中、右三个部分，左边一般显示当前光标所在的坐标，中间显示当前的操作，右边以百分比显示当前进行的操作进度。

**图 4.3.4 状态栏**

（2）命令状态栏

命令状态栏如图 4.3.5 所示，它显示当前正在执行的命令。没有新建或打开任何文档，也没有进行任何编辑操作时，命令状态栏中会显示“Idle state-ready for command（空闲状态，等待命令）”。

Idle state - ready for command

**图 4.3.5 命令状态栏**

## 4.3.3 用 Protel 99 SE 设计印制电路板的一般步骤

对于印制电路板设计的初学者，首先要面临的问题就是整个的设计工作究竟包括哪些步骤，在设计软件中从什么地方入手，各个步骤、模块之间是怎么衔接的。因此，在利用 Protel 99 SE 设计印制电路板之前，有必要简单了解以下 PCB 设计的一般步骤。

1）设计电路原理图

设计电路原理图是进行电路设计的第一步，也是最重要的一步。电路原理图的设计是否正确、结构是否严谨将直接影响到产品的使用效果，且由于在 Protel 99 SE 软件中，绘制电路原理图是进行后面各种工作的前提，故电路原理图的设计工作就显得尤为重要。

2）生成网络表

当我们设计好电路原理图，并进行了 ERC 电气规则测试正确无误后，就要生成网络表，为 PCB 布线做准备。网络表文件是电路原理图与印制电路板之间的连接桥梁，通过 Protel 99 SE 进行自动布线时，必须先将网络表文件导入，然后才能进行下一步的工作。网络表文件可以直接在原理图编辑器中通过电路原理图生成，也可以在文本文件编辑器中通过手工编写。

3）设计印制电路板

从生成的网络表中获得电气连接以及封装形式，并通过这些封装形式及网络表内记载的元器件电气连接特性，将元器件的管脚用信号线连接起来，然后再使用手工或者自动布线，完成 PCB 的制作。这一步是进行电子产品设计工作的一个重要步骤，其质量将直接影响到产品的性能。因此，在整个设计工作过程中，印制电路板的设计工作是一个不容忽视的工作环节。

## 4.4　设计电路原理图

### 4.4.1　设计电路原理图的准备工作

1）新建一个设计数据库

在 Protel 99 SE 中，要想设立一个设计项目，首先要新建一个新的设计数据库文件（数据库文件的后缀名为“＊·ddb”），然后才能在这个设计数据库文件中建立各种设计文件，如电路原理图文件（后缀名为“＊·Sch”）、印制电路板文件（即 PCB 文件，后缀名为“＊·PCB”）。

启动 Protel 99 SE 后，在图 4.3.2 初始界面中单击“File文件”，选择“New 新建”选项，随后就会出现如图 4.4.1 所示的“新建设计数据库文件（后缀名为“＊.ddb”）的自定义选项”对话框。

在该对话框中，“Design Storage T”选项是文件存储类型选择框，单击右边的下拉箭头即可进行选择，在通常情况下选择默认值即可；“Database File Na”选项是新建的设计数据库文件名称，用户可以根据自己的需要在该选项后的编辑框中设定设计数据库名；“Database Location”选项是数据库文件的保存路径，该选项下面的路径是系统默认的路径，用户若想改变保存路径，可以单击“Browse...”按钮，在如图 4.4.2 所示的“保存路径”对话框中选择自己需要的保存路径。

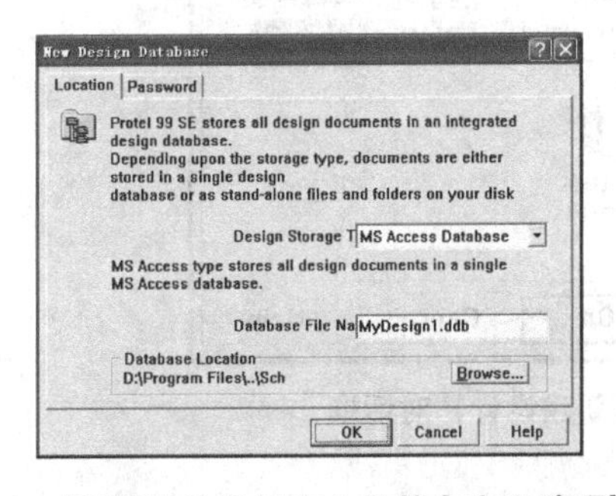


图 4.4.1　“新建设计数据库文件的自定义选项”对话框

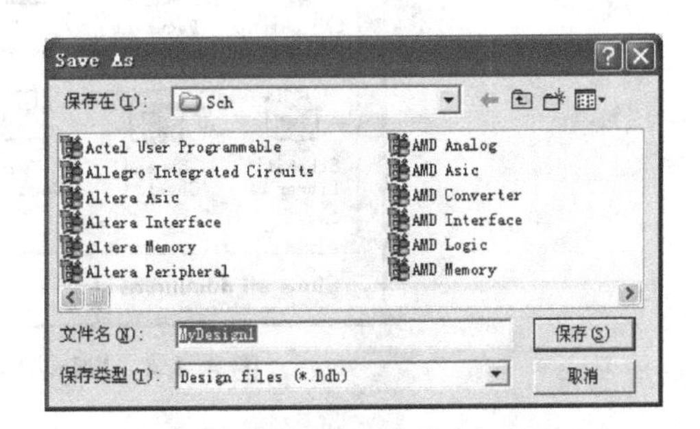


图 4.4.2　“保存路径”对话框

将以上自定义选项设置完毕后，单击“OK”按钮，就会完成设计数据库文件的创建工作，此时 Protel 99 SE 的工作界面就会变成如图 4.4.3 所示的新建设计数据库工作界面。

2）启动原理图编辑器

新建了一个设计数据库以后必须要先启动原理图编辑器才能进行电路原理图的设计工

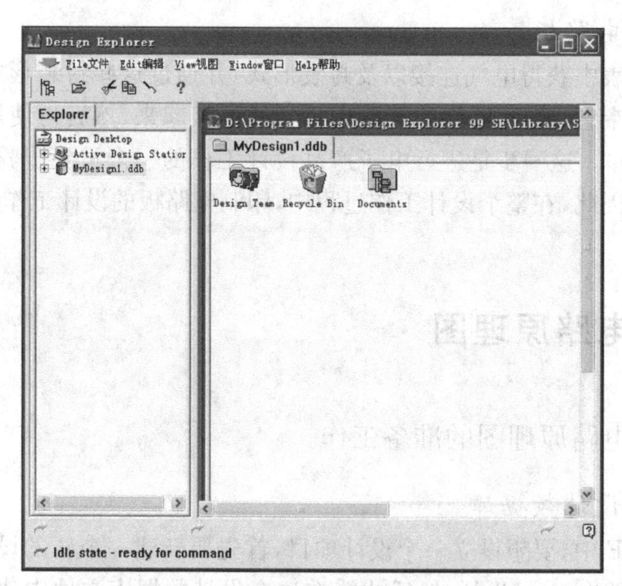


图 4.4.3　新建设计数据库工作界面

作。下面就介绍一下怎样启动电路原理图编辑器。

在图 4.4.3 新建设计数据库的工作界面中单击“ File文件 ”，选择“New…新建文件”按钮，则可以打开如图 4.4.4 所示的“New Document(新建设计)”对话框，在该对话框中双击“  ”图标(也可以单击该图标，然后再单击“ OK ”按钮)即可进入如图 4.4.5 所示的原理图编辑器的工作界面。

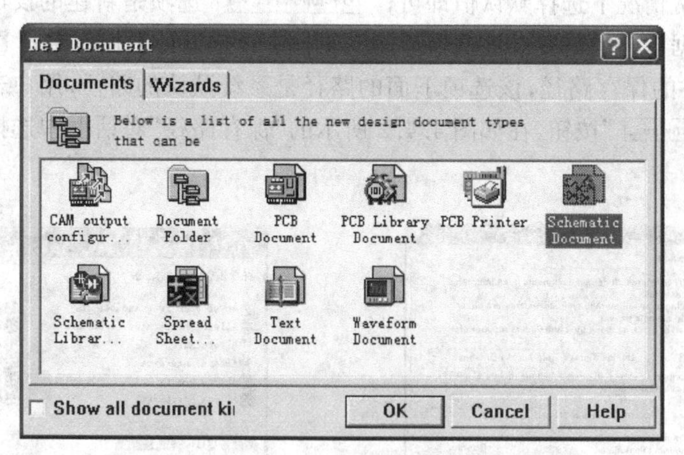


图 4.4.4　“New Document(新建设计)”对话框

3) 设计原理图的一般步骤

一般来讲，进入原理图设计环境之后，需要经过以下几个步骤才算完成原理图的设计。

(1) 图纸设置：包括设计图纸的尺寸、标题栏、网格和光标的设置等。

(2) 制作原理图符号、加载元器件库：很多元器件在 protel 99 SE 元器件库中并没有收录，这就需要用户自己绘制这些元器件的原理图符号，并最终将其应用于电路原理图的绘制过程中。加载元器件库是将所需元器件库设置为当前元器件库，这样才能在设计过程中调

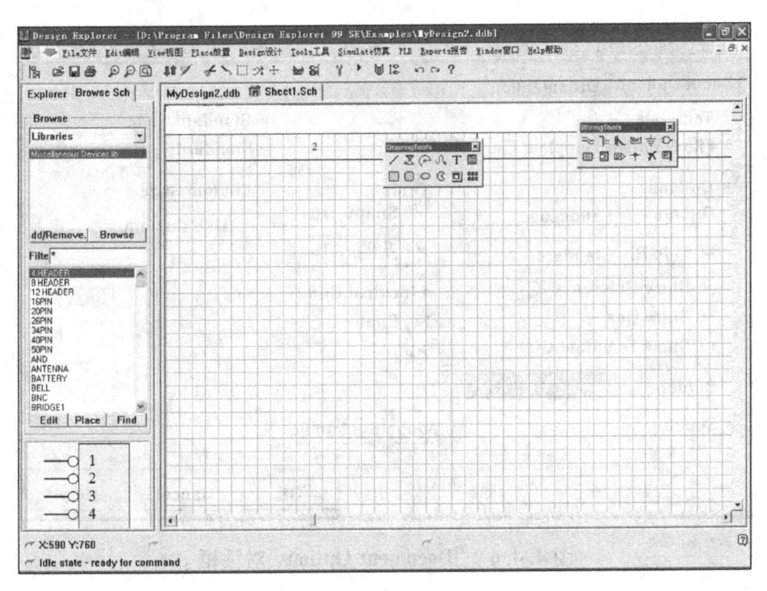


**图 4.4.5　原理图编辑器工作界面**

用该元器件库中的元器件。

(3) 放置元器件：就是将所需要的元器件符号从元器件库中调入到原理图中，并对元器件进行整体布局。

(4) 进行布线及调整：将各元器件用具有电气性能的导线连接起来，并进一步调整元器件的位置。在比较大型的系统设计中，原理图的走线并不多，更多的时候是应用网络标号来代替直接的线路连接，这样既可以保证电路的电气连接，又可以避免整个原理图看起来杂乱无章。

(5) 电气规则检查：可以检查原理图中是否有电气特性不一致的情况。如果存在电气特性不合理的情况，系统会按照用户设置的电气检查规则及问题的严重性，以错误或者警告等信息来提示用户注意。

## 4.4.2　图纸设置

### 1) 图纸的大小与形状

如果用户想设置图纸的大小与形状，则可以在图 4.4.5 的原理图工作界面中单击鼠标右键，选择“Document Options”对话框，在该对话框的 Sheet Options 选项卡中进行设置，如图 4.4.6 所示。

(1) 设置图纸尺寸

在图 4.4.6 中的 Standard Style 区域中设置图纸尺寸。

用鼠标单击 Standard 旁边的下拉按钮，可以从中选择所需要的图纸尺寸。各种标准图纸的大小比较为：$A_0$、$A_1$、$A_2$、$A_3$、$A_4$ 为公制标准，依次从大到小；A、B、C、D、E 为英制标准，依次从小到大；此外系统还提供了 ORCAD 等其他一些图纸格式。详细的图纸尺寸见表4.4.1。

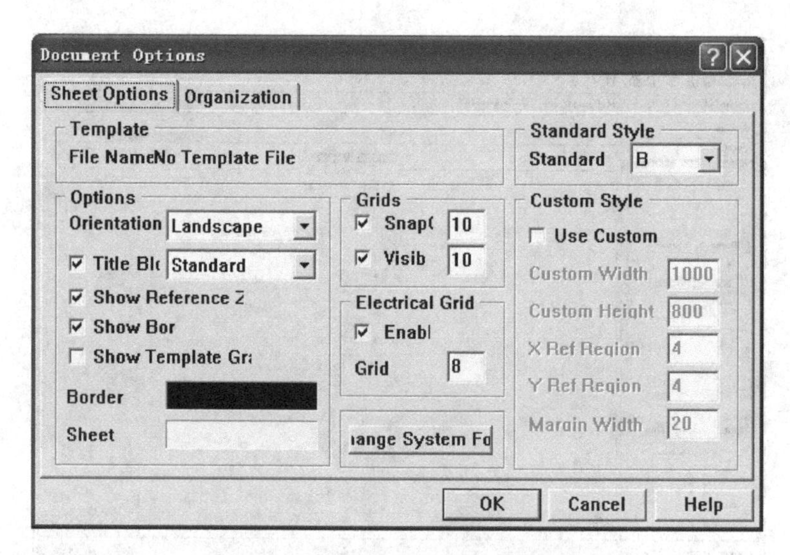


**图 4.4.6 “Document Options”对话框**

**表 4.4.1 Protel 99 SE 提供的标准图纸尺寸**

| 尺　寸 | 宽度(in)×高度(in) | 宽度(mm)×高度(mm) |
|---|---|---|
| A4 | 11.69×8.27 | 297×210 |
| A3 | 16.54×11.69 | 420×297 |
| A2 | 23.39×16.54 | 594×420 |
| A1 | 33.07×23.39 | 840×594 |
| A0 | 46.80×33.07 | 1188×840 |
| A | 11.00×8.50 | 279.42×215.90 |
| B | 17.00×11.00 | 431.80×279.40 |
| C | 22.00×17.00 | 558.80×431.80 |
| D | 34.00×22.00 | 863.60×558.80 |
| E | 44.00×34.00 | 1078.00×863.60 |
| Letter | 11.00×8.50 | 279.4×215.9 |
| Legal | 14.00×8.50 | 355.6×215.9 |
| Tabloid | 17.00×11.00 | 431.8×279.4 |
| ORCAD A | 9.90×7.90 | 251.15×200.66 |
| ORCAD B | 15.40×9.90 | 391.16×251.15 |
| ORCAD C | 20.60×15.60 | 523.24×396.24 |
| ORCAD D | 32.60×20.60 | 828.04×532.24 |
| ORCAD E | 42.80×32.80 | 1087.12×833.12 |

如果用户需要自定义图纸尺寸，可以在图 4.4.6 中的 Custom Style 区域中选中“☑ Use Custom”进行自定义设置。

区域中各项的内容说明如下：

Custom Width：设置图纸宽度。

Custom Height:设置图纸高度。

X Ref Region:设置 X 轴框参考坐标刻度。

Y Ref Region:设置 Y 轴框参考坐标刻度。

Margin Width:设置图纸边框宽度。

(2) 设置图纸方向

在图 4.4.6 中的 Options 区域中设置图纸方向。

单击 Orientation 旁边的下拉按钮,就可以设置图纸方向。

Landscape:图纸水平放置。

Portrait:图纸垂直放置。

2) 图纸的网格

(1) 网格类型

Protel 99 SE 提供了两种不同形状的网格,分别为线状网格(Lines Grid)和点状网格(Dot Grid)。

网格的设置可以通过以下步骤来完成:

① 单击菜单栏"Tools",在下拉菜单中选择"Preference",系统会弹出"Preference 对话框",如图 4.4.7 所示。

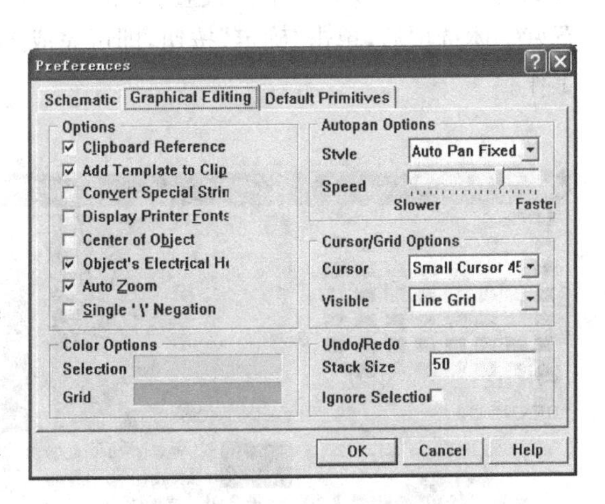


图 4.4.7 "Preference"对话框

② 在"Preference"对话框中单击"Graphical Editing"选项卡,在"Cursor/Grid Options"区域中单击 Visible 选项的下拉箭头,从中选择合适的网格类型。

③ 设置完成后单击"OK"按钮。

(2) 栅格尺寸

图纸栅格尺寸的设置是在图 4.4.6 的 Grids 区域中进行的,该区域中有两个选项。

Snap On:锁定栅格。选中此项表示开启栅格锁定功能,也就是原理图中的元器件或者导线等电路符号只能放置在栅格线线条上。该选项后面的编辑框用于输入栅格的大小,单位为 mil。

Visible:可视栅格。选中该项表示开启栅格显示功能,也就是原理图的背景上会出现网格。该选项后面的编辑框用于所输入显示网格的大小,单位为 mil。

Electrical Grid:电气节点。若选中此项,系统在连接导线时,则以光标位置为圆心,以 Grid 栏中设置的值为半径,自动向四周搜索电气节点,当找到最接近的节点时,就会将光标移动到此节点上,并在该节点上显示一个圆点。此项一般选中。

3) 图纸颜色

Protel 99 SE 默认的工作区颜色为淡黄色,如果用户想自己设置一个满意的颜色,可以在图 4.4.6 的 Options 区域中进行设置。

在图 4.4.6 所示的 Options 区域中,单击"Sheet"选项右边的颜色条,系统会弹出"颜色选择"对话框,如图 4.4.8 所示,用户可以从中选择自己需要的工作区颜色,选择好后单击"OK"确认按钮即可成功设置工作区颜色。

如果在“颜色选择”对话框中没有找到自己满意的颜色，还可以单击“Define Custom Colors...”按钮，进入如图 4. 4. 9 所示的“自定义颜色”对话框。在该对话框中自定义一个满意的颜色后，单击“确定”按钮，即可将该颜色设置为工作区的颜色。

4）设置系统字体

用户如果希望设置系统显示的字体，则可以在工作区单击右键，在“Document Options”（文件信息）对话框中单击 Sheet Options 选项卡下方中部的“hange System Fo”按钮，即可进入如图 4. 4. 10 所示的“字体设置”对话框。在该对话框中设置好字体选项后，单击“确定”按钮，即可完成系统字体的设置工作。

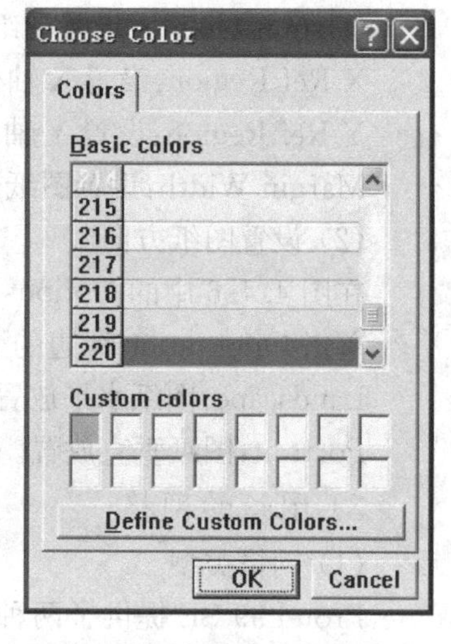


图 4. 4. 8 “颜色选择”对话框

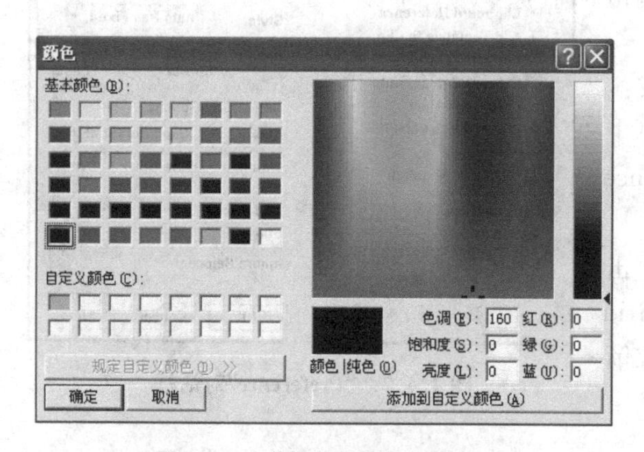


图 4. 4. 9 “自定义颜色”对话框

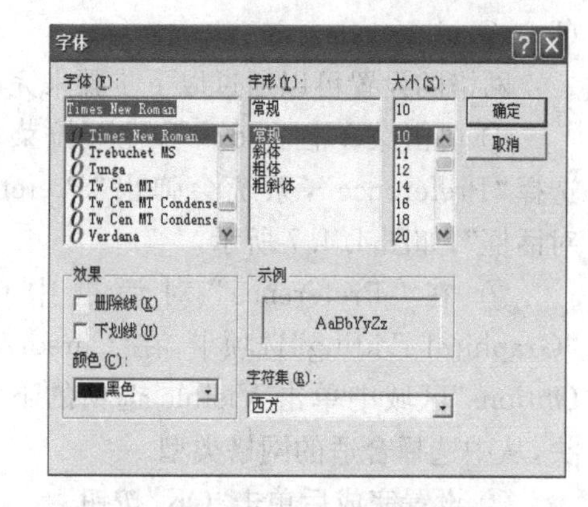


图 4. 4. 10 “字体设置”对话框

5）设置标题栏信息

Protel 99 SE 的标题栏位于图纸的右下角，主要用来显示图纸的保存路径、文件名以及幅面等信息。Protel 99 SE 为我们提供了“Standard（标准型）”和“ANSI(美国国家标准协会)”两种标题栏信息类型。

图纸标题栏的类型与显示是在图 4. 4. 6“Document Options”对话框的 Options 区域中设置的。如果需要设置标题栏信息，则需要将“☑ Title Blo”选项前打☑，然后单击该选项右边的下拉按钮，选择一个需要的标题栏信息类型。“Standard（标准型）”和“ANSI(美国国家标准协会)”两种标题栏的格式如图 4. 4. 11 所示。

图纸标题栏中的内容可以在“Document Options”对话框的 Organization 选项卡中进行设置。Organization 选项卡主要用来设置电路原理图的文件信息，为设计的电路建立档案，如图 4. 4. 12 所示。

选项卡中的内容说明如下：

Organization 区域：公司或单位的名称。

Address 区域：公司或单位的地址。

Sheet 区域：电路图编号，其中包括 No. ：本张电路图编号；Total：本设计文档中电路图

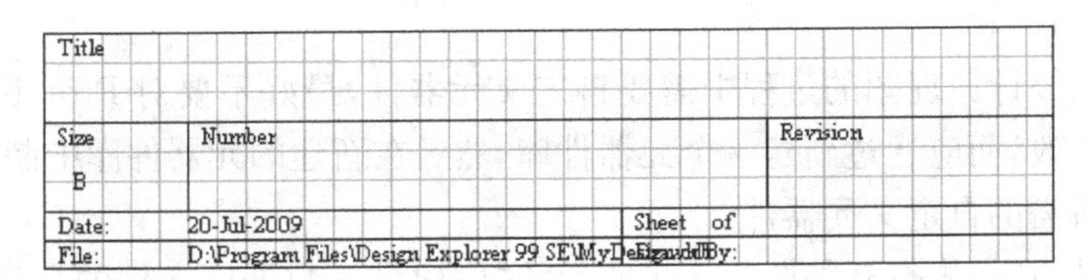


(a) Standard (标准型)

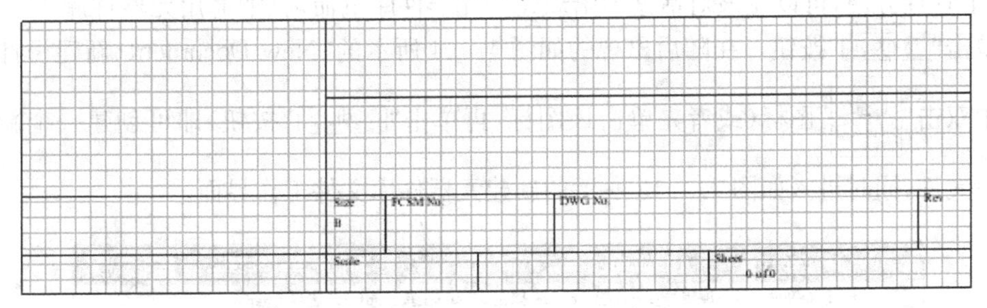


(b)　ANSI（美国国家标准协会）

**图 4.4.11　两种标题栏格式**

**图 4.4.12　"Organization"选项卡**

的数量。

Document 区域：文件的其他信息，其中包括 Title：本张电路图的标题，No.：本张电路图编号，Revision：电路图的版本号。

用户可以将文件信息与标题栏配合使用，构成完整的电路原理图文件信息。

### 4.4.3　创建元件库

在用 Protel 99 SE 绘制电路原理图前，必须装入元器件库，然后才能从元器件库中调出需要的元器件符号。尽管如此，在实际的电路板设计中，有些特殊的、非标准的元器件却不一定包含在其中，这时设计者就需要在原理图符号编辑器中制作新的元器件符号。下面就介绍如何创建元件库和制作新的元器件符号。

1）新建元件库

用户如果在设计原理图的过程中需要自定义元器件，最好不要对 Protel 99 SE 自带的元器件库进行修改，而应通过新建一个元器件库，然后在新建的元器件库中制作新的元器件的方法来得到所需的自定义元器件。

新建元器件库时，先打开如图 4.4.1 所示的“新建设计数据库文件的自定义选项”对话框，为了管理方便，可以在该对话框中给新建的元器件库重命名（如通用元器件库 1）。设置好后单击“OK”按钮。在随后出现的如图 4.4.4 所示的“New Document（新建设计）”对话框中双击“Schematic Librar...”图标（或者先单击该图标，再单击“OK”按钮）即可创建一个新的元器件库文件，同时进入如图 4.4.13 所示的新建元器件库文件工作界面。

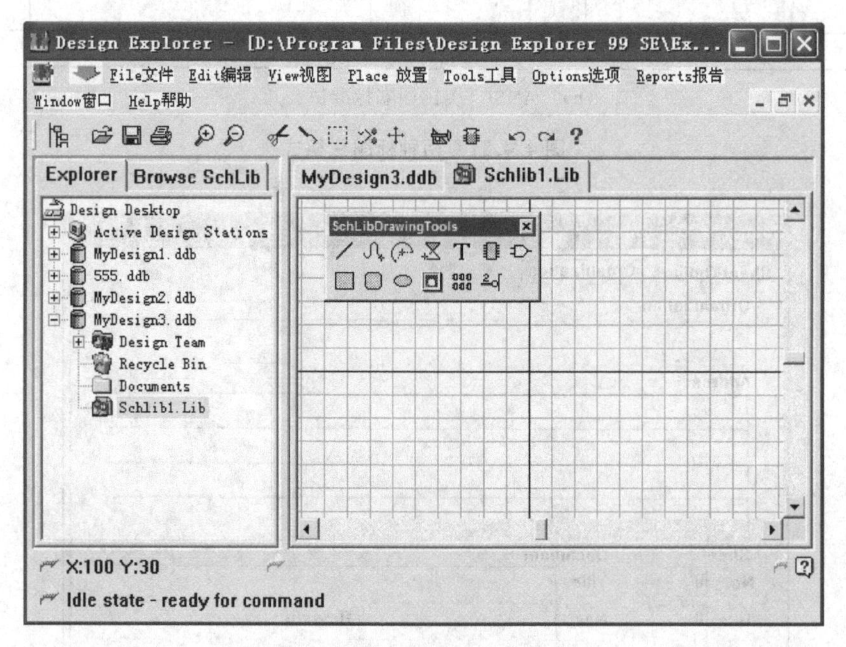


**图 4.4.13 新建元器件库文件工作界面**

2）编辑元器件库的常用工具

在编辑元器件库时，需要用到各种工具来完成元器件外形及引脚、注释文字的制作，所以要制作出标准的元器件库，首先要了解各种工具的使用方法。在制作元器件库中的元器件时，通常只需要绘图工具和 IEEE 符号工具即可满足要求。

（1）绘图工具

要想绘制出理想的元器件外形，就要先掌握各种元器件库绘图工具的使用。元器件库绘图工具都集中在“元器件绘图工具栏”中。

元器件库绘图工具中各按钮的功能如下：

：绘制直线工具；

：绘制曲线工具；

：绘制圆弧工具；

：绘制多边形工具；

:放置文字工具；

:画新元器件工具；

:添加部分元器件工具；

:绘制实心矩形工具；

:绘制圆角矩形工具；

:绘制椭圆工具；

:粘贴图片工具；

:阵列粘贴工具；

:绘制元器件引脚工具；

如果工作界面上没有出现元器件库绘图工具栏，则可以单击菜单栏上的“View视图”按钮，在下拉菜单中选择“Toolbars”选项，在右拉菜单中选择DrawingToolbar 即可调出该工具栏。

用相应的工具绘制完相应的内容后，该工具仍处于激活状态，如果要执行其他的操作，则需要在空白处双击鼠标右键或按下<Esc>键退出该工具。双击绘制的图形(或文字)即可打开该图形(或文字)的属性设置对话框。在该对话框中可以设置绘制的图形(或文字)的颜色、宽度(字号)及角度等内容。

(2) IEEE 符号工具

IEEE 符号工具主要用来绘制具有电气意义功能的各种符号。

IEEE 符号工具栏中各按钮的功能如下：

:低电平输出符号；

:信号流向符号；

:正极触发时钟信号符号；

:低电平动作输入符号；

:模拟信号输入符号；

:连接符号(无逻辑性)；

:具有暂缓性输出的符号；

:信号输出符号(集电极开路)；

:高阻抗输出符号，通常用于三态门电路中；

:高输出电流的符号；

:脉冲输出符号；

:延时输出符号；

:多条输入/输出线组合符号；

:二进制信号组合的符号；

:低电平输出符号；

:圆周率 π 的符号；

:大于或等于符号；

:高阻抗输出(集电极开路输出)符号；

:发射级开路输出符号；

:发射极输出符号；

#:数字信号输入符号；

▷:反向器符号；

:双向信号(数据流)符号；

:数据向左移符号；

≤:小于或等于符号；

Σ:加法符号；

:施密特触发输入符号；

:数据向右移符号。

需要调出IEEE符号工具时栏时，则可以单击菜单栏上的“View视图”按钮，在下拉菜单中选择“Toolbars”选项，在右拉菜单中选择IEEE Toolbar即可调出该工具栏。

3）在元器件库中制作新元器件

电路原理图中的元器件主要由三部分组成：元器件图形、元器件引脚及元器件属性。在绘制新元器件时，我们应分为三步才能将元器件的三部分内容制作出来。下面以二极管为例介绍制作新元器件的方法。

（1）制作图形

进入到如图4.4.13新建元器件库文件工作界面后，先将网格放大到合适的程度，并将工作区中的“十”字形中心线定位于屏幕的中心。

用左键单击元器件绘图工具中的绘制直线按钮“”，此时光标就会变成一个“十”字形，将光标移动到“十”字形中心线附近，然后在起点处按下左键(具体位置视元器件大小而定，但是要保证元器件的中心处于中心线位置，否则在以后调用该元器件时该元器件不能显示在工作区中)，接着拖动鼠标，在需要改变方向时单击左键，在终点处单击右键，按此方法就可以绘制出一个二极管的图形，如图4.4.14(a)所示。

（2）绘制管脚

单击元器件库绘图工具中的绘制元件引脚按钮“”，光标就会变成一个“十”字，并且有一端具有圆点的引脚导线。将引脚导线拖到需要的位置，再单击左键即可。需要注意的

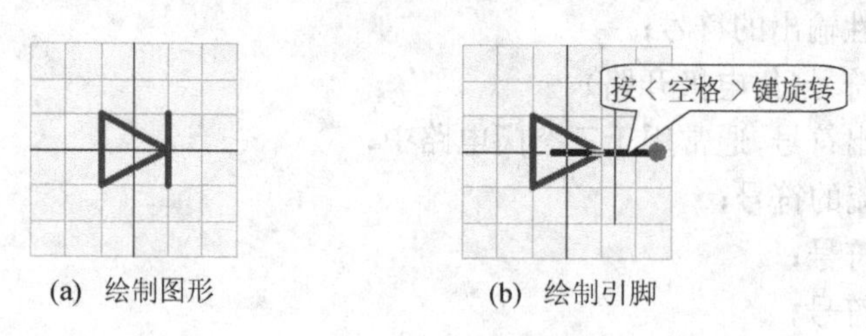


(a) 绘制图形　　(b) 绘制引脚

**图4.4.14　绘制二极管**

是引脚导线的圆点端子为电气连接点，放置在与外部电路连接端时才有效，否则电路的电气连接无效。如果放置时圆点端子不在外部，要用左键按下该引脚导线，然后再按＜空格＞键旋转，将圆点端子放置在元器件外部，如图4.4.14(b)所示。

将引脚导线方向旋转到合适的方向后，只需要单击左键就可将该引脚导线放置在元器件上。

（3）设置属性

① 图形属性设置

如果对绘制图形的线条外形不满意，可以双击该线条，在弹出的“线条属性”对话框中改变线条的属性。线条属性对话框如图 4.4.15(a)所示，该对话框中各项的功能如下：

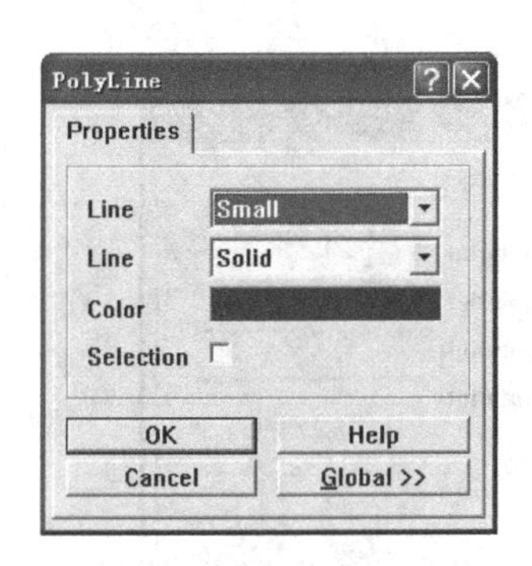


(a) “线条属性”对话框

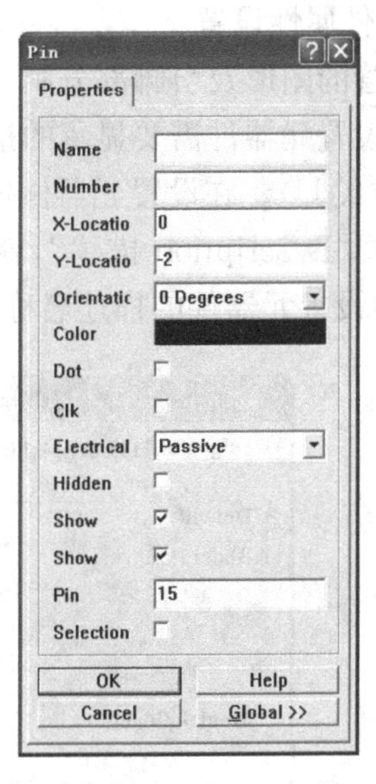


(b) “引脚导线属性”对话框

**图 4.4.15　图形属性设置**

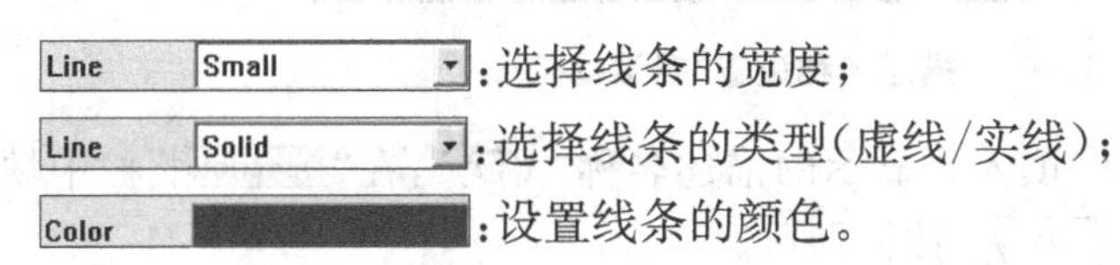


：选择线条的宽度；

：选择线条的类型(虚线/实线)；

：设置线条的颜色。

② 引脚导线属性设置

双击引脚导线就会出现如图 4.4.15(b)所示的“引脚导线属性”对话框，在该对话框中可以设置引脚导线的属性，该对话框中各项的功能如下：

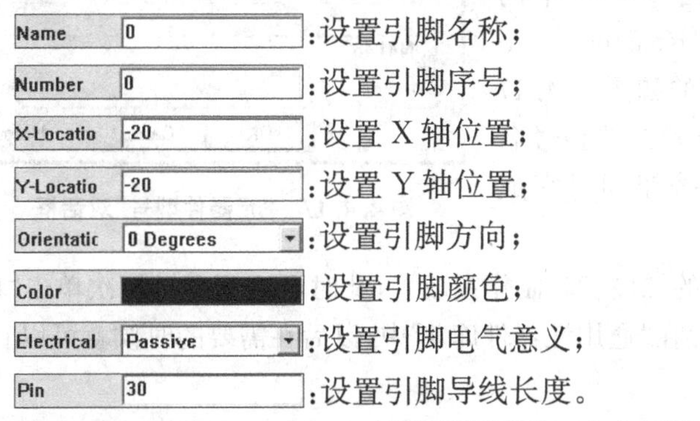


：设置引脚名称；

：设置引脚序号；

：设置 X 轴位置；

：设置 Y 轴位置；

：设置引脚方向；

：设置引脚颜色；

：设置引脚电气意义；

：设置引脚导线长度。

当元器件只有两个引脚时，“Hidden □”(隐藏引脚)选项可以不用设置按照系统默认的参数即可。为了简捷，可以将“Show ☑”(显示引脚名称)和“Show ☑”(显示引脚序号)等选项后面复选框中的“√”取消，只有在具有三个及以上引脚的元器件中才需要设置以上选项，需要注意的是，在具有三个引脚的元器件中，元器件的引脚名称要根据具体型号设置，否则在进行印制板设置时可能会出现很多问题。

对于引脚电气意义的选项，在一般情况下可以不用设置。同时需要注意的是，栅格的最小单位为5,所以引脚导线长度必须设置成“5”的倍数,否则在以后绘制导线时会出现导线不能接通的问题。

③ 元器件属性设置

将二极管的图形及引脚部分制作完成后就可以设置元器件的属性了。

首先要设置元器件需要显示的描述名称(如二极管为VD或D,三极管为VT或Q,集成电路为IC或U)。在设置元器件描述名称时,用左键单击菜单栏中的“Tools 工具”,在下拉菜单中选择“Description 描述”,就可以在随后出现的如图4.4.16所示的“描述名称设置”对话框中设置元器件的描述名称。

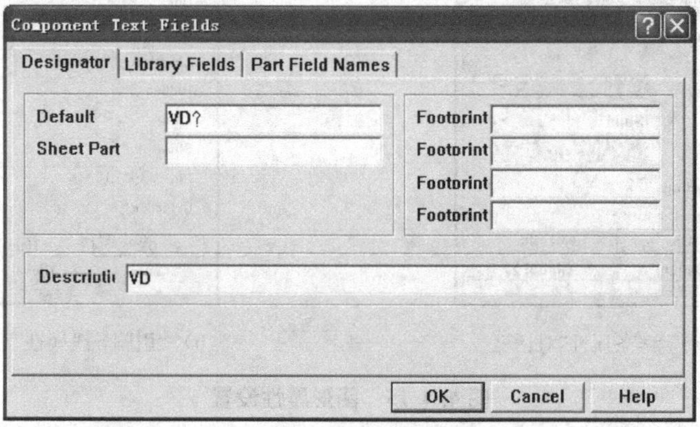

图4.4.16 “描述名称设置”对话框

在该对话框中的“Default”选项中填入要显示的描述名称“VD?”,在“Descriptio”栏中填入描述名称“VD”,设置完成后单击“OK”按钮即可。

由于这是我们制作的第一个元器件,系统默认的该元器件型号名称为“COMPONENT_1”。若要更改元器件名称,可先用左键单击菜单栏中的“Tools 工具”,在下拉菜单中选择“Rename Component…元件重命名”,在随后出现的如图4.4.17所示的“元器件型号”对话框中更改元器件型号名称,如IN4148,然后单击“OK”按钮即可完成操作。

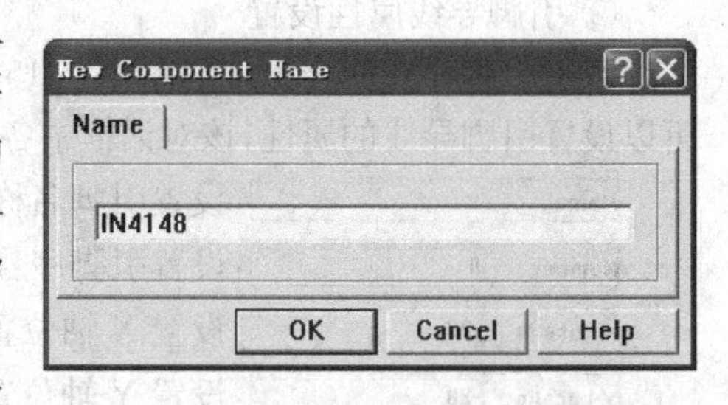


图4.4.17 “元器件型号”对话框

到此为止,一个型号为IN4148的二极管就制作完成了,此时可以用左键依次单击“File 文件”→“Save 保存”将该元器件保存在“通用元器件库1”中,以后在需要的时候就可以直接调用了。

4) 在同一个元器件库中制作第二个元器件

同一个元器件库下可以有多个元器件,为了方便使用,通常都将同种类型的元器件放入同一个元器件库中。因此,制作完第一个元器件后,还要再继续制作下一个元器件,直至需要的元器件制作完成。

创建第二个元器件的正确方法是在第一个元器件制作完成并保存后,用左键单击菜单栏中的“Tools 工具”,在下拉菜单中选择“New Component 新建元件”,在随后出现的如

图 4.4.17 所示的“元器件型号”对话框中填入元器件型号即可打开一个空白元器件编辑页。然后按照第一个元器件的制作方法就可以制作第二个元器件了。

5) 在同一个数据库下创建一个新的元器件库

Protel 99 SE 中原理图元器件库是以数据库格式存储的。数据库中可以保存多个元器件库,每个元器件库不再以单独的文件形式存在,这样就大大方便了数据库的管理与编辑。

单击“Design Explorer”标题下菜单栏中的“File 文件”,在下拉菜单中选择“New…新建文件”按钮,在随后出现的如图 4.4.4 所示的“New Document(新建设计)”对话框中,单击“Schematic Librar...”图标,然后单击“OK”按钮,即可创建一个新元器件库(也可以双击图标)。默认的元器件库名为“Schlib2.Lib”。若要将其改名,只需在图标上单击右键,选择“Rename”命令,输入所需的名称并按<Enter>即可。

如果想将某个元器件库单独保存,则可以单击“Design Explorer”标题下菜单栏中的“File 文件”,选择“Save Copy As…文件另存为”按钮,在随后出现的“文件另存为”对话框中的“Name”文本框中输入元器件库名称,并选择元器件库文件格式“Format”,然后单击“OK”按钮即可。

## 4.4.4　原理图绘制

下面我们终于可以开始绘制电路原理图了。绘制电路原理图首先要将所需的元器件摆放好。摆放元器件有两种方法:通过原理图浏览器放置元器件和通过菜单命令放置元器件。通过原理图浏览器放置元器件是最直观的方法,但这种方法要求设计者对各种元器件存放的元器件库必须十分熟悉;否则,绘图速度将会受到很大影响,不过这也没关系,设计者可以通过菜单命令放置元器件,这是一种比较快捷的方法。

1) 加载元器件库

在电路原理图编辑状态,先单击设计管理器的“Browse Sch”按钮,再单击“dd/Remove”按钮,随后便会出现如图 4.4.18 所示的“移动元器件库”对话框。

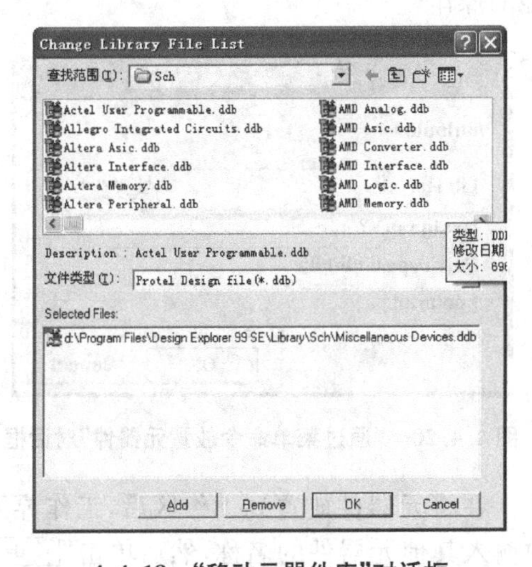


4.4.18　“移动元器件库”对话框

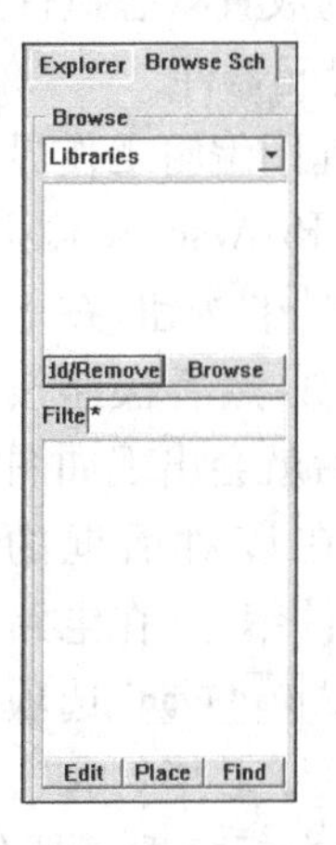

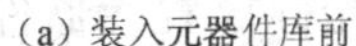

(a) 装入元器件库前

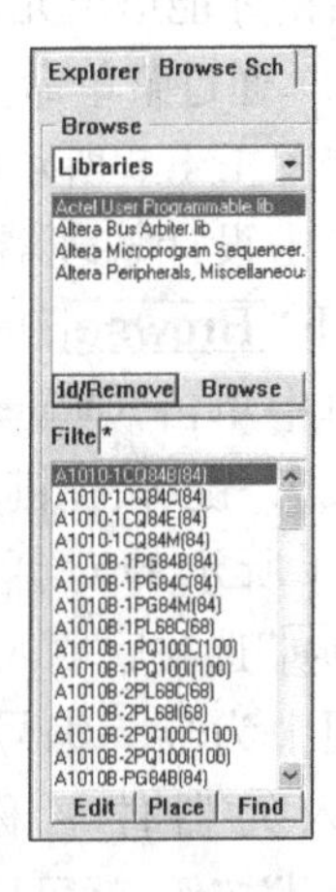


(b) 装入元器件库后

图 4.4.19　在设计管理器中加载元器件库

在图 4.4.18 所示的对话框中，选择需要的元器件库，然后单击“Add”按钮，被选择的元器件库将出现在“Selected Files:”下面的列表框中，不断重复上述操作，即可将需要的元器件库添加到“Selected Files:”下面的列表框中。再单击“移动元器件库”对话框下方的“OK”按钮，即可将上述元器件装入原理图设计管理器。此时被装入的元器件库及该元器件库所包含的所有元器件就会出现在原理图设计管理器窗口中。加载元器件库前、后的设计管理器如图 4.4.19 所示。

若不需要某个元器件库，则可以单击设计管理器中部的“dd/Remove”按钮，在随后出现的对话框中，先单击“Selected Files:”下面列表框中的元器件库名称，然后单击“Remove”按钮，即可将不需要的元器件库从原理图设计管理浏览器中删除，但是并未从硬盘中删除。

Protele 99 SE 中常用的元件库有：

Mscellaneous Devices. ddb；

Dallas Microprocessor. ddb；

Inter Databooks. ddb；

Protel DOS Schematic Libraries. ddb。

2) 放置元件

(1) 通过原理图浏览器放置元器件

首先在图 4.4.5 所示的原理图编辑工作界面中单击设计管理器中的 Browse Sch 标签，按下“Browse”项目的“▾”按钮，在下拉菜单中单击“Libraries”选项，然后在下拉列表框中找到需要的元器件库，再在“Filte”下面的列表框中找到需要的元器件型号后，单击该元器件名称即可选定该元器件。此时，设计管理器最下方的列表框中将会出现该元器件的缩略图。

选定需要的元器件后，双击该元器件或者单击元器件列表下方的“Place”按钮后，就会出现伴有元器件的“十”字光标，移动该光标至合适的位置后单击左键，即可将该元器件放置在当前位置。

放置一个元器件后，系统依旧处于放置元器件状态。此时移动光标并单击鼠标左键，就会在光标所在的位置再次放置一个相同的元器件。只有按下键盘左上角的<Esc>键或者单击右键才能退出元器件的放置状态执行其他的操作。

(2) 通过菜单命令放置元器件

在图 4.4.5 所示的原理图编辑工作界面中单击设计管理器中的 Browse Sch 标签，按下“Browse”项目的“▾”按钮，在下拉菜单中单击“Libraries”选项，然后快速按两次<P>键(快捷键)，随后就会出现如图 4.4.20 所示的对话框。在该对话框的“Designat”选项后填入元器件编号(在电路原理图中为唯一编号)，在“Part Type”选项后填入元器件名称，输入完毕，单击“OK”按钮，就可以移动光标放置元器件了。在将元器件放置到工作区后，工作界面上会再次弹出对话框，设计者可以在该对话框中输入其他元器件的名称，然后单击“OK”按钮放置。

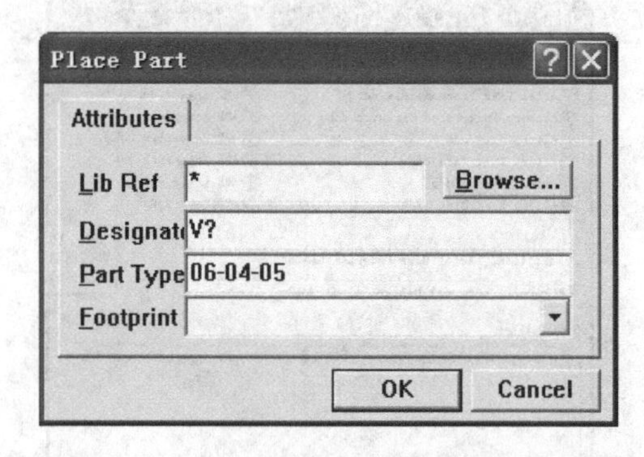


图 4.4.20　“通过菜单命令放置元器件”对话框

3）元器件的调整

在通常情况下，已经放置在工作区的元器件位置并不是固定不变的，有时还要进行移动、修改、旋转、删除等操作。

（1）移动元器件

① 移动单个元器件

移动单个元器件时只需单击需要移动的元器件，随后鼠标指针将会变成以鼠标光标为中心的“十”字形，表示该元器件已经被选中，然后按住鼠标左键不放，拖动鼠标，将元器件拖到理想的位置后放开鼠标左键即可。

② 移动多个元器件

在需要对多个元器件进行同步移动时，先按住左键不放，在需要移动的元器件区域拖动，被拖动的区域将出现一个虚线框，拖出一个满意的虚线框后放开鼠标，元器件周围有一个黄色的选框就表示这些元器件被选中。

选中元器件后，单击任意一个元器件，待指针变成以鼠标光标为中心的“十”字形时，拖动鼠标至合适的位置后松开鼠标，即可将这些元器件同时移动。

移动后，这些元器件还是处于选中状态，要取消选中状态，可以单击“Edit 编辑”，在下拉菜单中选择“DeSelect 撤销选择”，再单击“All 全部”按钮就可以取消当前元器件的选中状态。

（2）旋转元器件

旋转单个元器件时，只需单击该元器件，元器件周围就会出现虚线框“十”字光标。

按住左键不放，每按一次＜空格＞键，元器件将逆时针旋转 90°；

按住左键不放，每按一次＜X＞键，元器件将进行一次水平镜像；

按住左键不放，每按一次＜Y＞键，元器件将进行一次垂直镜像；

（3）复制元器件

将需要复制的元器件选中后，单击“Edit 编辑”，在下拉菜单中选择“Copy 复制”，再按下快捷键“＜Ctrl＞＋＜V＞”，此时工作区就会出现一个随着“十”字光标移动的元器件（或者多个元器件）移动光标到合适的位置时，单击左键，即可将被选中的元器件复制到此处。若需多次复制该元器件，只需多次按下快捷键“＜Ctrl＞＋＜V＞”即可。

（4）删除元器件

当需要删除单个元器件时，则可以单击菜单栏中的“Edit 编辑”，在下拉菜单中选择“Delete 删除”，然后单击该元器件就可以将该元器件删除。

删除一个元器件后，依旧处于删除元器件的状态，只有按下键盘左上角的＜Esc＞键或者单击右键才能退出元器件的删除状态，以进行其他的操作。

如果需要删除多个元器件，可以先将所有需要删除的元器件选中，再按上述方法进行删除。也可以在选中后按下快捷键“＜Ctrl＞＋＜Delete＞”。

（5）编辑元器件属性

需要编辑元器件属性时，双击该元器件即可打开如图 4.4.21 所示的对话框。

① Attributes 标签下各项内容的含义如下：

Lib Ref：该元器件在元器件库中的名称，该内容属于指示性质，即使改变也不会对电路有显著的影响；

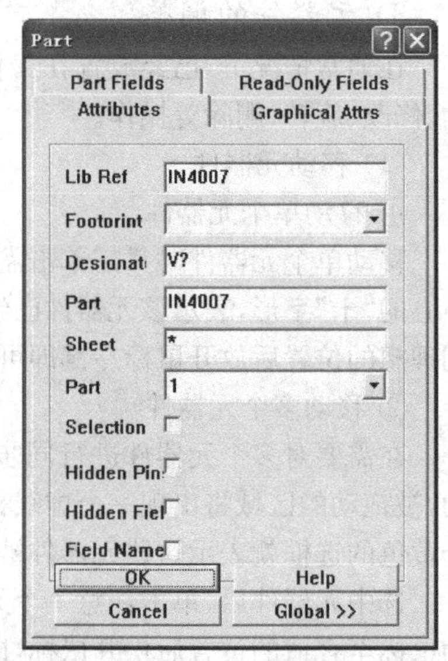


图 4.4.21 "编辑元器件属性"对话框

Footprint：该元器件的封装形式，如果要根据该原理图来设计印制电路板的话，本栏中的内容一定要符合元器件的实际封装形式；

Designat：元器件序号栏，这个栏中的内容必须是整张电路原理图中唯一的一个序号，否则印制电路板布线时将导致不能布通的问题；

Part（上）：设置元器件放置后在电路原理图上显示的型号名称；

Sheet：图纸号，一般情况下不用修改；

Part（下）：设定同一个集成电路中第几个相同功能的部分，主要是针对复合封装的元器件而设的。对于封装内部只有一个功能电路的集成电路，该栏中的数字是"1"，且可调；

Selection ☐：设置该元器件在放置后的选取状态，如果该项选中，则元器件为选中状态；如果不设置，将为正常状态；

Hidden Pin☐：设置元器件放置后，是否显示隐藏管脚，如果该项选中，则放置的元器件会出现隐藏管脚，如果不设置，将为正常状态；

Hidden Fiel☐：设置元器件放置后，是否显示隐藏栏，如果该项选中，则放置的元器件会出现隐藏栏，如果不设置，将为正常状态；

Field Name☐：设置元器件放置后，是否显示隐藏栏名称，如果该项选中，则放置的元器件会出现隐藏栏名称，如果不设置，将为正常状态。

② Graphical Attrs 标签下的内容含义如下：

Orientatio：设置元器件的方向。分别是 0°、90°、180°、270°；

Mode：设定元器件的模式，分别是 Nomal、Demorgan、及 IEEE 三种模式；

X-Locatio：设定元器件的 X 轴坐标；

Y-Locatio：设定元器件的 Y 轴坐标；

Fill Colo：设定元器件中填充的颜色；

Line Colo：设定元器件边框的颜色；

Pin Color：设定元器件管脚的颜色；

Local Color☐ LocalColors：前三项颜色设置确认选项，选中后，前面三项颜色的设置才有效；

Mirrored ☐ Mirrored：元器件翻转确认。

③ 直接编辑元器件标注

双击元器件标注，系统会弹出如图 4.4.22 所示的"标注属性"对话框，设置完毕后，单击" OK "按钮确认即可。

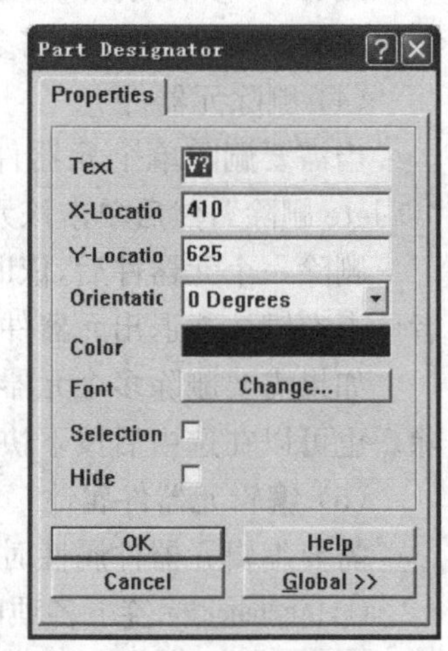


4.4.22 "标注属性"对话框

4）布线

电路原理图中元器件的连接方式主要有普通导线连接、总线连接、网络标号连接三种类型。

(1) 普通导线连接

普通导线连接方式是最直观的电路连接方式，采用该方式绘制的电路原理图的元器件各个引脚均用导线直接连接。

①“连线工具条”的作用

将电路原理图中的各个元器件用导线连接起来最直观的方法就是通过如图 4.4.23 所示的“连线工具条”中各种工具绘制导线。

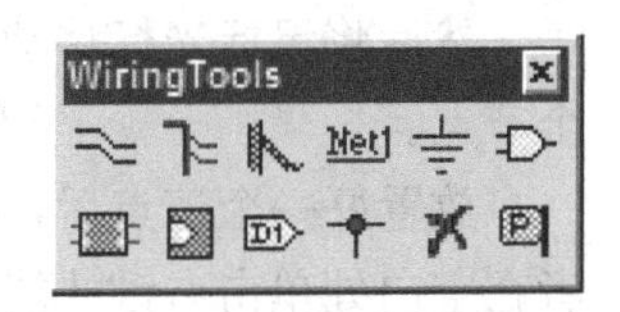

图 4.4.23　连线工具条

该工具条中各种工具的作用如下：

:绘制一般导线；

:绘制总线；

:绘制总线分支线；

Net1:网络标号设置工具；

:绘制电源接点及接地符号；

:取用元器件工具；

:绘制具有一定功能的方块电路；

:绘制方块电路中具有电气意义的输入/输出端口；

D1:绘制具有电气意义的输入/输出端口；

:节点放置工具；

:设置忽略电气规则测试工具；

:PCB 布线焊盘设置，可以在电路原理图上放置一个焊盘。

② 绘制导线

需要绘制导线时，要先单击“连线工具条”中左上角的“ ”按钮，当光标移至工作区时，鼠标指针上方便有一个“十”字形光标。在起始点单击左键，然后拖动鼠标至终点后单击右键，这样就可以绘制出一条导线了。

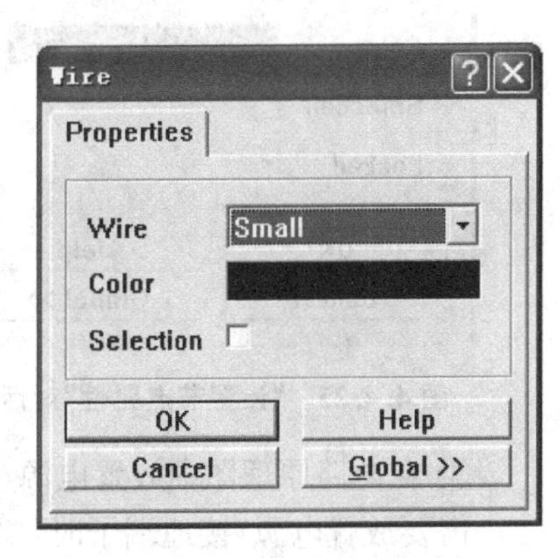

图 4.4.24　“导线属性”对话框

在需要将导线画成折线时，可以在每个需要转折的地方单击左键，然后按照上述的方法绘制导线即可。

绘制完一条导线后，系统依旧处于导线绘制状态，只有按下键盘左上角的＜Esc＞键或者在空白处单击右键才能退出导线绘制状态。

若需要改变绘制导线的属性，则可以双击该导线，就会出现如图 4.4.24 所示的“导线属性”对话框。

Wire:设置导线粗细；

Color:设置导线颜色；

Selection:设置导线是否处于选中状态。

如果要改变导线的长度，则可以在导线的任意一点单击左键，随后该导线两端就会出现一个方块状的选择点，在需要移动的一端的方块选择点上单击左键且按住不放，将鼠标拖动到满意的位置。

删除导线的方法和删除元器件的方法相同。

③ 在电路原理图中放置节点

需要在电路原理图中放置节点时，要先单击“连线工具条”中的“ ”按钮，随后指针将会变成以鼠标光标为中心的“十”字形，鼠标指针顶点有一个红色的圆点。

然后将鼠标光标移动到需要放置节点的位置，单击一次鼠标左键即可以在该处放置一个节点。

放置好一个节点后，系统依旧处于放置节点状态，只有按下键盘左上角的＜Esc＞键或者在空白处单击右键才能退出放置节点状态。

如果需要设置节点的属性，则可以双击该节点，在弹出的如图 4.4.25 所示的“设置节点属性”对话框中改变节点的属性。

X-Locatio：设置 X 轴坐标；

Y-Locatio：设置 Y 轴坐标；

Size：设置节点大小；

Color：设置节点颜色。

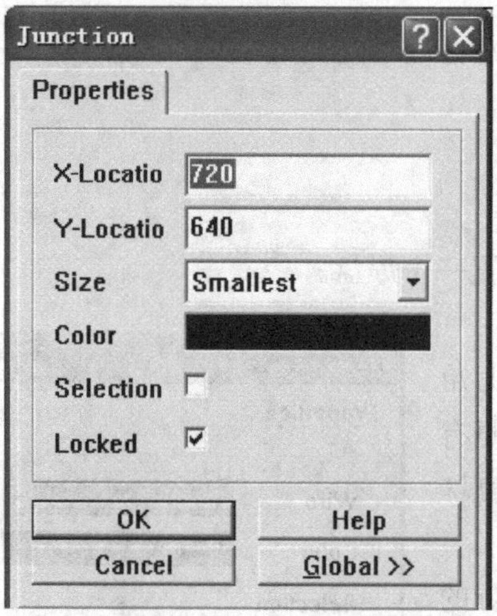

图 4.4.25 “设置节点属性”对话框

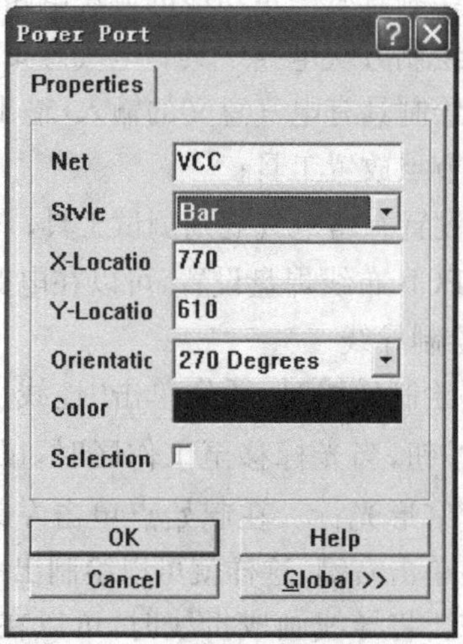

图 4.4.26 “电源/接地端子属性”对话框

④ 在电路原理图中放置电源/接地端子

需要放置电源/接地端子时，要先单击“连线工具条”中的“ ”按钮，当光标移至工作区时，鼠标指针上方便有一个“十”字形光标。将鼠标移动到需要的位置后单击左键即可在该处放置一个电源或接地端子。如果要改变电源/接地端子的方向，可以在按下左键的同时按＜空格＞键进行旋转。

同放置导线、节点一样，在放置一个电源/接地端子后，系统依旧处于该状态，只有按下键盘左上角的＜Esc＞键或者在空白处单击右键才能退出该状态。

刚放置好电源/接地端子后在默认的情况下均为电源端子，所以在放置完毕后，要对其属性进行设置。设置时需双击该电源/接地端子，在如图 4.4.26 所示的对话框中设置其属性。

该对话框中各项的作用如下：

Net：设置电源/接地端子的网络名称；

Style：设置电源/接地端子的形状；

X-Locatio：设置电源/接地端子的 X 轴位置；

Y-Locatio：设置电源/接地端子的 Y 轴位置；

Orientatic：设置电源/接地端子的方向；

Color：设置电源/接地端子的颜色。

⑤ 输入文字标注

有时候需要在电路原理图中输入一些说明性的文字对电路进行一些辅助说明。在输入文字标注时单击“绘图工具条”中的“T”按钮，当光标移至工作区时，鼠标指针上方便有一个“十”字形光标。将鼠标移到需要的地方单击即可在该处放置一个文字标注。如果要改变文字标注的方向，可以在按下左键的同时按<空格>键进行旋转。

放置一个文字标注后，系统依旧处于该状态，只有按下键盘左上角的<Esc>键或者在空白处单击右键才能退出该状态。

在默认的情况下，输入的文字标注为“Text”，双击该文字标注，就可以在如图 4.4.27 所示的“标注文字属性”对话框中设置文字标注的属性。

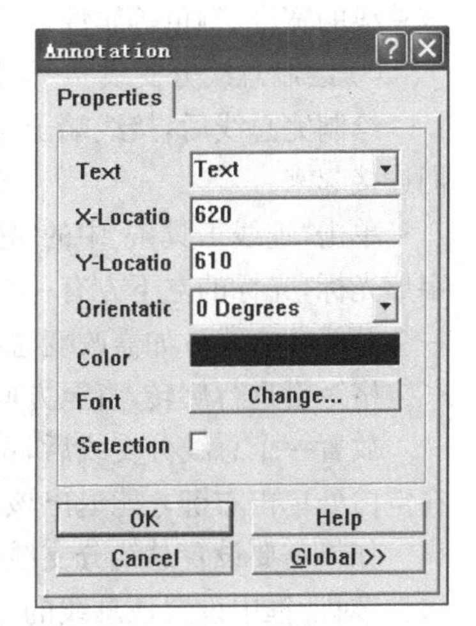


图 4.4.27 “标注文字属性”对话框

该对话框中各项的作用如下：

Text：设置文字标注内容；

X-Locatio：设置文字标注的 X 轴位置；

Y-Locatio：设置文字标注的 Y 轴位置；

Orientatic：设置文字标注的方向；

Color：设置文字标注的颜色；

Font：设置文字标注的字体。

(2) 总线连接

在包含 CPU、RAM、ROM 和 I/O 器件的数字电路中，数据线、地址线和控制线的数量很多，而且排布很有规律，在这种情况下，我们就可借助总线连接方式来进行实际上的电气连接，而不需要真正的走线。总线就是指若干条性质相同的导线所组成的一束导线集合。

使用总线连接方式进行电路连接时，需要将总线与总线分支线配合使用以代替数组导线。这种连接方式通常适用于单片机、卡板电路等连线比较复杂的电路中。

① 设置网络标号

网络标号在电气意义上相当于一个电气节点，具有相同网络标号元器件的引脚、导线、电源及接地符号在电气意义上是连接在一起的。因此，我们可以将两个或多个距离比较远且连线比较复杂的节点之间设置为相同的网络标号以实现它们之间的电气连接。

为了方便电路的连接，在放置网络标号前，要先在需要放置网络标号的引脚上绘制导线，再将其适当延长后就可以设置网络标号了。设置时，先单击“连线工具条”中的“Net1”按钮，当光标移至工作区时，鼠标指针上方便有一个“十”字形光标。光标右上角有一个虚线框即为网络标号字符。将光标移至需要的地方，单击鼠标即可放置一个网络标号。系统默认的网络标号名称为“NetLabel1”，“NetLabel”后面的数值会随着网络标号的增加而递增。

在放置一个网络标号后，系统依旧处于该状态，只有按下键盘左上角的<Esc>键或者在空白处单击右键才能退出该状态。

双击已经放置的网络标号，就可以设置网络标号的属性，该对话框中各项的作用同“标注文字属性”对话框，这里不再赘述。

② 绘制总线

单击“连线工具条”中的“”按钮，当光标移至工作区时，鼠标指针上方便有一个“十”字形光标。将光标移至起始点后拖动鼠标，在需要转折的地方单击鼠标后继续拖动鼠标，最后在总线重点单击右键，这样就可以绘制一条总线了。

绘制好一条总线后，系统依旧处于该状态，只有按下键盘左上角的＜Esc＞键或者在空白处单击右键才能退出该状态。

如果需要设置总线的属性，可以双击该总线后在随后出现的“总线属性”对话框中设置该总线的宽度、颜色等属性。

③ 绘制总线分支线

绘制完总线后，接线端子与总线之间还是没有连接，此时必须使用总线分支线才能将它们连接起来。

单击“连线工具条”中的“”按钮，当光标移至工作区时，鼠标指针上方便有一个“十”字形光标，光标的左下方有一个“/”形状的总线分支线。在需要的地方单击鼠标，即可放置一个总线分支线。如需改变总线分支线的方向，则可以用鼠标单击该总线分支线，然后按下＜空格＞键进行旋转，直至方向正确。

放置一个总线分支线后，系统依旧处于该状态，只有按下键盘左上角的＜Esc＞键或者在空白处单击右键才能退出该状态。

如果需要设置总线分支线的属性，可以双击该总线分支线后在随后出现的“总线分支线属性”对话框中设置该总线的坐标位置、宽度、颜色等属性。

(3) 输入/输出端口连接

输入/输出端口连接方式通常应用在不能进行直接连接的层次电路原理图，或者应用在需要将电路分成几个不同框图的电路原理图中以简化电路原理图。

需要绘制输入/输出端口时，单击“连线工具条”中的“”按钮，当光标移至工作区时，鼠标指针上方便有一个“十”字形光标。将光标移至起始点后拖动鼠标，拖动到满意的长度时，单击右键即可确定输入/输出端口的另一端（输入/输出端口的长度视字符多少而定）。

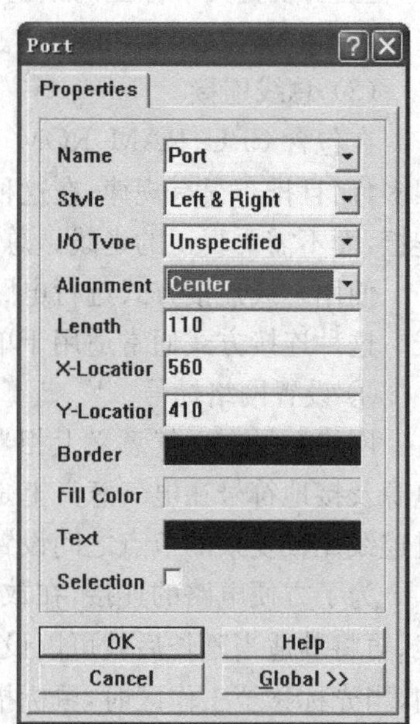


图 4.4.28　“输入/输出端口属性”对话框

绘制完一个输入/输出端口后，系统依旧处于该状态，只有按下键盘左上角的＜Esc＞键或者在空白处单击右键才能退出该状态。

在默认情况下，刚放置的所有输入/输出端口名称都是“Port”，可以双击该输入/输出端口，在随后出现的如图4.4.28所示“的输出/输出端口属性”对话框中设置输入/输出端口的形状、电气参数、填充颜色及名称等内容。

由于输入/输出端口参数的设置关系到绘制的电路原

理图是否合格，因此在设置输入/输出端口的各项参数时，都应认真对待。

“输入/输出端口属性”对话框中各项的意义如下：

Name：设置输入/输出端口名称，具有相同名称的输入/输出端口在电气意义上是连接的。

Style：设置输入/输出端口外形，也就是输入/输出端口箭头方向的设置，系统提供了八种不同的选择，单击该选项右边的“▾”按钮，在下拉菜单中选择一个需要的端口外形。

- None (Horizontal)：无箭头；
- Left：箭头向左；
- Right：箭头向右；
- Left & Right：双向箭头；
- None (Vertical)：垂直无箭头；
- Top：垂直箭头向上；
- Bottom：垂直箭头向下；
- Top & Bottom：垂直双向箭头。

I/O Type：设置输入/输出端口电气特性，也就是输入/输出端口的输入、输出类型设置，系统提供了 4 种不同的选择，两个同名称的输入/输出端口的电气特性不能相同，否则在进行 ERC 时就会出现问题，单击该选项右边的“▾”按钮，在下拉菜单中选择一个需要的输入、输出类型。

- Unspecified：未指明输入、输出类型或者不确定；
- Output：输出端口；
- Input：输入端口；
- Bidirectional：双向端口，这种端口具有输入与输出两种特性。

Alignment：端口名称位置，用来确定端口名称在端口中的位置，该选项中的内容和电气参数无关，只影响视觉效果，单击该选项右边的“▾”按钮，在下拉菜单中选择一个需要的端口名称位置。

- Center：居中；
- Left：左对齐；
- Right：右对齐。

Length：设置端口长度。

X-Location：设置端口 X 轴坐标。

Y-Location：设置端口 Y 轴坐标。

Border：设置端口边框颜色。

Fill Color：设置端口填充色。

Text：设置端口字符颜色。

### 4.4.5　电路原理图检查

电路原理图是设计电子产品的基础，电路原理图一定要准确、规范，否则在以后的工作中会遇到一系列的问题。因此，电路原理图设计完成后，要检查一下电路原理图是否完全正确。

1）检查元器件序号

在对原理图进行编辑的过程中，经常需要添加或删除电路图中的元器件，整个原理图的元器件标注在绘制工作完成后很有可能出现混乱，比如某些元器件序号重复使用、某些元器件序号不连续等。对于这些问题，设计者可以通过手工方法来检查不准确的标注，然后逐一修改；但是对于复杂电路，最好的方法就是利用系统提供的原理图自动标注功能，对元器件序号重新进行自动标注。

进行自动标注时，先单击菜单栏中的“Tool 工具”，在下拉菜单中选择“Annotate…注释”按钮，随后就会弹出如图 4.4.29 所示的“注释修改”对话框。在该对话框中，需要设置的选项为“Options”选项卡中的内容。

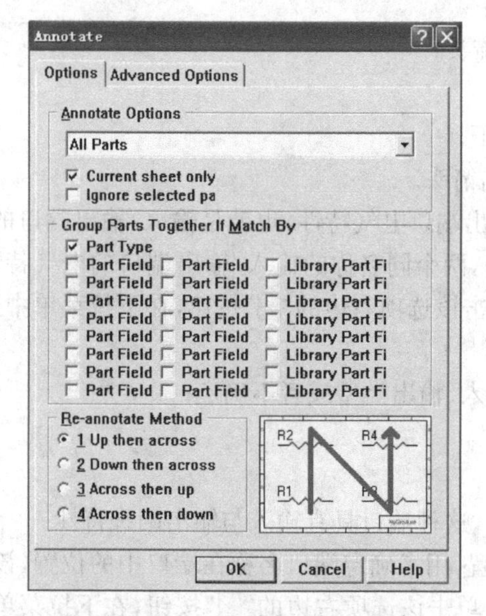


图 4.4.29　“注释修改”对话框

Annotate Options：该选项中有四个项目。

● All Parts：标注所有元器件选项，选择该项，将会重新标注原理图中所有元器件的序号；

● ? Parts：只是标注尚未标注的元器件，对于标注中重复的元器件序号不予修改，使用该选项并不能保证原理图标注全部正确；

● Reset Designators：恢复所有元器件序号为默认序号；

● Update Sheets Number Only：仅修改原理图图纸的序号。

该选项下还有两个复选框：

Current sheet only：选中该复选框，表示仅标注当前原理图文件；

Ignore selected pa：选中该复选框，表示标注整个项目中所有的原理图。

Group Parts Together If Match By：该选项组为原理图中的各种元器件选择选项，在该选项组中，可以选择需要处理的电路原理图中的内容。

Re-annotate Method：该选项组中的四个选项为自动标注方向选择复选框。

● 1 Up then across：自下而上，从左到右；

● 2 Down then across：自上而下，从左到右；

- “3 Across then up”：从左到右，从下到上；
- “4 Across then down”：从左到右，从上到下。

2）电气规则测试

电气规则测试（Electrical rule Check，ERC）是利用系统对设计的电路原理图进行测试，以便检查出不符合电气规则的地方。

电气规则测试的主要功能：① 检查电路原理图的电气规则冲突；② 检查未连接或重复使用的网络标号。

在进行电气规则测试时，先打开需要检查的电路原理图，单击菜单栏中的“Tool 工具”，在下拉菜单中选择“ERC…电气规则检查”按钮，随后就会出现如图 4.4.30 所示的“电气规则检查”设置对话框。

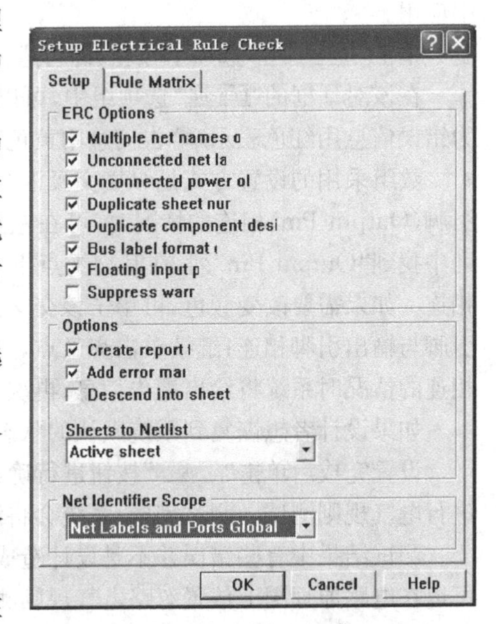


**图 4.4.30　“电气规则检查”设置对话框**

在该对话框中有“Setup”和“Rule Matrix”两个选项卡。

“Setup”选项卡中的“ERC Options”选项组内容含义如下：

- Multiple net names o：检查同一电路中重复命名的网络标号；
- Unconnected net la：是否检查电路图中存在未实际连接的网络标号；
- Unconnected power ol：检查孤立的电源部件；
- Duplicate sheet nur：检查重复使用的图纸编号；
- Duplicate component desi：检查重复使用的元器件标号；
- Bus label format：检查总线符号的格式错误；
- Floating input p：检查悬空的输入引脚；
- Suppress warr：提示警告信息。

“Setup”选项卡中的“Options”选项组内容含义如下：

- Create report：创建记录文件，保存 ERC 检查结果到文件中，然后通过文本编辑器等浏览或修改；
- Add error mai：在错误位置放置错误符号，使设计者及时发现错误后修改；
- Descend into sheet：将测试结果分解到每个原理图中，该选项主要应用在层次原理图中。

“Current sheet only”选项卡中的“Sheets to Netlist”列表框主要用来确定进行 ERC 检查的范围，该列表框有三个选项：

- Active sheet：仅检查当前打开的原理图文件；
- Active project：检查当前打开原理图项目中的所有原理图文件；
- Active sheet plus sub sheets：检查当前打开的层次原理图中的总图文件及其功能电路图文件。

Setup选项卡中的“Net Identifier Scope”列表框主要用来确定检查时识别网络的类型，该列表框有三个选项：

- Net Labels and Ports Global：对网络标号和端口全局都有效；
- Only Ports Global：仅对端口全局有效；
- Sheet Symbol / Port Connections：总图符号与功能电路图端口相连接有效，适合在层次原理图中应用。

单击“Rule Matrix”选项卡按钮，即可进入“电气规则设置数组”对话框。

在该对话框的“Legend”选项组中，可以设置数组用不同的颜色表示不同信息。系统默认为错误信息用红色表示，警告信息用黄色表示，而正常信息用绿色表示。

数组采用的设置方式是纵横交叉汇合的方式。例如，设置电源引脚(Power Pin)与输出引脚(Output Pin)相连的情况时，可在左边的竖列中找到“Power Pin”行，然后在上边的横列中找到“Output Pin”列，在其交叉点上，可看到显示红色，表示电源引脚与输出引脚不能相连。如果需要改变颜色，可单击该交叉点，交叉点的颜色由红色变为绿色，表示允许电源引脚与输出引脚相连；继续单击交叉点，又将绿色变为黄色，表示遇到电源引脚与输出引脚相连的情况时系统将给出警告信息；再次单击交叉点，颜色又恢复到红色错误信息。

如果设计者想恢复到系统默认的状态，可以单击该对话框中部的“Set Defaults”按钮。

设置完成后单击“OK”按钮进行确认，系统就会按照设定的规则和项目对电路原理图进行电气规则测试。测试完毕，系统会将测试的报告以一个文本的形式列出来。

测试结果中有些错误并不是设计造成的，这些错误对于电路的电气性能没有影响，因此可以在电路原理图上放置忽略电气规则测试(NO ERC)符号，以避开电气规则产生的错误。

单击“连线工具条”中的“×”按钮，当光标移至工作区时，鼠标指针就会变成一个带有“×”的“十”字形光标。将鼠标光标移到需要放置忽略电气规则测试(NO ERC)符号的地方，单击左键即可放置一个符号。

放置一个忽略电气规则测试(NO ERC)符号后，系统依旧处于该状态，只有按下键盘左上角的<Esc>键或者在空白处单击右键才能退出该状态。

## 4.5 生成各种电路原理图报表文件

为了便于后面印制电路板的设计工作，在绘制完成电路原理图后，通常还需要生成各种报表文件。Protel 99 SE 作为一个经典的电路设计软件，其各种报表功能也是非常丰富的，只需要进行简单的操作，就可以轻松地完成各种报表的生成工作。

### 4.5.1 生成网络表文件

网络表是电路自动布线的灵魂，也是原理图设计与印制电路设计之间的桥梁。网络表可以直接从电路图转化而得，也可以从文本编辑器中通过手工编写。下面介绍网络表文件的结构及其生成方法。

1) 网络表文件的结构

网络表包括元件申明和网络定义两大部分。前者以字符“[”和“]”作为一个元器件申明的起始和结尾标志；后者则以“(”和“)”作为一个网络定义的起始和结尾标志。元器件申明在网络表文件的前半部分，网络定义在网络表文件的后半部分。下面以一个网络表的一小段来说明网络表的结构。

第一部分：元器件申明；

| | |
|---|---|
| [ | 元件申明起始标志 |
| C1 | 元件序号 Designator |
| 1206 | 元件封装形式 Footprint |
| 0.1μF | 元件类型 Part Type |
| …… | 此后是该元件的其他描述信息 |
| ] | 元件申明结尾标志 |
| …… | 此后是其他元件的申明信息 |

第二部分：网络定义

| | |
|---|---|
| ( | 网络定义起始标志 |
| NET1 网络名称 | |
| C1—1 | C1 的第 1 脚 |
| R1—2R1 的第 2 脚 | |
| …… | 此后是其他相连的管脚 |
| ) | 网络定义结尾标志 |
| …… | 此后是其他网络定义 |

2）网络表文件的生成方法

需要通过电路原理图生成网络表文件时，只需在打开电路原理图文件时，单击菜单栏的“Design 设计”，在下拉菜单中选择“Create Netlist…创建网络表”按钮。随后就会出现如图 4.5.1 所示的“网络表文件生成”对话框。在该对话框中可以设置网络表文件的输出格式、网络识别范围及网络信息来源等内容。

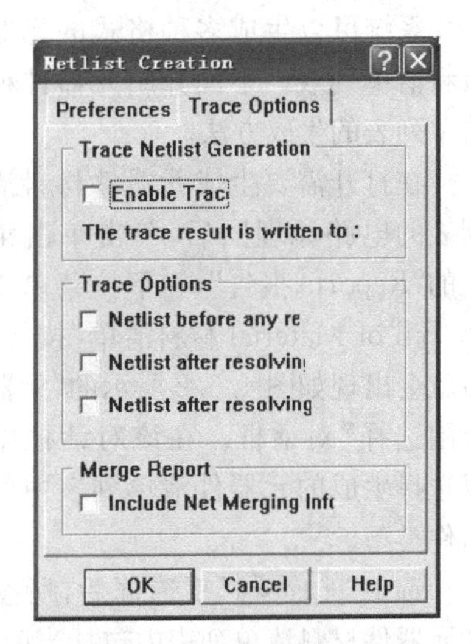


图 4.5.1 “网络表文件生成”对话框

该对话框“Preferences”选项卡中各项的含义如下：

Output Format：该选项用于设置输出文件格式。

Net Identifier Scope：该选项用于设置网络标识符的有效范围，有三个选项可供选择。

- Net Labels and Ports Global：网络标号和 I/O 端口在整个设计项目中的所有电路原理图均有效；
- Only Ports Global：只有 I/O 端口在整个设计项目中的所有电路原理图有效；
- Sheet Symbol / Port Connection：方块电路与 I/O 端口相连，只应用在层次电路中。

Sheets to Netlist：该选项用于设置创建网络表所用的原理图来源，有三个选项可供选择。

- Active sheet：当前打开的电路原理图；
- Active project：当前打开的设计项目；
- Active sheet plus sub sheets：当前打开的总图及其下层的功能原理图。

Append sheet numbers to loca:该复选框表示将原理图序号附加到原理图的内部网络上,只适用于层次原理图。

Descend into sheet p:细分到单张电路原理图,只适用于层次原理图。

Include un-named single pi:网络表内容包括没有命名的单管脚网络。

该对话框"Trace Options"选项卡中各项的含义如下:

Enable Trac:若选中该复选框,则自动将跟踪结果形成后缀名为". tng"的跟踪文件。

Trace Options:该选项为跟踪条件选项,有三个选项可供选择。

- Netlist before any re:转换网络表时,在任何解析操作开始之前就进行跟踪,并形成跟踪文件;
- Netlist after resolvin:转换网络表时,在解析完每一张原理图之后再对其进行跟踪,并形成跟踪文件;
- Netlist after resolving:转换网络表时,在解析完整个项目之后再进行跟踪,并形成跟踪文件。

Include Net Merging Inf:选择该项表示可以合并报告。

以上各种选项设置完成后,单击"OK"按钮进行确认,随后系统就会自动生成与电路原理图名称相同的网络表文件(文件后缀名为". net"),工作窗口也随之自动切换到文本编辑器窗口,生成的网络表文件将显示在工作窗口中。

### 4.5.2 生成元器件材料清单

系统可以生成多种格式的元器件材料清单列表。下面介绍元器件材料清单列表的生成方法。

在打开需要生成元器件材料清单列表的电路原理图后,单击单击菜单栏的"Reports 报告",在下拉菜单中选择"Bill of Material 材料清单"按钮,随后就会出现如图 4.5.2 所示的"元器件范围选择"对话框。在该对话框中可以选择生成的元器件清单列表中的元器件类型。

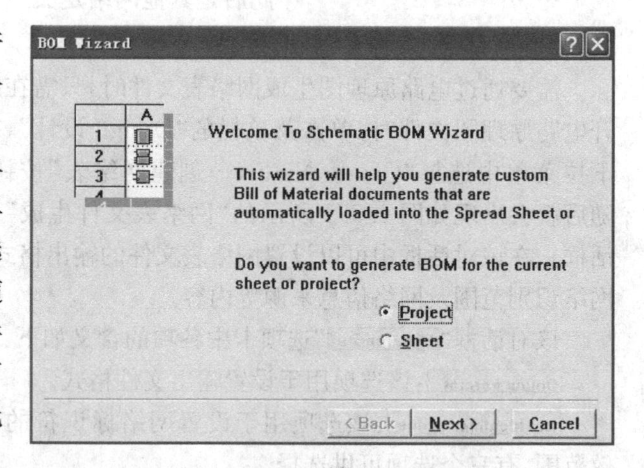


**图 4.5.2 "元器件范围选择"对话框**

选中"Project"复选框后,所生成的元器件材料清单列表中包括当前打开的电路原理图所在的设计数据库中的所有元器件。

选中"Sheet"复选框后,生成的元器件材料清单列表中只包括当前打开的电路原理图中的元器件。根据需要进行选择后,单击"Next >"按钮,随后就会出现如图 4.5.3 所示的"元器件材料清单列表表题内容选择"对话框。

在该对话框中,只需选中"Footprint"(元器件封装)复选框和"Description"(元器件说明)复选框。然后单击"Next >"按钮进入下一步操作,随后系统就会出现如图 4.5.4 所示的"元器件材料清单列表表题文字设置"对话框。在该对话框中可以将表题文字选项设置为中文。

设置好后,单击"Next >"按钮,进入下一步操作,随后会出现如图 4.5.5 所示的"元器件

BOM Wizard

Select the fields which you want to include in the BOM. The Part Type and Designator fields will always be included

General: Footprint, Description

Library: Field 1, Field 2, Field 3, Field 4, Field 5, Field 6, Field 7, Field 8

Part: Field 9, Field 10, Field 11, Field 12, Field 13, Field 14, Field 15, Field 16

All On | All Off

Include components with blank Part Types.

< Back | Next > | Cancel

图 4.5.3 “元器件材料清单列表表题内容选择”对话框

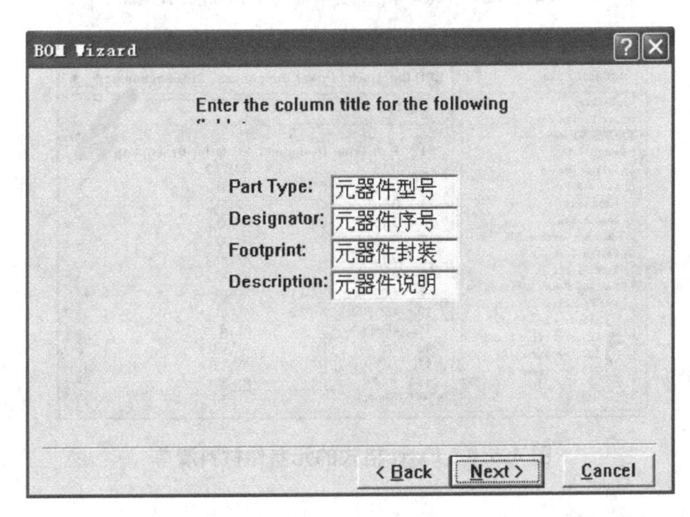


图 4.5.4 “元器件材料清单列表表题文字设置”对话框

材料清单列表格式选择”对话框。

在该对话框中有三种格式可供选择：

- Protel Format：Protel 格式；
- CSV Format：CSV 格式；
- Client Spreadsheet：Excel 格式。

设计者可以根据需要选择一种或多种作为输出格式。设置好以后，单击“Next >”按钮，系统会提示“元器件材料清单列表设置完成”对话框。

在该对话框中单击“Finish”按钮，系统就会按照预定的格式生成元器件材料清单列表，并进入元器件材料清单列举浏览界面。图 4.5.6 所示为 Excel 格式的元器件材料清单界面。

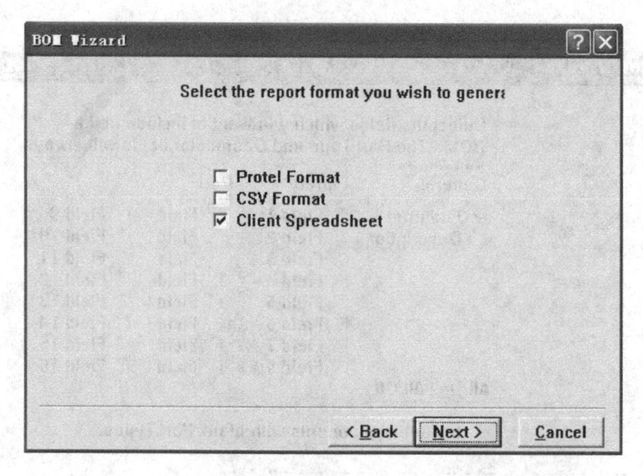


图 4.5.5　“元器件材料清单列表格式选择”对话框

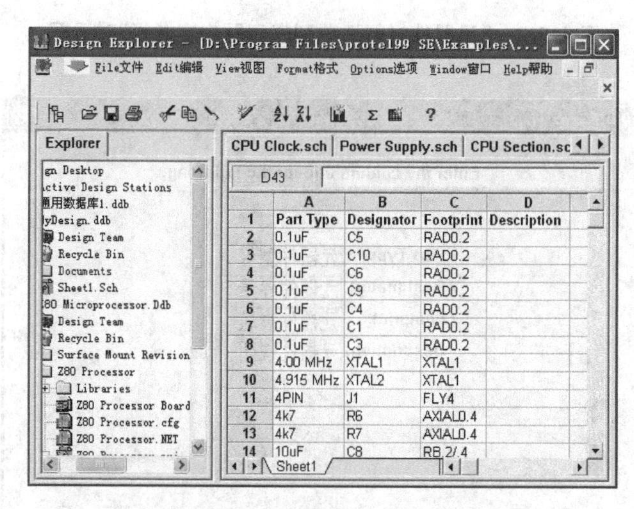


图 4.5.6　Excel 格式的元器件材料清单

### 4.5.3　生成层次原理图组织列表

生成层次原理图组织列表主要用来说明层次原理图中各层次的组织形式及它们之间的层次关系。

如需生成层次原理图组织列表，则可以在打开电路原理图时，单击菜单栏中的“Reports 报告”，在下拉菜单中选择“Design Hierarchy 设计层次”按钮，随后系统就会自动生成层次原理图组织列表，并进入层次原理图组织列表浏览界面，如图 4.5.7 所示。

### 4.5.4　生成层次原理图元器件参考列表

层次原理图元器件参考列表的作用是将层次原理图中的各个元器件的序号、属性及所在的功能电路原理图以列表的形式表达出来。

如需生成层次原理图元器件参考列表，则可以在打开电路原理图时，单击菜单栏中的“Reports 报告”，在下拉菜单中选择“Cross Reference 参考”按钮，随后系统就会自动生成层次原理图元器件参考列表，并进入层次原理图元器件参考列表浏览界面，如图 4.5.8 所示。

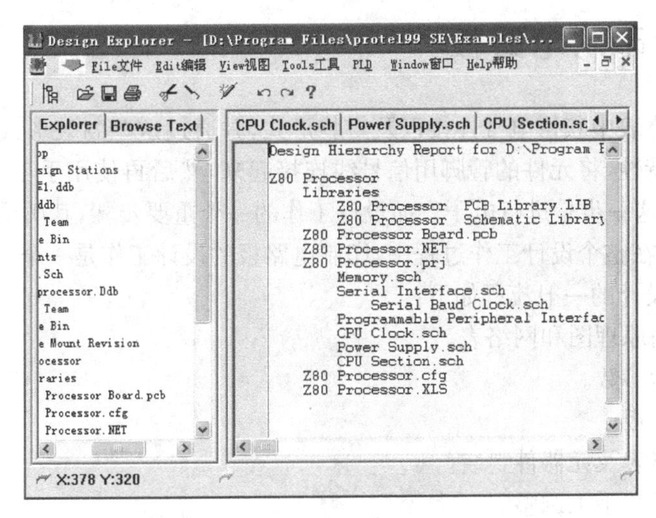


图 4.5.7　层次原理图组织列表浏览界面

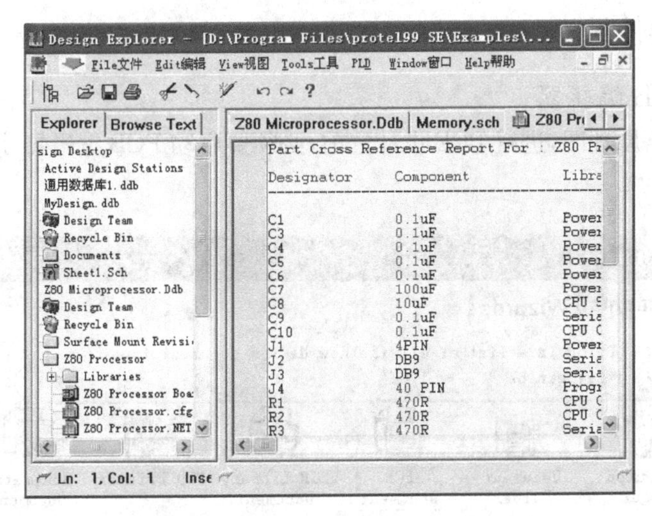


图 4.5.8　层次原理图参考列表浏览界面

## 4.5.5　生成元器件引脚列表

元器件引脚列表主要是为设计人员对元器件的管脚号、名称的查询提供方便。

如需生成元器件引脚列表，可以单击菜单栏的“Edit 编辑”，在下拉菜单中选择“Select 选择”，从复选项中选择“All 全部”，将需要生成元器件引脚列表的元器件全部选中后，单击“Reports 报告”，在下拉菜单中选择“Selected Pins... 选中的管脚”按钮。随后，系统就会弹出如图 4.5.9 所示的“元器件引脚列表”对话框。

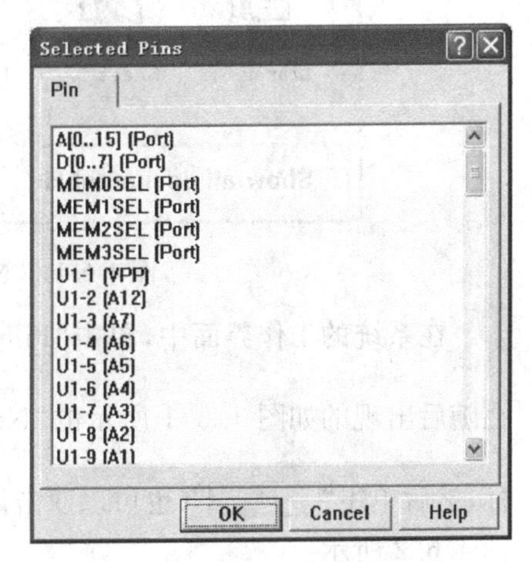


图 4.5.9　“元器件引脚列表”对话框

# 4.6　设计印制电路板

从生成的网络表中获得电气连接以及封装形式，并通过这些封装形式及网络表内记载的元件电气连接特性，将元件的管脚用信号线连接起来，然后再使用手工或者自动布线，完成 PCB 的设计。这一步是进行电子产品设计工作的一个重要步骤，其质量将直接影响到成品的性能。因此，在整个设计工作过程中，印制电路板的设计工作是一个不容忽视的环节。

印制电路板设计的一般流程如下：

(1) 准备电路原理图和网络表。

(2) 设置环境参数。

(3) 规划电路板。

(4) 装入网络表及元器件封装。

(5) 自动布线与手工调整。

(6) 文件的保存及输出。

## 4.6.1　元器件封装

### 1) 启动 PCB 编辑器

在设计好电路原理图，进行 PCB 设计之前，必须要启动 PCB 编辑器才能进行后面的设计工作。

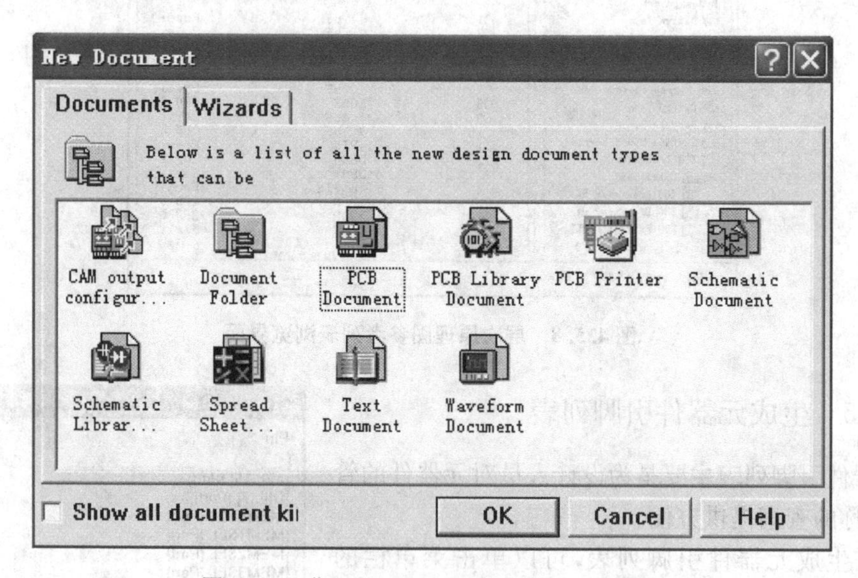


**图 4.6.1　“New Document(新建设计)”对话框**

在系统的工作界面中，单击“File 文件”，在下拉菜单中选择“New... 新建文件”按钮。在随后出现的如图 4.6.1 所示的“New Document(新建设计)”对话框中，单击“PCB Document”图标，然后单击“OK”(也可以双击该图标)，即可启动 PCB 编辑器。启动后的工作界面如图 4.6.2 所示。

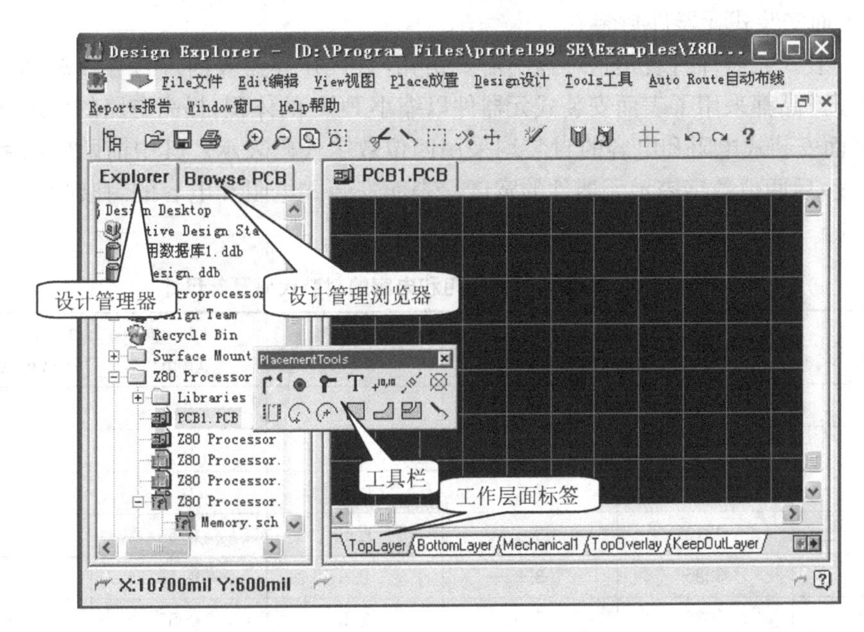


**图 4.6.2 PCB 设计的工作界面**

2) 元器件封装的分类

元器件的封装形式可以分为两大类:插针式元器件封装和表面安装式元器件封装。

(1) 插针式元器件封装

插针式元器件封装是指在电路板上,元器件的焊盘位置必须钻孔,让元器件的引脚穿透 PCB 板,然后才能在焊盘上对该元器件的引脚进行焊接。

常用的插针式元器件封装如下:

① 电阻的封装通常为 AXIAL0.3、AXIAL0.4,…其中 AXIAL 意为轴状的,0.3、0.4 则表示焊盘的间距:0.3 代表两个焊盘之间的间距是 0.3in,也就是 300mil;0.4 代表两个焊盘之间的间距是 0.4in,也就是 400mil,以此类推。

② 无极性电容的封装通常为 RAD0.1、RAD0.2,…其中 RAD 的意思为片状元器件,0.1、0.2 则表示焊盘的间距,0.1 代表两个焊盘之间的间距是 0.1in,也就是 100mil;0.2 代表两个焊盘之间的间距是 0.2in,也就是 200mil,以此类推。

③ 电解电容的封装通常为 RB.2/.4、RB.3/.6,…其中 RB 的意思为柱状元器件"/"前面的数字表示焊盘间距,"/"后面的数字表示圆桶外径。例如 RB.2/.4 表示该电解电容的焊盘间距为 0.2in(200mil),圆桶外径为 0.6in(600mil)。

④ 三极管的封装通常为 TOXXX,其中 XXX 表示三极管的外形。

⑤ 二极管的封装通常为 DIODEXXX,其中 XXX 表示二极管的功率,功率越大,XXX 数字越大,从而尺寸也越大。

发光二极管的封装通常为 LEDX,其中 X 表示发光二极管的直径(单位为 mm)。

⑥ 插针式集成电路的封装分为单列直插式和双列直插式两种。单列直插式集成电路的封装通常为 SIPXXX,其中 XXX 表示管脚数。双列直插式集成电路的封装通常为 DIPXXX,其中 XXX 为管脚数。

(2) 表面安装式元器件封装

表面安装式元器件封装是指焊盘不需要钻孔,直接在焊盘表面进行焊接的元器件。目前很多电子产品都采用了表面安装式元器件以缩小 PCB 的体积,提高电路的稳定性。

① 表面安装式电阻和电容的封装均采用四位数字代码表示。其中前两位数字表示元器件的长度;后两位数字表示元器件的宽度。表面安装式电阻和电容的封装代码及其尺寸见表 4.6.1。

**表 4.6.1 表面安装式电阻和电容的封装代码及其尺寸**

| 英制代码 (in) | 公制代码 (mm) | 长 度 (mm) | 宽 度 (mm) | 厚 度 (mm) | 额定功率 (只对电阻)(W) |
|---|---|---|---|---|---|
| 0402 | 1005 | 1.0 | 0.3 | 0.5 | 1/16 |
| 0603 | 1608 | 1.55 | 0.8 | 0.4 | 1/16～1/10 |
| 0805 | 2012 | 2.0 | 1.25 | 0.5 | 1/8 |
| 1206 | 3216 | 3.1 | 1.66 | 0.55 | 1/8～1/4 |
| 1210 | 3225 | 3.2 | 2.6 | 0.55 | 1/4 |
| 2010 | 5025 | 5.0 | 2.5 | 0.55 | 1/2 |
| 2512 | 6432 | 6.3 | 3.15 | 0.55 | 1 |

② 表面安装式集成电路的封装通常为 CFPXX、ILEADXX、JEDECAXX、LCCXX、MOXX、PFPXX、SOJXX、SOLXX、SOXX 等,其中 XX 表示管脚数。表面安装式三极管、双二极管、场效应管的封装通常为 SOT－XX。

3) 载入元器件封装库

加载和卸载封装库

加载和卸载封装库有两种方法:一是在 PCB 设计浏览器的"Browse"栏的下拉列表中选择"Libraries",然后单击"dd/Remove"按钮;二是单击菜单栏中的"Design 设计",在下拉列表中选择"Add/Remove Library... 添加/删除元器件库"按钮。这两种方法都可以打开如图 4.6.3所示的"加载和卸载封装库"对话框。

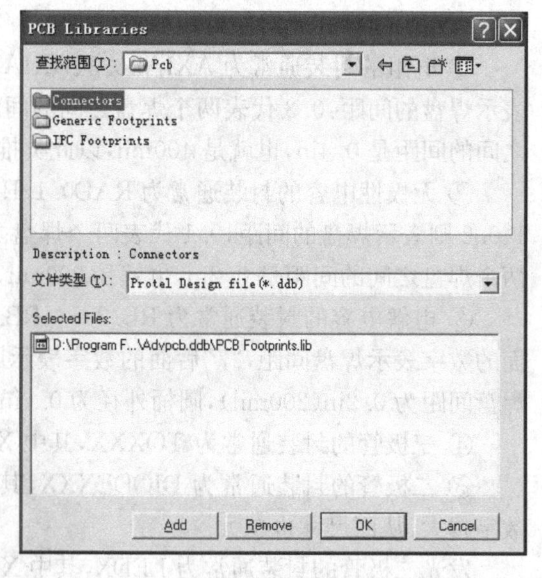


**图 4.6.3 "加载和卸载封装库"对话框**

在该对话框中,单击需要的封装库,然后单击"Add"按钮,被选择的封装库将出现在"Selected Files:"下面的列表框中。不断重复上述操作即可将其他需要的封装库添加到"Selected Files:"下面的列表框中。

如果不需要某个封装库,只需要在该对话框中的 Selected Files 列表中选择需要卸载的封装库名称,然后单击"Remove"按钮即可将不需要的封装库从 PCB 设计管理浏览器中删除,但并未从硬盘中删除。

将需要的封装库添加到“Selected Files:”下面的列表框中后，再单击“OK”按钮，即可将上述封装库装入设计管理浏览器，此时被装入的封装库及该封装库所包含的所有元器件封装就会出现在设计管理浏览器窗口中。

### 4.6.2　设置 PCB 工作层面和工作参数

#### 1) 设置工作层面

系统提供了众多的工作层，并对这些工作层进行了分类，但实际在 PCB 上真正存在的工作层并没有那么多，有一些工作层在物理层上是重叠的；还有一些工作层只是为了方便 PCB 的设计和制造而设置的，实际上并不存在。

在设计工作中，我们根据需要只打开某些工作层，而将不需要的工作层关闭。设置工作层时，在打开 PCB 编辑器的情况下，可以单击菜单栏中的“Design 设计”，在下拉菜单中选择“Options... 选项”，随后就会出现如图 4.6.4 所示的“工作层面设置”对话框。

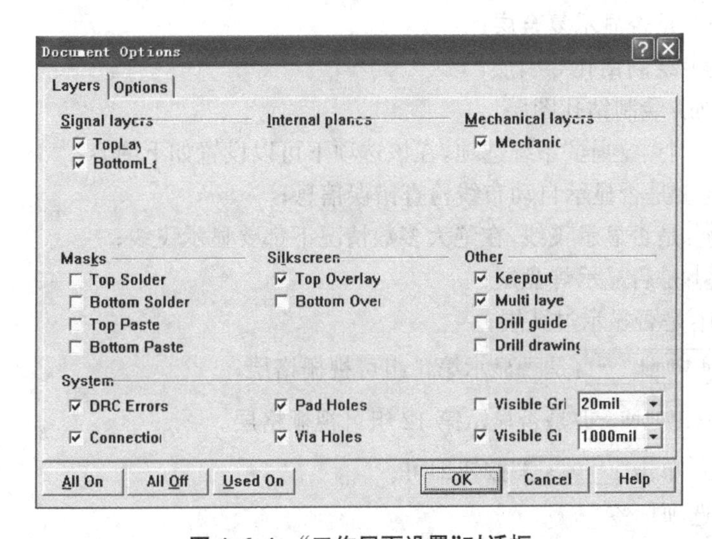


图 4.6.4　“工作层面设置”对话框

(1) “Layers”选项标签

在“Layers”选项标签下可以设置需要显示的工作层面。每一个工作层面前面都有一个复选框□，如果复选框内有“√”，表示该工作层已经被选中，在工作窗口的下方将出现该层面的名称。

单击对话框左下角的“All On”按钮，将使所有的工作层面都处于显示状态；单击“All Off”按钮，将使所有的工作层面都处于关闭状态；单击“Used On”按钮，系统会自动选择一些常用的工作层面进行显示。为了方便设计这进行选择，下面介绍各种工作层面的类型。

① Signal layers(信号层)

信号层主要用于放置与信号有关的电气元素，如顶层信号层用于放置元器件面，底层信号层用作焊接面。

- ☑ TopLay：顶层信号层；
- ☑ BottomL：底层信号层。

② Mechanical layers 机械层

在系统中,只有"☑ Mechanic"一个机械层,若无特殊需要,可以不将该层显示出来。

③ Masks(阻焊层及锡膏防护层)

- ☐ Top Solder:顶层阻焊层;
- ☐ Bottom Solder:底层阻焊层;
- ☐ Top Paste:顶层锡膏防护层;
- ☐ Bottom Paste:底层锡膏防护层。

④ Silkscreen(丝印层)

丝印层主要用于绘制元器件的外形和元器件序号的标识字符,颜色通常为白色。

- ☑ Top Overlay:顶层丝印层;
- ☐ Bottom Over:底层丝印层。

⑤ Other(其他层面)

- ☑ Keepout:禁止布线层,该层面通常用来绘制 PCB 电气边界;
- ☑ Multi laye:是否显示复合层;
- ☐ Drill guide:绘制钻孔导引层;
- ☐ Drill drawing:绘制钻孔图层。

另外,还有一个"System"系统选项,在该选项下可以设置如下内容:

- ☑ DRC Errors:是否显示自动布线检查错误信息;
- ☑ Connectio:是否显示飞线,在绝大多数情况下都要显示飞线;
- ☑ Pad Holes:是否显示焊盘层;
- ☑ Via Holes:是否显示过孔层;
- ☐ Visible Gri 20mil:是否显示第 1 组可视栅格层;
- ☑ Visible Gi 1000mil:是否显示第 12 组可视栅格层。

设置完毕后,单击"OK"按钮即可。

(2) Options选项标签

单击Options选项标签,即可进入如图 4.6.5 所示的"选项设置"对话框。

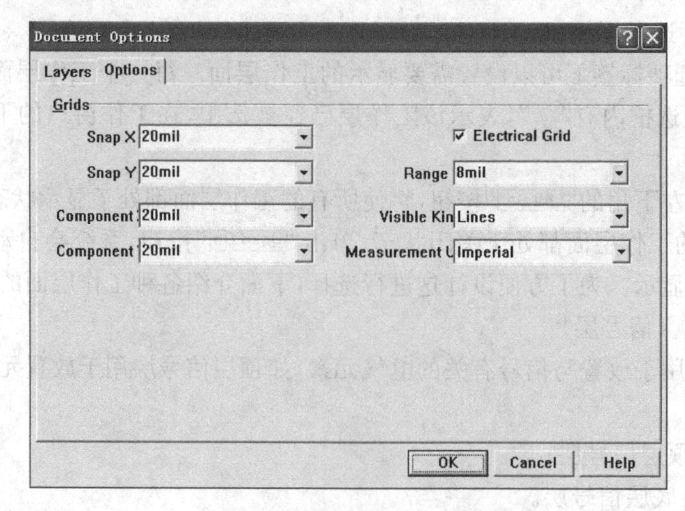


图 4.6.5 "选项设置"对话框

该对话框中各选项的含义如下：

① Snap X：光标在 PCB 上 X 轴每次移动的距离。

② Snap Y：光标在 PCB 上 Y 轴每次移动的距离。

③ Component（上）：元器件在 PCB 上 X 轴每次移动的距离。

④ Component（下）：元器件在 PCB 上 Y 轴每次移动的距离。

⑤ Electrical Grid：电气栅格是否启动复选框。选中后即可进行电气栅格属性的设置了。

● Range：自动寻找电气接点距离设置。默认值为“8”，如无特殊需要，一般不用修改；

● Visible Kin：可视栅格形状设置；

● Measurement U：计量单位选择。系统提供了“Metric”（公制，单位为 mm）和“Imperial”（英制，单位为 mil）两种选择。

2）设置 PCB 工作参数

需要设置的参数包括光标显示、工作层面颜色、显示/隐藏、信号完整性、特殊功能及默认设置等。设置工作参数时，单击工具栏中的“Tool 工具”，在下拉菜单中选择“Preferences... 优选项”，随后就会出现如图 4.6.6 所示的“参数设置”对话框。

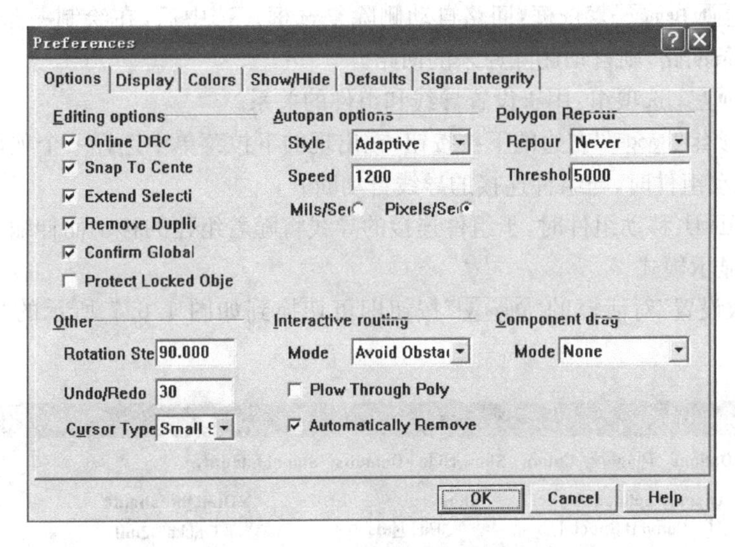


图 4.6.6　“参数设置”对话框

（1）设置特殊功能

该对话框中“Options”选项卡用于设置一些特殊功能，该选项卡中各选项的含义如下：

① Editing options 选项组：用于设置编辑操作时的一些特殊功能

● Online DRC 复选框：是否选择在线设计规则检查功能。选中后，系统将自动在布线过程中根据设定的设计规则进行检查；

● Snap To Cente 复选框：移动元器件封装或字符串时，光标是否自动移动元器件封装或字符串参考点，默认为选中；

● Extend Selecti 复选框：选择电路板组件时，是否取消原来选择的组件，默认为选中状态；

● Remove Duplic 复选框：是否自动删除重复的组件，默认为选中；

● Confirm Global 复选框：在整体修改时，是否显示整体修改结果提示对话框，默认为选中；

● Protect Locked Obje 复选框：选中后保护锁定对象。

② Autopan options 选项组：用于设置自动移动方式

● Style 复选框：设置视图自动移动的方式；

● Speed 编辑框：设置自动视图移动的速度。“Mils/Sec”和“Pixels/Sec”两个单选按钮用于设置速度值的单位，分别为密尔每秒和像素每秒。

③ Other 选项组：用于设置图件和光标参数

● Rotation Ste 编辑框：每按一次<空格>键，图件旋转的角度设置，默认为90°；

● Undo/Redo 编辑框：撤销操作和重复操作的次数设置，默认为30；

● Cursor Type 复选框：光标类型设置，系统提供了三种光标类型。

④ Interactive routing 选项组：用于设置布线方式

● Mode 复选框：布线方式选择。系统提供了三种布线方式；

● Plow Through Poly 复选框：该复选框只在避免障碍布线方式下可选；

● Automatically Remove 复选框：回路自动删除复选框。选中后，在绘制一条导线后，如果发现存在另一条回路，则自动删除原来的回路。

⑤ Component drag 选项组：用于设置导线和组件的关系

单击该选项组“Mode”右边的下拉按钮，在出现的下拉菜单中选择一个项目即可。

● None：移动组件时，与组件连接的导线自动断开；

● Connected Tracks：移动组件时，于组件连接的导线将随着组建的移动而伸缩，但不会断开。

(2) 设置显示模式

单击“参数设置”对话框的“Display”按钮即可切换到如图 4.6.7 所示的“显示设置”对话框。

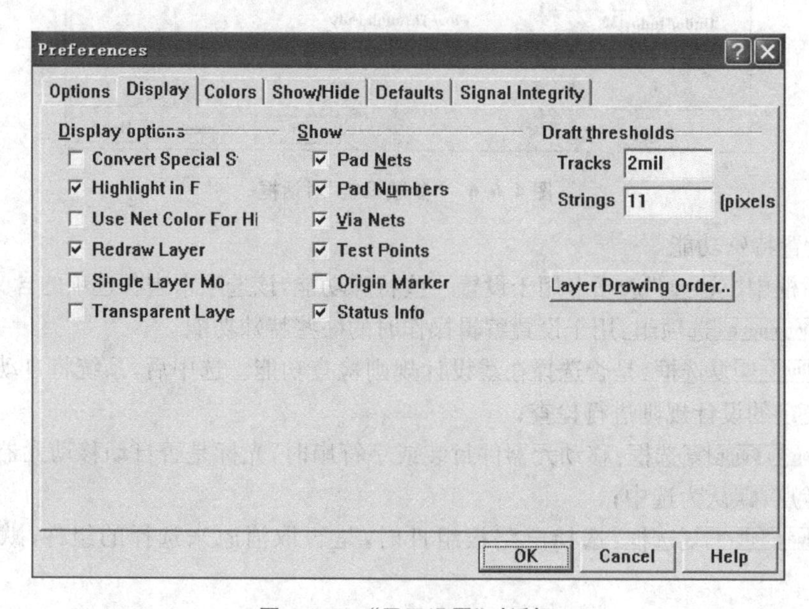


图 4.6.7　“显示设置”对话框

"Display"选项卡用于设置屏幕显示模式,该选项卡中各项的含义如下:

① Display options:用于设置显示选项

● Convert Special S复选框:设置是否将特殊字符串转换为其代表的文字,通常不选择该复选框;

● Highlight in F复选框:用于设置是否高亮显示所选的内容;

● Use Net Color For Hi复选框:用于设置选中网络是否使用黄色进行显示;

● Redraw Layer复选框:用于设置当重回电路板时,系统将逐层重新进行绘制;

● Single Layer Mo复选框:选中后表示只显示当前编辑的板层;

● Transparent Laye复选框:选中后,所有的导线和焊点均变为透明色。

② "Show"选项组:用于设置 PCB 显示选项

● Pad Nets复选框:用于设置是否显示焊盘的网络名称;

● Pad Numbers复选框:用于设置是否显示焊盘的序号;

● Via Nets复选框:用于设置是否显示过孔的网络名称;

● Test Points复选框:用于设置是否显示测试点;

● Origin Marker复选框:用于设置是否显示指示绝对坐标的黑色叉圆圈。

③ Draft thresholds选项组:用于设置极限选项

● Tracks编辑框:其设置值为导线显示极限,像素大于该值的导线以实际轮廓显示;小于该值的导线以简单直线显示;

● Strings编辑框:其设置值为字符显示极限,像素大于该值的字符以文本显示,小于该值的字符以框显示。

(3) 设置显示模式

单击"参数设置"对话框的"Colors"按钮即可切换到如图 4.6.8 所示的"板层颜色设置"对话框。

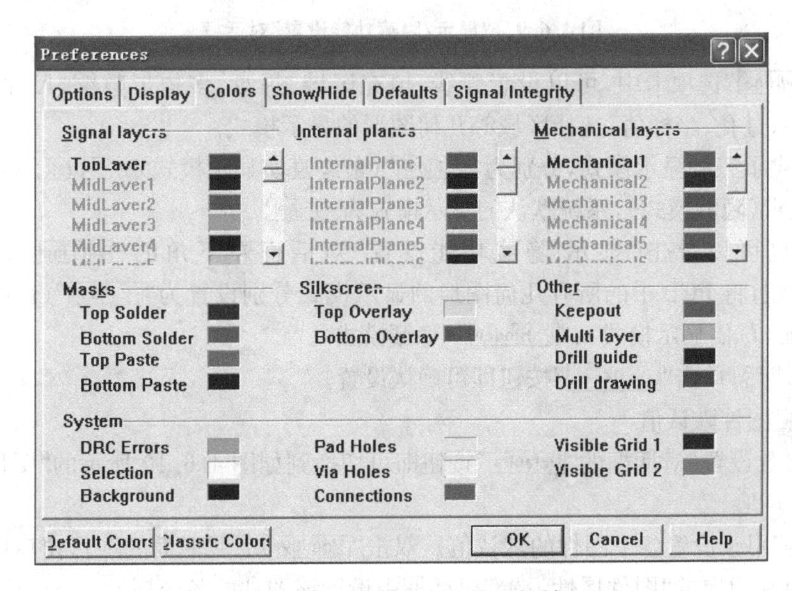


图 4.6.8 "板层颜色设置"对话框

“Colors”选项卡用于设置板层的颜色。需要对某一工作层面对颜色进行设置时，可以单击该层右边的颜色块，在随后出现的“颜色选择”对话框中选择一个需要的颜色，然后单击“OK”按钮即可。如果在“颜色设置”对话框中没有找到自己满意的颜色，可以单击“Define Custom Colors...”按钮进入“自定义颜色”对话框，在该对话框中可以定义一个满意的颜色后，单击“OK”按钮即可。

单击“板层颜色设置”对话框左下角的“Default Colors”按钮即可将工作层面颜色恢复为系统默认的颜色；单击“Classic Colors”按钮，系统就会将工作层面颜色指定为传统的设置颜色。

(4) 设置几何图形显示/隐藏功能

单击“参数设置”对话框的“Show/Hide”按钮即可切换到如图 4.6.9 所示的“显示/隐藏功能设置”对话框。

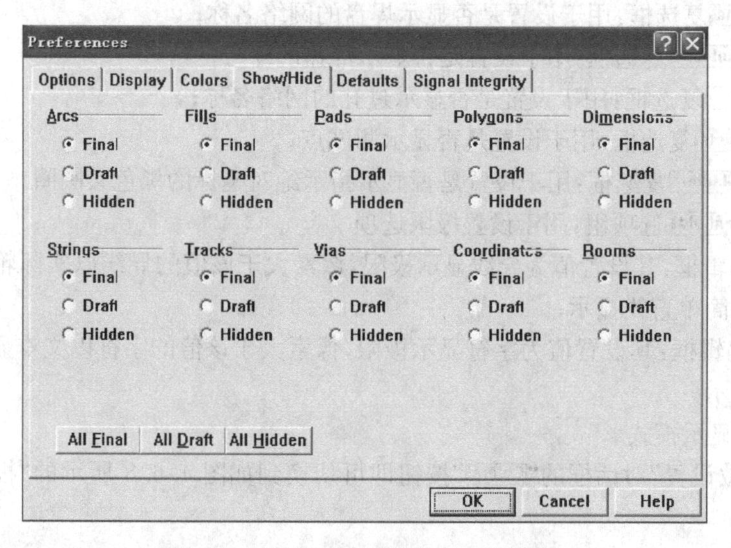


图 4.6.9 “显示/隐藏功能设置”对话框

在“Show/Hide”选项卡中，可以设置弧线、填充区域、焊盘、多边形敷铜、尺寸标注、字符串、铜膜导线、过孔、坐标值、选择区域等几何图形的显示模式。

系统提供了三种显示模式，分别为“Final”(最终真实显示模式)、“Draft”(草稿显示模式)、“Hidden”(隐藏模式)，系统默认的显示模式为Final。

设计者也可以单击“显示/隐藏功能设置”对话框左下角的“All Final”、“All Draft”、“All Hidden”按钮，将 PCB 中的所有几何图形的显示模式分别设置为“Final”(最终真实显示模式)、Draft(草稿显示模式)、“Hidden”(隐藏模式)。

设置完成后，单击“OK”按钮即可确认设置。

(5) 设置图件默认值

单击“参数设置”对话框的“Defaults”按钮即可切换到如图 4.6.10 所示的“图件默认值设置”对话框。

“Defaults”用于设置各个图件的默认值。双击“Primitive type”下面的项目窗口中的图件类型名称，即可在弹出的“图件属性设置”对话框中设置该图件的各个属性。

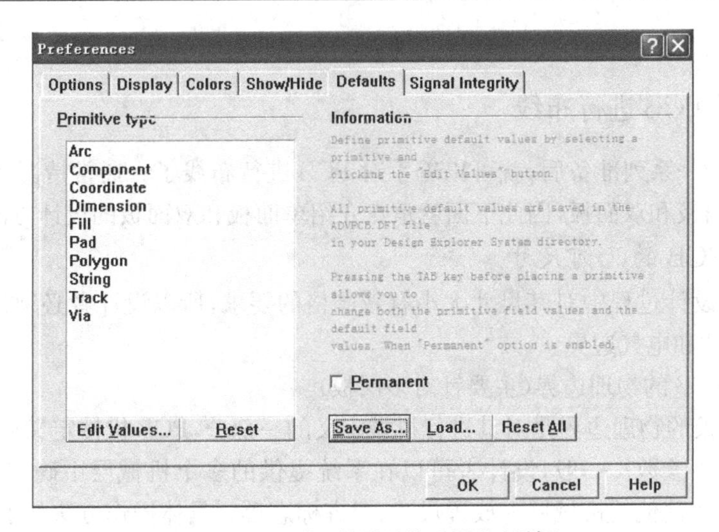


图 4.6.10　“图件默认值设置”对话框

(6) 设置信号完整性

单击“参数设置”对话框的“Signal Integrity”按钮即可切换到如图 4.6.11 所示的“信号完整性设置”对话框。

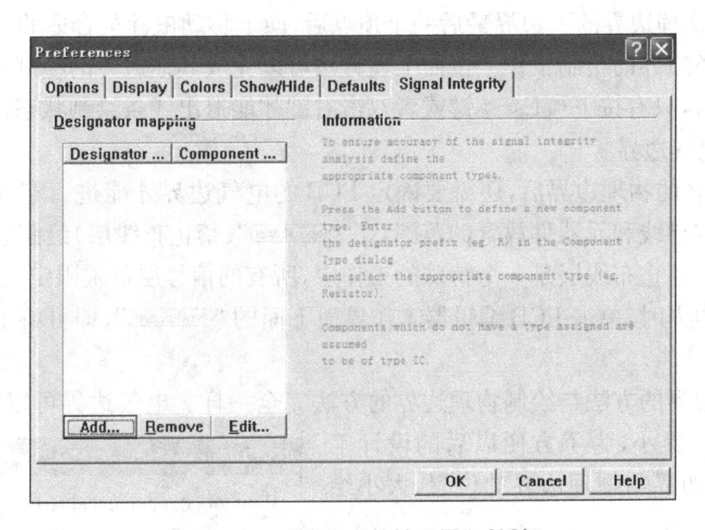


图 4.6.11　“信号完整性设置”对话框

“信号完整性设置”对话框主要用来设置元器件标号与元器件类型之间的关系，为进行信号完整性分析提供相应的信息。单击该对话框左下角的“Add...”按钮，即可弹出如图 4.6.12 所示的“元器件类型设置”对话框。

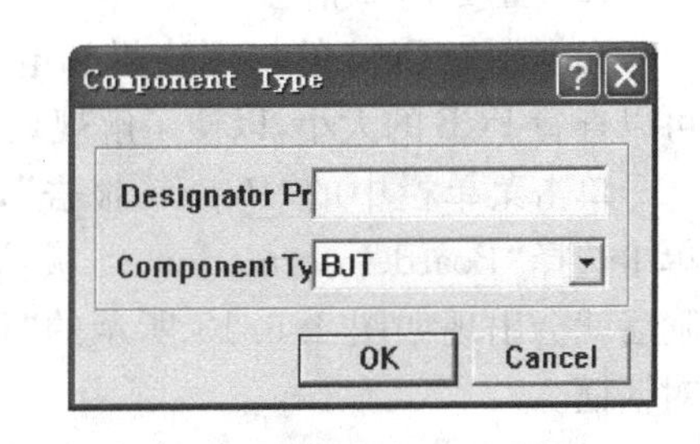


图 4.6.12　“元器件类型设置”对话框

在“元器件类型设置”对话框的“Designator Pr”编辑框中输入所用元器件的标号，然后单击“Component Ty”旁边的下拉按钮，在弹出的下拉菜单中选择一个需要的元器件类型，添加设计中用到的元器件标号与类型后，即可对 PCB 进行

DRC 检查了。

### 4.6.3 对 PCB 进行布线

经过之前的一系列准备后，就可以着手对 PCB 进行布线了。通常情况下，设计者接触最多的就是单面板和双面板，因此下面就重点介绍单面板和双面板的设计方法。

1) 设定 PCB 的几何尺寸

在 PCB 的设计过程中对其尺寸大小有着严格的要求，所以设计者必须认真规划，确定 PCB 的物理尺寸和电气边界。

(1) 规划 PCB 的物理边界(主要针对多层板)

规划 PCB 板的物理边界是对其进行机械定义的一部分，PCB 机械定义通常包括参考孔位置、外部尺寸等参数。一般，设计者可以在系统提供的多个机械层中确定一个作为 PCB 的物理边界，而在其他的机械层上放置尺寸、对齐标志等。具体操作方法如下：

在的图 4.6.2 的 PCB 编辑器工作界面中，单击层面切换标签按钮“Mechanical1”将工作层面切换到机械层。然后单击“PCB 放置工具条”中的“”按钮，鼠标指针将会变成以光标为中心的“十”字形，在工作区中移动鼠标至需要绘制 PCB 下边界的地方，单击左键，然后移动鼠标到下边界的另一个顶点，依次单击左键即可完成 PCB 物理边界下边界的绘制工作。

单击 PCB 物理边界的下边界最后一个顶点后，向上移动鼠标至合适的位置后双击左键即可完成另一条边界的绘制工作。按照上述方法可以完成其他边界的绘制工作。

绘制边界后，只有按下＜Esc＞键或者双击右键才能退出线条绘制状态。

(2) 规划电气边界

规划完 PCB 的物理边界后，还需要确定 PCB 的电气边界才能进行布线工作。电气边界可以用来限定导线和元器件放置的范围，在“KeepOutLayer”(禁止布线层)绘制边界即可实现电气边界的规划。禁止布线层是一个特殊的工作层，所有的信号层都被限定在电气边界内。

绘制电气边界时，单击 PCB 编辑器工作界面下面的“KeepOutLayer”，即可将工作层面切换到禁止布线层。

绘制电气边界的方法与绘制物理边界的方法完全一样。电气边界可以比物理边界大，也可以比物理边界小，为了方便以后的设计工作，通常将电气边界与物理边界的位置、大小绘制得完全相同。

(3) 查看 PCB 信息

在规划好 PCB 的物理边界和电气边界后，可以查看 PCB 的大小，以便了解规划是否合适。

单击菜单栏中的“Report 报告”，在下拉菜单中选择“Board Information... 板信息”按钮，随后就会出现如图 4.6.13 所示的“PCB 信息”对话框。

“PCB 信息”对话框中 PCB 的信息均用系统默认的英制表示，为了便于计算，可以将单位切换为公制状态。

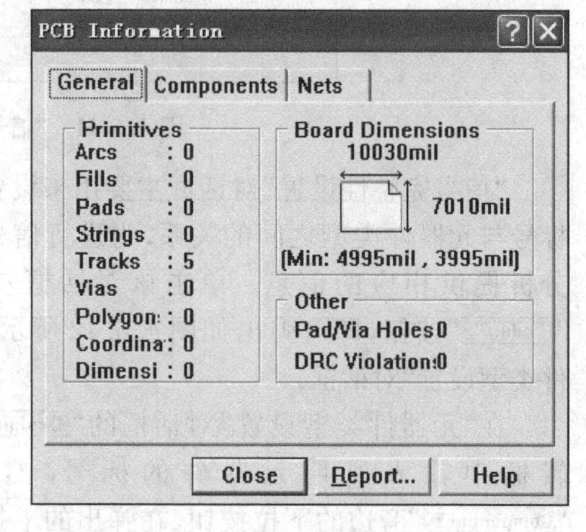


**图 4.6.13 “PCB 信息”对话框**

单击菜单栏中的“View 视图”，在下拉菜单中选择“Toggle Units 公/英制转换”按钮，即可在公制和英制之间相互切换。

2）装入网络表

装入网络表和元器件封装模型实际上就是将电路原理图中元器件之间的相互联结关系及元器件封装尺寸的数据输入到 PCB 编辑器，然后在 PCB 编辑器中根据这些数据信息来进行布线。将电路原理图中的网络表和元器件封装模型装入 PCB 编辑器有两种方法。

(1) 利用同步器装入网络表

利用同步器装入网络表和元器件封装模型之前，要先在电路原理图所在的设计数据库中创建一个 PCB 文件，并装入含有电路原理图中所有元器件封装的封装库，然后按照下面的方法操作。

在需要设计的 PCB 的电路原理图界面下，单击菜单栏中的“Design 设计”，在下拉菜单中选择“Update PCB...(更新 PCB)”按钮。

如果该数据库中有两个或两个以上的 PCB 文件，则在执行上述操作后，会出现一个“目标 PCB 文件选择”对话框。在该对话框中单击选择需要的 PCB 目标文件，然后单击该对话框右下角的“Apply”按钮，即可进入如图 4.6.14 所示的“更新 PCB”对话框。如果该数据库中只有一个 PCB 文件，则跳过“目标 PCB 文件选择”对话框直接进入“更新 PCB”对话框。

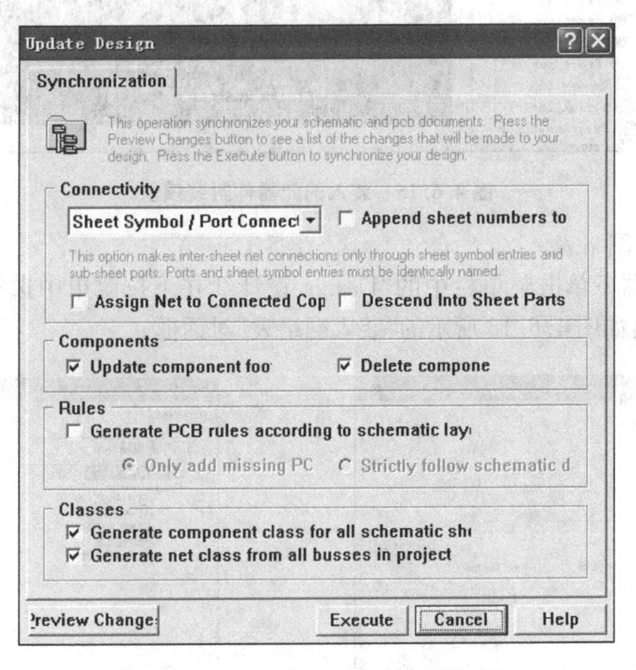


**图 4.6.14　“更新 PCB”对话框**

设计者可以在该对话框中对装入的网络标记和装入后的元器件封装模型进行一些设置。在该对话框中“Generate component class for all schematic sh”复选框默认为选中状态，在该状态下会使装入的元器件封装模型处于一个块中，给后面的操作带来麻烦，所以一般将该复选框前面的“√”去掉。其他选项选择默认参数即可。

设置完成后单击该对话框下面的“Execute”按钮进入装入操作。如果电路原理图存在错误，则会出现“错误提示”对话框。如果电路原理图中没有任何错误，则直接将元器件封装模型调入到PCB编辑器中。元器件封装模型调入PCB编辑器后，由于PCB编辑器时按照默认的比例进行显示的，故在工作区中还看不到已经装入的元器件封装模型。

此时，需单击菜单栏中的“View视图”，在下拉菜单中选择“Fit Board适合整板”按钮，才能在工作区中将装入的网络表和元器件封装模型显示出来，如图4.6.15所示。

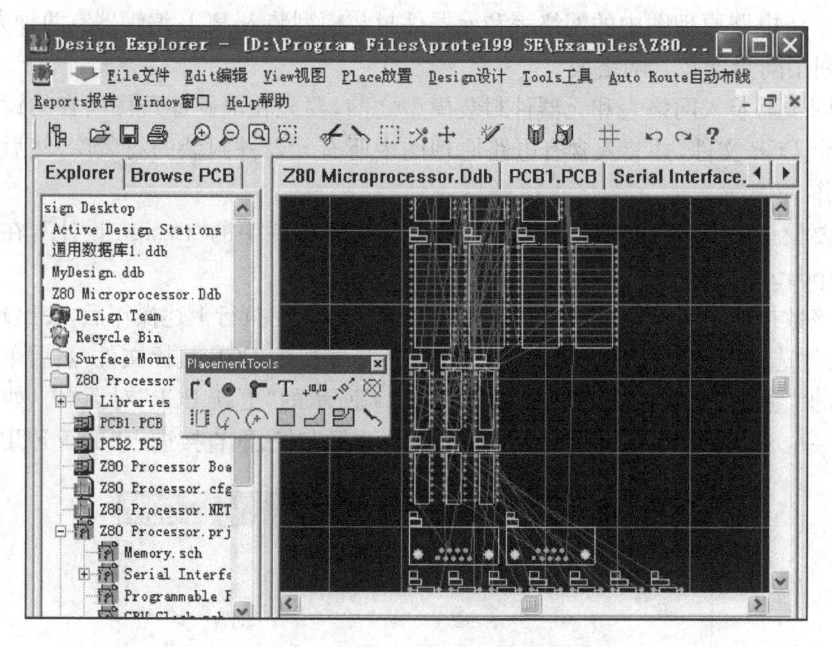


**图4.6.15　装入的元器件封装模型**

(2) 手动装入网络表

在PCB编辑器下单击菜单栏中的“Design设计”，在下拉菜单中选择“Netlist...网络表”，随后便会弹出如图4.6.16所示的“装入网络表”对话框。

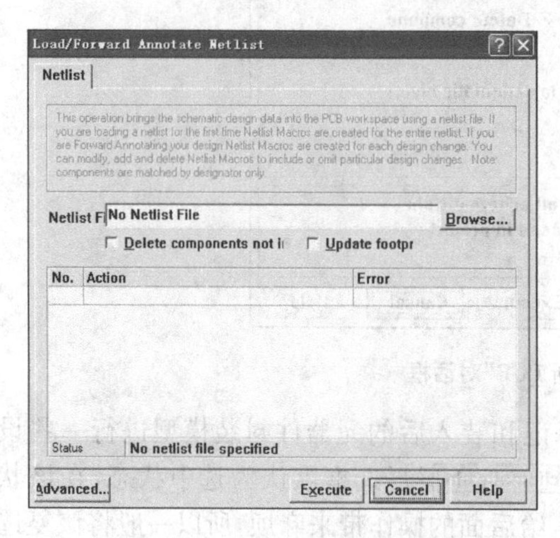


**图4.6.16　“装入网络表”对话框**

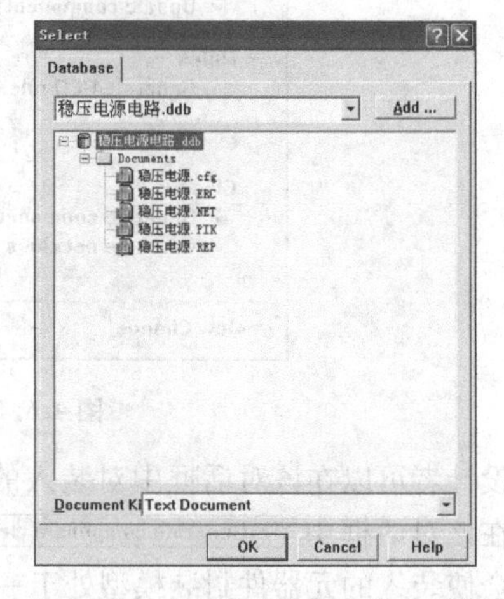


**图4.6.17　“选择网络表文件”对话框**

在该对话框中单击“Browse...”按钮就可以进入如图4.6.17所示的“选择网络表文件”对话框。该对话框的默认网络表文件所在位置为当前PCB文件所在设计数据库中的所有文本文件。

若需要选择其他设计数据库中的网络表或者单独的网络表文件，则可以单击“选择网络表文件”对话框中的“Add...”按钮，便会弹出“打开文件”对话框，设计者可以从中找到要打开的设计数据库文件所在的路径及文件名后，单击“打开(O)”按钮即可返回到“选择网络表件”对话框。

在“选择网络表文件”对话框中选择需要的网络表文件后单击“OK”按钮即可回到“装入网络表”对话框，此时系统会自动将网络表文件生成相应的网络宏文件，如图4.6.18所示，并在下面的窗口中将生成的网络宏文件显示出来。检查生成的宏文件无误后，就可以单击“Execute”按钮进行网络表的调入工作了。

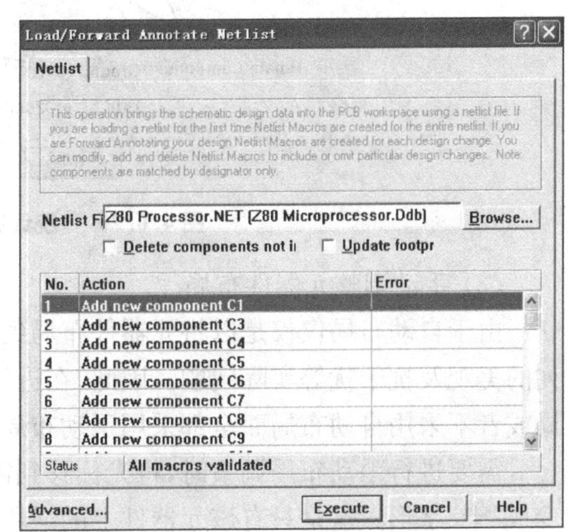


**图 4.6.18 自动生成的网络宏文件**

3) 调整元器件布局

(1) 自动调整元器件布局

为了方便设计者进行设计工作，系统提供了强大的自动调整元器件布局功能。自动调整元器件布局的具体操作方法如下：

单击菜单栏中的“Tools 工具”，在下拉菜单中选择“Auto Place... 自动布局”按钮，随后就会出现如图 4.6.19 所示的“自动布局设置”对话框。

在该对话框中可以设置自动布局方式，系统提供了三种方式可供选择。

Cluster Plac：基于组的布局方式。该方式将根据元器件之间的连接关系将这些元器件划分成若干组进行放置。

Statistical Pl：统计布局方式。这种布局方式是根据软件内置的统计算法来布局元器件，使它们之间的连线最短。

Quick Component Pla：快速布局方式。该选项只有在选择 Cluster Plac 布局方式时才有效。

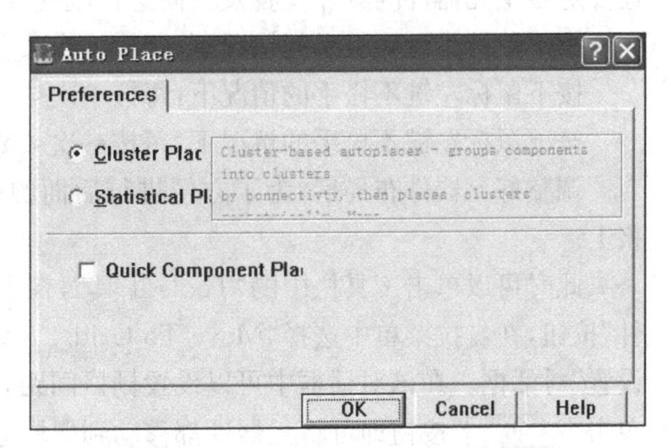


**图 4.6.19 “自动布局设置”对话框**

若选择 Statistical Pl 布局方式后，该对话框随即就会变成如图 4.6.20 所示的“统计布局方式设置”对话框。

设置好“统计布局方式设置”对话框后，单击“OK”按钮，系统就会进入自动布局状态，并且显示自动布局工作进行的进程。

自动布局结束后，系统会自动弹出“自动布局结束”对话框。单击“OK”按钮，系统会弹出“更新 PCB 设计数据库”对话框。

在该对话框中单击“Yes”按钮，就可以看到系统已经自动将元器件都自动布局在 PCB 的电气边界内。

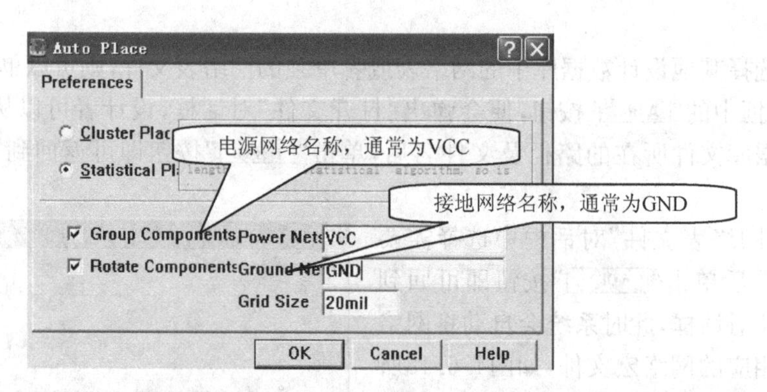


图 4.6.20 “统计布局方式设置”对话框

(2) 手动调整元器件布局

由于自动布局仅仅是以将元器件布局到 PCB 的电气边界内为目的，而不注意元器件排列的美观及抗干扰等实际问题。因此，在进行自动布局后，往往还需要手动调整元器件的布局或者不采用自动布局而全部采用手动布局方式。

需要进行手动布局调整时，将光标移到需要移动的元器件上方，按下左键，此时光标会变成“十”字形。这是只有该元器件上的绿色预拉线存在，表明该元器件处于选中状态。选择该元器件后，拖动鼠标至 PCB 电气边界内合适的位置后放开鼠标，即可将该元器件放置在此处。

按照上述方法可以将其他的元器件都拖动到 PCB 电气边界内合适的位置。若有必要，还要对各个元器件的具体位置及方向进行改变，以满足布线及电磁兼容等实际需要。

按下鼠标左键不松手的情况下，每按一次＜空格＞键，元器件即可逆时针旋转 90°。

按下鼠标左键不松手的情况下，每按一次＜X＞键，元器件即可进行一次水平镜像。

按下鼠标左键不松手的情况下，每按一次＜Y＞键，元器件即可进行一次垂直镜像。

调整好元器件布局后，为了方便进行后面的布线工作，最好将元器件的引脚移动到栅格上。

此时可以单击工具栏中的“Tools 工具”，在下拉菜单中选择“AlignComponents 排齐元件”按钮，在右拉菜单中选择“Move To Grid... 移到网格”按钮，随后系统会弹出“栅格间距设置”对话框。在该对话框中可以设置栅格间距，一般情况下，选择默认值就可以了。然后单击“OK”按钮即可将元器件都移动到栅格上。

4) 自动布线参数设置

在安装该软件时，系统就对自动布线参数进行了默认设置。有些参数可以不用改动，但有些特殊参数必须进行设置。

单击菜单栏中的“Design 设计”在下拉菜单中选择“Rules... 规则”按钮，随后就会弹出如图 4.6.21 所示的“布线参数设置”对话框。

在该对话框中有六个选项卡，通常情况下，只需要设置“Routing”选项卡下的参数，其他选项卡中的参数选择默认值即可。

Routing选项卡用于设置布线图件参数。该选项卡中各项的含义如下：

(1) Clearance Constraint选项

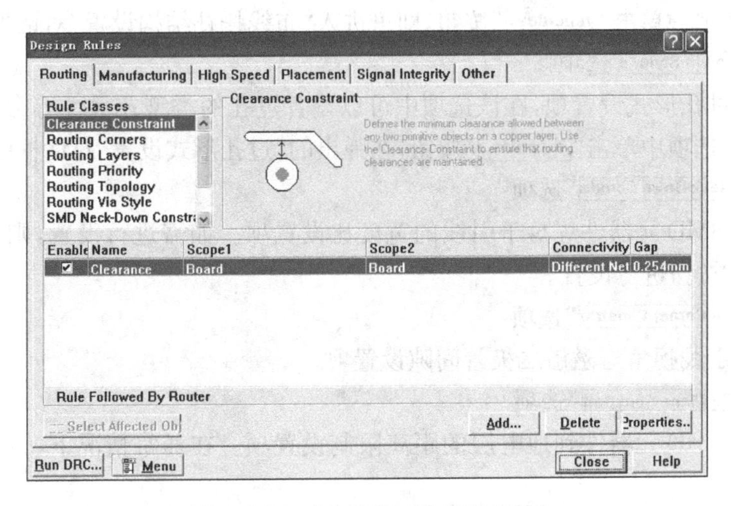


图 4.6.21 "布线参数设置"对话框

该选项为安全距离设置项，在该选项中可以设置线与线、焊盘与焊盘间的最小距离。系统默认的安全距离为 10mil，若设计者需要对安全距离进行自定义，则可以在该选项中单击"Properties.."按钮，即可进入"安全距离设置"对话框进行设置。

(2) Routing Corners 选项

该选项为拐角模式设置项，在该选项汇总可以设置导线拐角的角度，系统提供了三种模式可供选择。

系统默认的拐角模式为 45°拐角。若设计者需要对拐角模式进行自定义，则可在该选项中单击"Properties.."按钮，即可进入"拐角模式设置"对话框进行设置。在该对话框中单击"Style"选项右边的下拉按钮，在下拉菜单中选择一个需要的拐角角度即可。

(3) Routing Layers 选项

该选项为布线的工作层面及各层面上布线的走向设置项。系统默认的布线工作层面为双面板，顶层布线为水平布线，底层布线为垂直布线。

若设计者需要对布线的工作层面及各层面上布线的走向进行自定义，则可在该选项中单击"Properties.."按钮，即可进入"布线工作层面及各层面布线走向设置"对话框进行设置。

在"布线工作层面及各层面布线走向设置"对话框中"TopLayer"为顶层信号层布线设置项。单击该文字框右边的下拉按钮，就可以在出现的下拉菜单中进行设置布线的走向或者关闭该层面的布线。"BottomLayer"为底层布线设置项，设置方法与"TopLayer"层相同。

(4) Routing Priority 选项

该选项为布线的优先级别设置项，即通过设置该项中的参数来确定网络布线的顺序。

若设计者需要对布线的优先级别进行自定义，则可在该选项中单击"Properties.."按钮，即可进入"布线优先级别设置"对话框进行设置。在该对话框中单击"Filter kind"右边的下拉按钮即可在下拉菜单中选择一个合适的适用范围，然后再选择具体的网络名称进行优先级别设置。

(5) Routing Topology 选项

该选项为布线拓扑结构设置项，在该选项中可以设置元器件引脚之间的布线规则。

系统默认的布线结构是 Shortest（走线最短）。若设计者需要对布线拓扑结构进行自定义，则可在该选项中单击"Properties..."按钮，即可进入"布线托补结构设置"对话框进行设置。

（6）"Routing Via Style"选项

该选项为过孔形式设置项，在该选项中可以设置过孔的类型及尺寸等参数。如需进行设置，则可在该选项中单击"Properties..."按钮，在弹出的"过孔形式设置"对话框中进行设置。

（7）"SMD Neck-Down Constr"选项

该选项为SMD元器件焊盘于引线的宽度比设置项。如需进行设置，则可在该选项中单击"Add..."按钮进行设置。

（8）"SMD To Corner Constrai"选项

该选项为走线拐角与磁敏二极管间隙设置项。

（9）"SMD To Plane Constrai"选项

该选项为SMD元器件到地电层的距离限制设置项。在通常情况下，该项选择默认值即可。

（10）"Width Constraint"选项

该选项为布线宽度设置项，可以通过该项中参数的设置来确定导线实际宽度的最大允许值和最小允许值。

设计者如需对布线的宽度进行设置，则可在该选项中单击"Properties..."按钮，在弹出的"布线宽度设置"对话框中进行设置。

设置好自动布线参数后，再对自动布线器的一些参数进行设置，就可以进行自动布线了。

在设置自动布线器时，单击菜单栏中的"Auto Route 自动布线"，在下拉菜单中选择"Setup... 设置"按钮，随后就会出现"自动布线器参数设置"对话框，在通常情况下，该对话框中的参数选择默认值即可。

5）对PCB进行布线

（1）自动布线

对PCB进行自动布线时，在PCB编辑器中单击菜单栏的"Auto Route/All 自动布线"，在下拉菜单中选择"All 全部"按钮，随即就会出现如图4.6.22所示的"自动布线设置"对话框。

在通常情况下，该对话框中的各项参数选择默认值即可，直接单击"Route All"按钮即可进行自动布线。在自动布线完成后，系统会弹出一个表示布线完成的对话框。

（2）手动布线

① 放置图件

若需要进行手动布线，就要使用PCB放置工具来进行各种PCB图件的

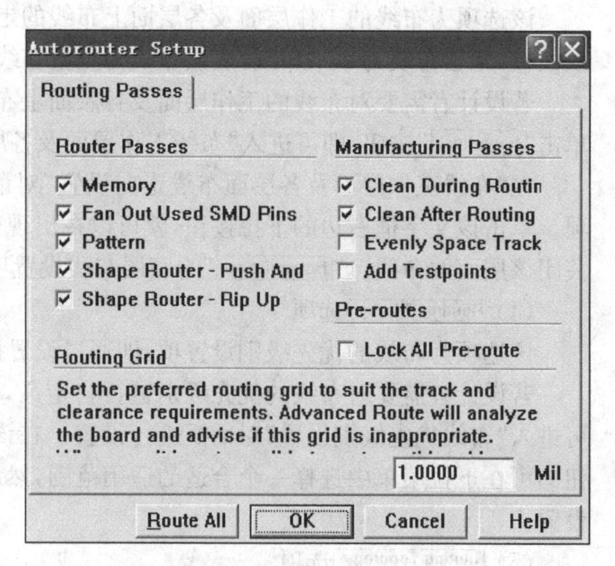


图 4.6.22 "自动布线设置"对话框

放置工作，下面就介绍 PCB 放置工具的使用方法。

下面说明一下图件放置工具的功能。

：绘制导线工具。

：焊盘放置工具。

：过孔放置工具。

：标注文字放置工具。

：位置坐标放置工具。

：尺寸坐标放置工具。

：坐标原点设置工具。

：元器件放置工具。

：边沿圆弧绘制工具。

：圆心圆弧绘制工具。

：矩形填充放置工具。

：多边形填充放置工具。

：内部电源/接地层放置工具。

：剪贴板内容粘贴工具。

放置图件的方法和原理图中制作元器件的方法类似，这里不再赘述。如果需要对放置图件的属性进行设置，可以双击放置的图件设置其属性。

② 手工调入元器件封装

虽然可以通过网络表自动调入元器件封装，但这毕竟还是要先设计电路原理图并生成网络表，对于一些简单的电路则可以直接进入设计 PCB 阶段。下面就介绍手工调入元器件封装的方法。

打开 PCB 编辑器后，在设计管理器中单击“Browse PCB”按钮进入 PCB 浏览器窗口，单击设计管理器下的“Browse”右边的下拉按钮，在出现的下拉菜单中单击“Libraries”按钮进入元器件封装浏览状态。

在元器件封装浏览窗口，单击元器件的封装名称就可以在下面的窗口中预览到对应的元器件封装外形图。双击该元器件封装名称，就可以将该元器件封装放置到 PCB 编辑器中，还可以按＜空格＞键对元器件封装进行旋转、翻转等控制。

(3) PCB 布线后的手动调整

① 增加元器件封装

在 PCB 设计阶段，除了由网络表装入的各种元器件封装外，常常需要补充放置个别特殊元器件封装。

要在 PCB 上增加元器件封装，首先就要按照前面的介绍将需要的元器件封装手工调入到 PCB 编辑器中，并放置到设计好的 PCB 上，然后双击该元器件封装，设置该元器件封装的属性。

设置好属性后，再单击菜单栏中的“Auto Route 自动布线”，在下拉菜单中选择“All 全部”按钮进行布线，即可将新添加的元器件封装与原先的 PCB 进行连接。若电路比较复杂，则可以按下放置工具条中的“[icon]”绘制导线工具，手动将新添加的元器件封装与原先的 PCB 进行连接。

② 手动调整布线

需要调整布线时，要先将原有布线删除，这时可以单击菜单栏中的“Tools 工具”，在下拉菜单中选择“Un Route 撤销布线”按钮，在随后展开的菜单中选择一个要删除布线的类型，通常此处选择的是“Connection 连接”，随后对准要删除的导线上的任意一点，单击左键即可将该布线删除。

删除该条布线后，原先的连接就会自动添加一条预拉线。退出删除布线状态后，按下放置工具条中的“[icon]”绘制导线工具，手动将已经删除的布线在需要的工作层面上绘制出来。

如果仅仅需要移动元器件封装的位置而不想改变连线的话，可以单击菜单栏的“Edit 编辑”，在下拉菜单中选择“Move 移动”，再选择“Drag 拖拉”，随后将光标移动到需要调整的元器件上方，再单击左键，即可使该元器件封装处于选中状态，移动光标到合适的位置后单击右键退出移动状态即可。

③ 手动调整布线宽度

需要调整布线宽度时，将光标移到需要调整宽度的布线上，双击该布线即可弹出如图 4.6.23 所示的“布线属性设置”对话框。在该对话框中，将“Width”选项框中的布线宽度值设置为需要的数值，然后再单击该对话框右下角的“Global >>”按钮进入“整体修改”对话框，在“整体修改”对话框中，将“Attributes To Match By”功能区的“Net”选项设置为“Same”，然后单击“OK”按钮，在随后出现的“确认修改布线宽度”对话框中确认修改。

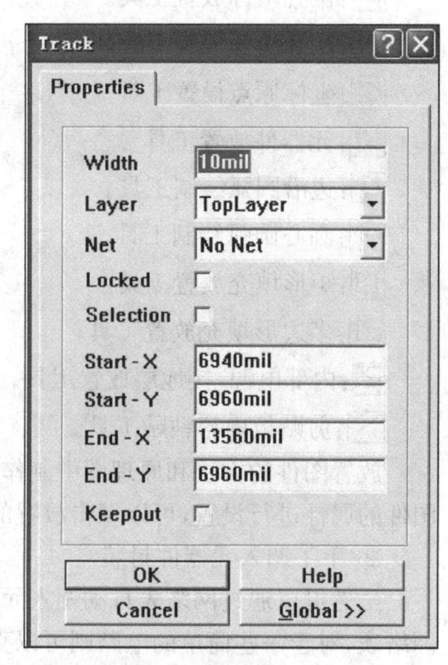


图 4.6.23　“布线属性设置”对话框

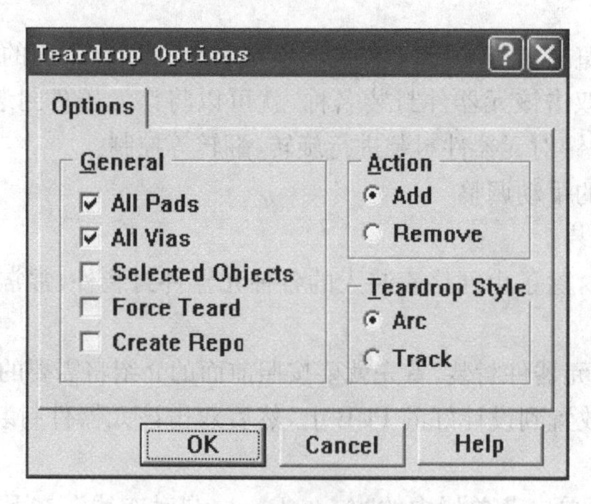


图 4.6.24　“泪焊属性设置”对话框

④ 补泪焊

补泪焊时，单击菜单栏中的“Tools 工具”，在下拉菜单中选择“Teardrops 泪滴焊盘”，再选择“Add 添加”按钮，随后就会出现如图 4.6.24 所示的“泪焊属性设置”对话框。

在该对话框中，“General”选项下为泪焊范围设置内容，通常选择默认即可；“Teardrop Style”选项下为泪焊形状设置内容：Arc 为弧形，Track 为线形，设计者可以根据需要进行选择，其他选项选择默认值即可。设置完成后，单击“OK”按钮即可对焊盘添加泪焊。

⑤ 在 PCB 上放置汉字

需要在 PCB 上放置汉字时，先切换到需要放置汉字的工作层面，然后单击菜单栏中的“Place 放置”，在下拉菜单中选择“chinese 汉字”按钮，随后就会弹出如图 4.6.25 所示的“放置汉字”对话框。

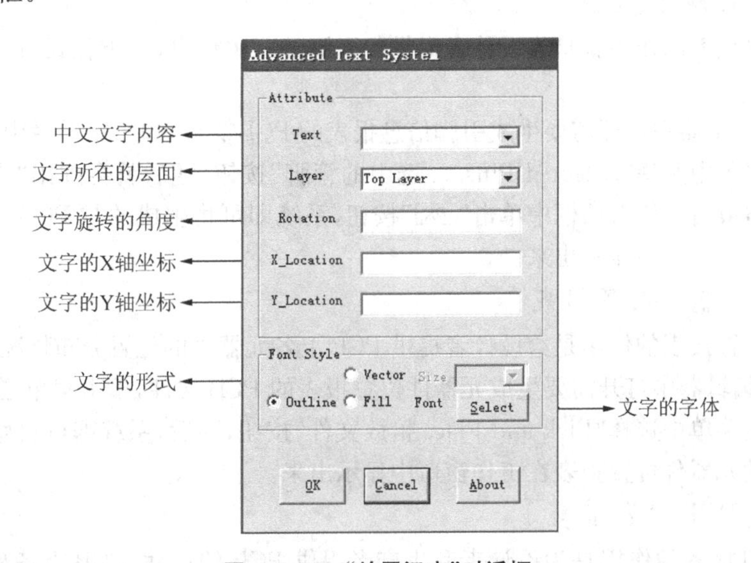


**图 4.6.25　“放置汉字”对话框**

设置好参数后单击“OK”按钮，再单击中文提示窗口中的“OK”按钮，随后就可以将“十”字形的光标移动到合适的位置再单击左键即可将该汉字字符放置在当前位置。如果需要设置汉字字符的属性，则可以双击该汉字字符。

需要注意的是，放置汉字前，必须先将 PCB 汉字模块的文件复制到系统的安装目录下，否则将不能执行放置汉字的操作。

## 4.6.4　生成各种 PCB 报表文件

### 1）生成元器件清单报表

单击菜单栏中的“Report 报告”，在下拉菜单中选择“Bill of Matarial 材料清单”按钮，在随后出现的对话框中单击“Next >”按钮，进入“列表形式选择”对话框，在“列表形式”对话框中提供了两种列表形式可供选择：

List：在列表中列出当前 PCB 上的所有元器件，每个元器件占一行，并按顺序从上到下排列。

Group：在列表中将当前 PCB 上的具有相同封装和型号的元器件合为一组，每组占一行。

选择好列表形式后，单击该对话框中的“Next >”按钮，即可出现“列表主线选择”对话框。在“列表主线选择”对话框中单击“Select the sorting method”右边的下拉按钮，在下拉菜单中选择一个列表主线，主要有三种主线形式可供选择：

Comment：列出的清单以元器件的注释为主线；

Designator：列出的清单以元器件的序号为主线；

Footprin：列出的清单以元器件的封装为主线。

选择合适的主线类型后，单击“Next >”按钮，在随后出现的“清单完成”对话框中单击“Finish >”按钮，系统即可生成与PCB文件名相同的清单并在工作窗口中显示出来。

2）生成引脚信息报表

引脚信息报表的作用就是为设计者提供各引脚的相关信息，以方便设计者校验网络上的连线。

在PCB编辑器中打开需要生成引脚信息报表的PCB文件，单击菜单栏中的“Report报告”，在下拉菜单中选择“Selected Pins... 选中的管脚”按钮，随后就会弹出“生成引脚信息报表”对话框，最后在该对话框中单击“OK”按钮，系统即可将生成的与PCB文件名相同的引脚信息在工作窗口中显示出来。

3）生成元器件位置报表

元器件位置报表的作用是给设计者提供PCB上各元器件的位置分布情况。

在PCB编辑器中打开需要生成元器件位置报表的PCB文件，单击菜单栏中的“Report报告”，在下拉菜单中选择“Pick and Place 拾放文件”按钮，随后，系统即可将生成的与PCB文件名相同的元器件位置报表在工作窗口中显示出来。

4）生成PCB信息报表

PCB信息报表的作用是为设计者和生产者提供PCB的尺寸、PCB上各种元器件的数量、元器件标号、网络、焊盘的位置、过孔的数量等信息。

在PCB编辑器中打开需要生成PCB信息报表的PCB文件，单击菜单栏中的“Report报告”，在下拉菜单中选择“Board Information... 板信息”按钮，随后，就会弹出“PCB信息”对话框。

该对话框中默认的选项标签为“General”，该选项下的信息为PCB的物理信息。单击“Components”选项标签可以进入“元器件察看信息”对话框，单击“Nets”选项标签可以进入“网络信息察看”对话框。

在任意一个选项标签下，单击“Report...”按钮，即可进入“PCB信息报表设定范围”对话框，在该对话框中通常选择所有选项。设置完毕后，在该对话框中单击“Report...”按钮，系统即可生成与PCB文件名相同的PCB信息报表。

# 5 万用表

万用表是电子爱好者必备的工具,它是一种直读式多用途、多量程的电工测量仪表。万用表一般可以用来测量直流电流、直流电压、交流电压、电阻,有的万用表还可以测量晶体管电流放大系数、音频电平、电容量、电感量等。因其测量范围宽,使用方便,在电工、家用电器及电子线路安装、调试、检修工作中得到了广泛应用。万用表的型号很多,按其读数方式可分为模拟式万用表和数字式万用表两大类。

## 5.1 模拟万用表

模拟式万用表通过指针在表盘上摆动的大小来指示被测数据,因此也称为机械指针式万用表,其优点是价格便宜、使用方便、量程多、功能全等。

### 5.1.1 万用表的组成结构

万用表主要由表头、转换装置和测量电路组成。各种型号的万用表面板结构不完全一样,但都有带有标度尺的标度盘、转换开关的旋钮、测量电阻时实现零欧姆调节的旋钮及供测量接线用的接线柱等。

1) *表头*

万用表的性能在很大程度上取决于表头的性能,万用表的表头采用高灵敏度的磁电系测量机构。磁电系测量机构只能用来测量直流量,它由固定的磁路系统和可动线圈两部分组成,如图 5.1.1(a)所示。固定部分由永久磁铁、极掌及圆柱形铁芯构成;可动部分包括铝框架及绕在铝框架上的可动线圈、前后两根半轴、游丝和指针等。框架的两端分别固定着半轴,半轴的另一端通过轴尖支承于轴承中。指针安装在前半轴上,两个弹簧游丝也安装在半轴上。

永久磁铁产生的磁场,在极掌和圆柱形铁芯之间的气隙中呈均匀的幅射状态分布,如图 5.1.1(b)所示。当被测电流通过游丝引入到线圈中,在均匀磁场作用下,载流导体(线圈)受力,产生的电磁转矩 $M$ 为:

$$M = K_i I$$

式中:$K_i$——与结构有关的常系数;$I$——流入线圈的被测电流值。

该表达式说明产生的电磁转矩与流过线圈的电流成正比。

在电磁转矩作用下,线圈和指针一起偏转。当活动部分偏转时,弹簧游丝将产生反作用力矩。反作用力矩 $M_\alpha$ 与偏转角 $\alpha$ 成正比,即

$$M_\alpha = D\alpha$$

式中:$D$——游丝的反作用系数,其大小与游丝的材料和尺寸有关。

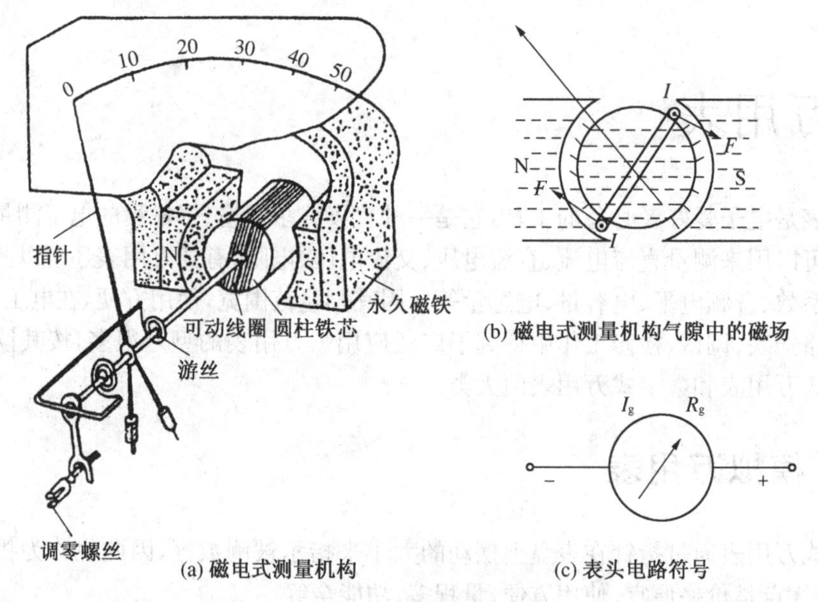


(a) 磁电式测量机构　　(b) 磁电式测量机构气隙中的磁场　　(c) 表头电路符号

**图 5.1.1　磁电系测量机构**

当电磁转矩与反作用力矩平衡时,活动部分就停留在这一平衡位置,仪表指针便指出被测电流的大小。

$$M_\alpha = M$$

即

$$D\alpha = K_i I$$

于是

$$\alpha = K_i I / D = KI$$

式中,$K = K_i I$ 为常系数。因此,万用表表头的偏转角 $\alpha$ 与表头线圈流过的电流 I 成正比。表头的电路符号如图 5.1.1(c)所示。

表头的基本参数包括表头内阻、灵敏度和直线性,这是表头的三项重要技术指标。

表头内阻 $R_g$ 是指动圈所绕漆包线的直流电阻,严格讲还应包括上下两盘游丝的直流电阻。内阻高的万用表性能好。万用表表头内阻一般在几千欧姆左右。

表头灵敏度 $I_g$ 是指表头指针达到满刻度偏转时的流过表头的电流大小,也称为满度电流,这个值越小,说明表头灵敏度越高,表头性能越好。通常表头灵敏度只有几微安到几百微安。

表头直线性是指万用表指针偏转角度与通过表头的电流强度幅度是相互一致的。

根据磁电系测量机构的工作原理,其指针的偏转角 $\alpha$ 与被测电流 I 的大小成正比,因此仪表的刻度是均匀分布的,如图 5.1.2 所示,这样给准确读数带来了方便。

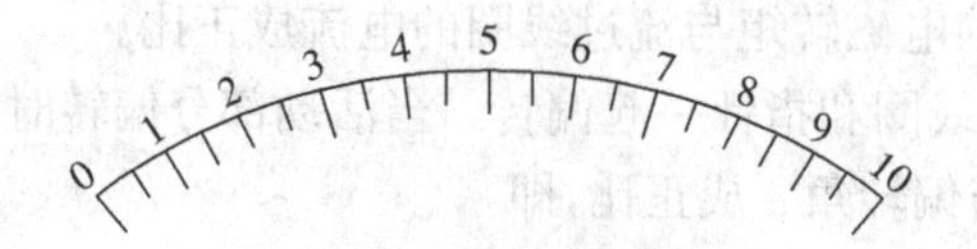


**图 5.1.2　均匀刻度标尺**

2) 转换开关

转换开关是用来选择测量项目和量程的。转换开关由多个固定触点和活动触点组成。

当固定触点与活动触点接触时就可以接通电路。活动触点一般称为“刀”,固定触点一般称为“掷”。万用表中采用的转换开关通常为多刀多掷,且各刀之间是联动的。当转换开关转到某一位置时,可动触点就和某个固定触点接触,从而接通相应的测量电路。因此,要求转换开关必须触点紧密导电良好,定位正确,旋转时轻松、具有弹力和手感舒适。

3) 测量电路

测量电路是用来把各种被测量转换到适合表头测量的微小直流电流的电路,它由电阻、半导体元件及电池组成。它能将各种不同的被测量、不同的量程,经过一系列的处理统一变成一定量限的微小直流电流送入表头进行测量。

## 5.1.2 万用表表盘

表盘是万用表测量结果的读数装置。万用表的弧形刻度尺其长度是按动圈偏转 90°而定的。万用表至少有 4 条刻度线,一般上面的一条是电阻刻度尺,刻度尺右边是 0 刻度及 Ω 符号,左边是被测电阻为无限大符号∞。下面第一条是交直流电压和直流电流公用的刻度线,左边标有～、一符号,再下面是晶体三极管直流放大系数刻度线,左边标有 $h_{FE}$ 符号,最下面的标有 dB,指示的是音频电平。

万用表表盘上除了刻度尺外,还有各种图形符号和字母,如表 5.1.1 所示。

**表 5.1.1 万用表表盘常用符号及意义**

<table>
<tr><th>字符种类</th><th colspan="2">文字或符号</th><th colspan="2">说 明</th></tr>
<tr><td>工作原理</td><td colspan="2"></td><td colspan="2">左:磁电系仪表;右:整流系仪表</td></tr>
<tr><td>工作位置</td><td colspan="2">⊥ 或 ↑   ⌐ 或 →</td><td colspan="2">左:垂直放置使用;右:水平放置使用</td></tr>
<tr><td>电源种类</td><td colspan="2">— 或 DC   ～ 或 AC   ≂</td><td colspan="2">左:直流:交流;右:直流和交流</td></tr>
<tr><td rowspan="2">外界条件</td><td></td><td>一级防外磁场</td><td>方框内为磁电系仪表</td><td>在 5 奥斯特磁场影响下,精度误差为±5%</td></tr>
<tr><td>Ⅱ (Ⅱ)</td><td>二级防外磁场(电场)</td><td>方框中的数字(例)为防外磁(电)场级数</td><td>条件同上,二级:±1%;三级:±2.5%;四级:±5%</td></tr>
<tr><td rowspan="2">绝缘强度</td><td colspan="2">☆(0)   ☆</td><td colspan="2">左:不进行绝缘强度试验;<br>右:绝缘强度试验为 500 V</td></tr>
<tr><td>☆(3) 或 ⚡3 kV</td><td>五星内数字(例)为 kV 数</td><td colspan="2">表笔间能承受 50 Hz/3 kV 1 min 的交流电绝缘强度试验</td></tr>
<tr><td rowspan="2">精度</td><td colspan="2">−2.5   ～1.0   5.0</td><td colspan="2">分别(例)为三种“以工作部分上限的百分数表示”的精度</td></tr>
<tr><td colspan="2">1.0 ∨   2.5 ∨</td><td colspan="2">分别(例)为两种“以标尺工作部分长度的百分数表示”的精度</td></tr>
<tr><td>灵敏度</td><td colspan="2">20 kΩ/V   1 kΩ/V   5 kΩ/V</td><td colspan="2">左:直流灵敏度;中:交流灵敏度;右:交直流灵敏度</td></tr>
</table>

**续表 5.1.1**

<table>
<tr><th>字符种类</th><th>文字或符号</th><th>说 明</th></tr>
<tr><td>电子</td><td>0 dB=1 mW<br>600 Ω<br><table><tr><td>～(V)</td><td>dB</td></tr><tr><td>50</td><td>+14</td></tr><tr><td>100</td><td>+20</td></tr><tr><td>250</td><td>+28</td></tr></table></td><td>左:表示以 600 Ω 负载上得到 1 mW 的功率作为零分贝参考电平<br>右:表示各交流电压档测电压时,还应加上的分贝数,例如用 100 V 档测时,应加上 2 dB</td></tr>
<tr><td>插孔</td><td>+ − * 2.5 A PNP NPN</td><td>分别为正(红)表笔、负(黑)表笔、公共负(黑)表笔、2.5 A 正(红)表笔、两类三极管插孔</td></tr>
<tr><td rowspan="4">其他</td><td>Ω (或↙Ω↘)</td><td>电挡调零器</td></tr>
<tr><td>45～1 500 Hz、45～65～1 000 Hz</td><td>分别(例)为两种工作频率范围</td></tr>
<tr><td>Hz</td><td>赫兹</td></tr>
<tr><td>$L$(H)、$C$(μF)、$W$(W)、$h_{FE}$</td><td>分别为电感(亨[利])、电容(微法)、功率(瓦[特])、晶体管直流放大系(倍)数</td></tr>
</table>

## 5.1.3 万用表的测量电路

### 1) 直流电流测量电路

直流电流测量电路是万用表的基础电路,因此要了解万用表的测量电路,应首先了解直流电流测量电路。指针式万用表的表头本身就是一个量程为满度电流 $I_g$ 的直流电流表,用它测量电流只能测量大小比 $I_g$ 小的电流,如果要测量比它满刻度值大的电流就要与表头并联分流电阻来扩展电流量程。量程越大,并联的分流电阻越小。

直流电流多量程测量电路分为独立分流电阻式电路和环行分流电阻式电路。独立分流电阻式电路原理如图 5.1.3 所示,图中各电流量程的分流电阻是各自独立的,在转换过程中,分流电阻与表头呈开路状态。

如果已知表头的满偏电流 $I_g$ 和表头内阻 $R_g$,则量程为 $I_x$ 时所需用的分流电阻 $R_{FL}$ 可按下式求得:

$$R_{FL}=\frac{I_g R_g}{I_x-I_g}$$

独立分流电阻式分流电路各量程分流电阻可单独调整,不会影响其它量程的阻值,但是在各量程之间转换的过程中,分流电阻与表头呈开路状态,会使被测电流不经过分流电阻而全部流向表头,当流过表头的电流大大超过满度电流时会导致表头损坏。因此万用表直流电流挡普遍采用环行分流电阻式分流电路。

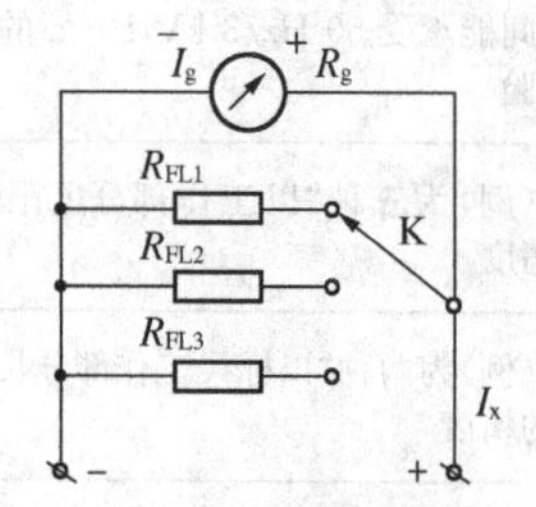


图 5.1.3 独立分流电阻式分流电路

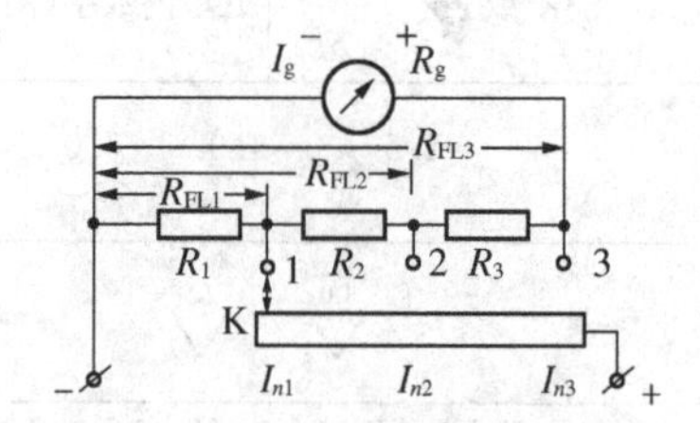


图 5.1.4 环行分流电阻式分流电路

如图 5.1.4 所示,环行分流电阻式电路各量程的分流电阻彼此串联后再与表头并联,从而形成一个闭合回路。当转换开关 $K$ 换接到不同位置时,可以改变分流电阻阻值,从而达到变换量程的目的。

当 K 接 3 端时,$R_1+R_2+R_3(R_{FL3})$构成一个分流器,使测量电流的量程为 $I_{n3}$。

当 K 接 2 端时,$R_3$ 与表头串联,其分流电阻是 $R_1+R_2(R_{FL2})$,此时分流器电阻值减小,而表头支路电阻增加为 $R_g+R_3$,此时电流测量量程扩大为 $I_{n2}$。

当 K 接 1 端时,$R_2+R_3$ 与表头串联,其分流电阻是 $R_1(R_{FL1})$,此时电流测量量程扩大为 $I_{n1}$,显然,$I_{n1}>I_{n2}>I_{n3}$。

由图 5.1.4 可知,当开关 K 接触不良或失灵时,环形分流器中没有电流流过,不会烧坏表头,因此模拟万用表直流电流挡的设计大多采用此分流方式。

在直流电流挡的测量电路中分流电阻的确定可按下面的方法进行确定:

① 以图 5.1.4 为例,先根据表头参数 $I_g$ 及 $R_g$ 按最小电流量程挡 $I_{n3}$ 计算出分流器总电阻 $R_{FL3}$(即 $R_1+R_2+R_3$),计算时可以令电路的总电阻 $R_1+R_2+R_3+R_g$ 即 $R_{FL3}+R_g$ 为 $R_\Sigma$。

当 K 接 3 端时,$R_1+R_2+R_3$ 与 $R_g$ 并联,环形分流器总电流为该挡量程 $I_{n3}$,流过表头的支路电流为满偏电流 $I_g$,流过 $R_1$、$R_2$、$R_3$ 电阻的支路电流则为$(I_{n3}-I_g)$。根据并联电路分流公式可知:$\dfrac{I_g}{I_{n3}-I_g}=\dfrac{R_{FL3}}{R_g}$。

即:
$$I_g=\frac{R_{FL3}}{R_{FL}+R_g}I_{n3}=\frac{R_{FL3}}{R_\Sigma}I_{n3}=\frac{R_1+R_2+R_3}{R_\Sigma}I_{n3}$$

因为 $I_g$、$R_g$ 和 $I_{n3}$均为已知,所以可以根据上式求出 $R_{FL3}$也就是 $R_1+R_2+R_3$ 的值。

通过计算得到的总分流器电阻 $R_{FL3}$一般为小数,工厂在批量生产时通常取其最接近的整数电阻值,学生在设计和安装调试的过程中只需要取最接近的标称阻值即可。

在指标要求比较高的设计中,为了保持分流关系不变,须在表头上再串一只可变线绕电阻 $R_0$,$R_0$ 串入后还可起到补偿作用,就是当表头参数有所变动时,可调节 $R_0$ 进行补偿。

② 确定各挡的分流电阻值

方法同①,可依次计算出 $I_{n1}$和 $I_{n2}$挡的分流电阻值。

开关 K 接 2 端时:
$$I_g=\frac{R_{FL2}}{R_\Sigma}I_{n2}=\frac{R_1+R_2}{R_\Sigma}I_{n2}$$

根据上式,可计算出 $R_1+R_2$

开关 K 接 1 端时:
$$I_g=\frac{R_{FL1}}{R_\Sigma}I_{n1}=\frac{R_1}{R_\Sigma}I_{n1}$$

**【例 5.1.1】** 某万用表直流电流部分的电路图 5.1.4 所示,已知电路中 $I_g=100\ \mu A$、$R_g=1\ k\Omega$、$I_{n1}=200\ mA$、$I_{n2}=10\ mA$、$I_{n3}=0.5\ mA$,求出 $R_1$、$R_2$、$R_3$ 的值。

当 K 接 3 端时,$I_g=\dfrac{R_1+R_2+R_3}{R_\Sigma}I_{n3}$,式中 $R_\Sigma=R_1+R_2+R_3+R_g$

即
$$I_g=\frac{R_1+R_2+R_3}{R_1+R_2+R_3+R_g}I_{n3}$$

则
$$R_1+R_2+R_3=\frac{I_gR_g}{I_{n3}-I_g}=\frac{0.1\ \text{mA}\times 1\ \text{k}\Omega}{0.5\ \text{mA}-0.1\ \text{mA}}=0.25\ \text{k}\Omega$$

所以可知：　$R_\Sigma=R_1+R_2+R_3+R_g=0.25\ \text{k}\Omega+1\ \text{k}\Omega=1.25\ \text{k}\Omega$

当 K 接 2 端时，$I_g=\frac{R_1+R_2}{R_\Sigma}I_{n2}$

即
$$R_1+R_2=\frac{I_gR_\Sigma}{I_{n2}}=\frac{0.1\ \text{mA}\times 1.25\ \text{k}\Omega}{10\ \text{mA}}=12.5\ \Omega$$

当 K 接 1 端时，$I_g=\frac{R_1}{R_\Sigma}I_{n1}$

即
$$R_1=\frac{I_gR_\Sigma}{I_{n1}}=\frac{0.1\ \text{mA}\times 1.25\ \text{k}\Omega}{100\ \text{mA}}=1.25\ \Omega$$

$$R_1=1.25\ \Omega$$

因此：
$$R_2=12.5\ \Omega-1.25\ \Omega=11.25\ \Omega$$
$$R_3=250\ \Omega-12.5\ \Omega=237.5\ \Omega$$

2）直流电压测量电路

根据欧姆定律 $U=IR$，一只表头灵敏度为 $I_g$，内阻为 $R_g$ 的表头，就相当于一个量程为 $U=I_gR_g$ 的电压表。如果要测量大于 $U$ 的电压，则需要扩展量程，直流电压挡扩展量程的方法是串联附加电阻，量程越大，串联的附加电阻越大。

串联附加电阻的方法有单独配用附加电阻和共用附加电阻两种。图 5.1.5 所示为单独配用附加电阻的多量程直流电压表电路图。电路中不同的电压挡用不同的附加电阻，各挡之间互不影响，当某一挡的附加电阻被烧坏，不会影响其他挡的测量。

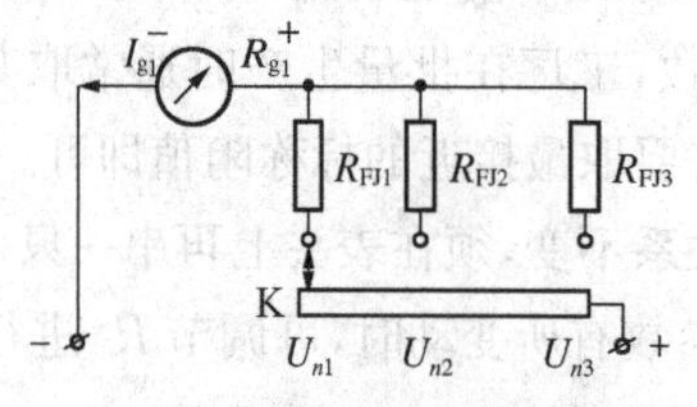


**图 5.1.5　单独配用附加电阻的直流电压测量电路**

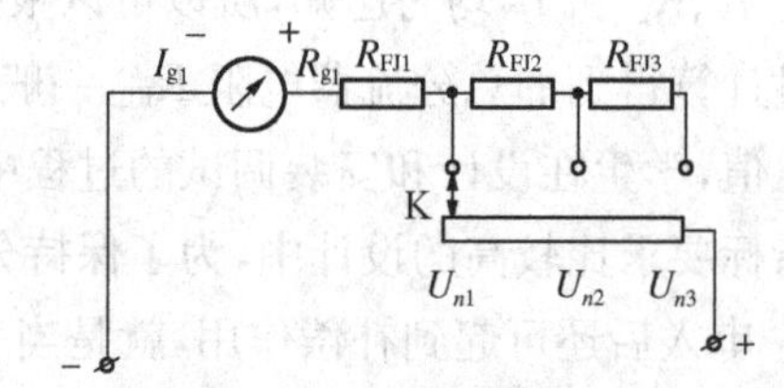


**图 5.1.6　公用附加电阻的多量程直流电压测量电路**

图 5.1.6 所示为共用附加电阻的多量程直流电压表电路图。电路中低电压挡的附加电阻也被其它高电压量程所利用，这种电路的优点是可以节省绕制电阻的材料，如价格昂贵的锰铜丝，万用表中多采用共用附加电阻方式。但当低电压挡的附加电阻损坏时会影响高电压挡的测量。

在图 5.1.6 所示的电路中，若已知 $I_{g1}$、$R_{g1}$、$U_{n1}$、$U_{n2}$、$U_{n3}$

则

$$R_{FJ1}=\frac{U_{n1}-I_{g1}R_{g1}}{I_{g1}}$$

$$R_{FJ2}=\frac{U_{n2}-U_{n1}}{I_{g1}}$$

$$R_{FJ3}=\frac{U_{n3}-U_{n2}}{I_{g1}}$$

在直流电压测量电路中，电压灵敏度 $K_V$ 作为万用表的一个重要指标一般会标注在表盘上，分为直流电压灵敏度和交流电压灵敏度两种。直流电压灵敏度指的是直流电压挡每伏量程所具有的内阻，单位为 Ω/V。电压灵敏度越高，万用表的性能也越好。

所以，在直流电压挡的测量电路中，附加电阻也可以根据电压灵敏度来确定。

即

$$R_{FJ1}=K_V U_{n1}-R_{g1}$$
$$R_{FJ2}=K_V(U_{n2}-U_{n1})$$
$$R_{FJ3}=K_V(U_{n3}-U_{n2})$$

**【例 5.1.2】** 图 5.1.6 所示的电路中，已知直流电压挡 $U_{n1}=10$ V、$U_{n2}=50$ V、$U_{n3}=250$ V、$I_{g1}=100$ μA、$R_{g1}=1$ kΩ，求出各挡附加电阻 $R_{FJ1}$、$R_{FJ2}$、$R_{FJ3}$ 的值和电压灵敏度 $K_V$。

由图可知：$R_{FJ1}=\frac{U_{n1}}{I_{g1}}-R_{g1}=\frac{10\ \text{V}}{0.1\ \text{mA}}-1\ \text{k}\Omega=99\ \text{k}\Omega$

$$R_{FJ2}=\frac{U_{n2}-U_{n1}}{I_{g1}}=\frac{50\ \text{V}-10\ \text{V}}{0.1\ \text{mA}}=400\ \text{k}\Omega$$

$$R_{FJ3}=\frac{U_{n3}-U_{n2}}{I_{g1}}=\frac{250\ \text{V}-50\ \text{V}}{0.1\ \text{mA}}=2\ \text{M}\Omega$$

$$K_V=\frac{(R_{FJ1}+R_{g1})}{U_{n1}}=\frac{R_{FJ2}}{U_{n2}-U_{n1}}=\frac{R_{FJ3}}{U_{n3}-U_{n2}}=10\ \text{k}\Omega/\text{V}$$

细心的同学可能发现，在图 5.1.5 和图 5.1.6 中，表头参数与直流电流挡中的表头参数不一样了，图 5.1.6 中的表头参数是等效表头的参数。在直流电压挡的测量电路中，会和直流电流挡公用一部分电阻，为了简化设计，可以把公用的部分(如图 5.1.7(a)中的虚线框部分)作为等效表头，等效以后的电路如图 5.1.7(b)所示。该等效表头的电流灵敏度 $I_{g1}$ 的大小为直流电压挡附加电阻在直流电流挡接入点的量程，即 $I_{g1}=I_{n3}$；等效表头内阻 $R_{g1}$ 的大小为从接入点看进去的等效电阻，即 $R_{g1}=(R_1+R_2+R_3)//(R_6+R_7+R_8+R_g)$。

等效表头是万用表测量电路的设计中非常重要的部分，在交流电压和电阻挡的测量电路中都需要先对测量电路进行等效，计算出等效表头的参数。

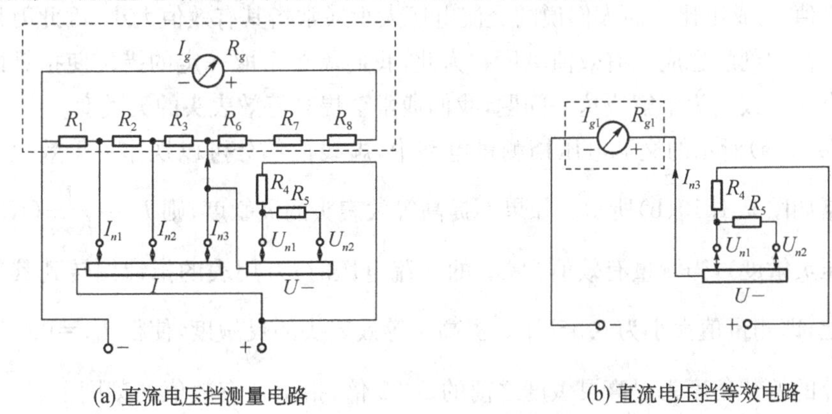


(a) 直流电压挡测量电路　　(b) 直流电压挡等效电路

**图 5.1.7　直流电压挡测量电路和等效电路**

3）交流电压测量电路

由于万用表的测量机构采用磁电系测量机构，只适于测量直流电压，所以当被测电压为正弦交流电压时，必须经过整流电路，把交流电压整流成直流电压才能加以测量。整流电路有全波整流和半波整流两种，万用表交流电压测量电路，多采用半波整流电路，如图 5.1.8 所示。

图 5.1.8 中 $VD_1$ 为整流二极管。当交流电压处于正半周时，$VD_1$ 导通，在表头和附加电阻上产生整流电流，使表针偏转。$VD_2$ 为反向保护二极管，如果没有 $VD_2$，则负半周时反向电压全加在 $VD_1$ 上，可能将其击穿。有了 $VD_2$ 后，负半周时 $VD_2$ 导通，使 $VD_1$ 两端电压很低，不会被击穿。

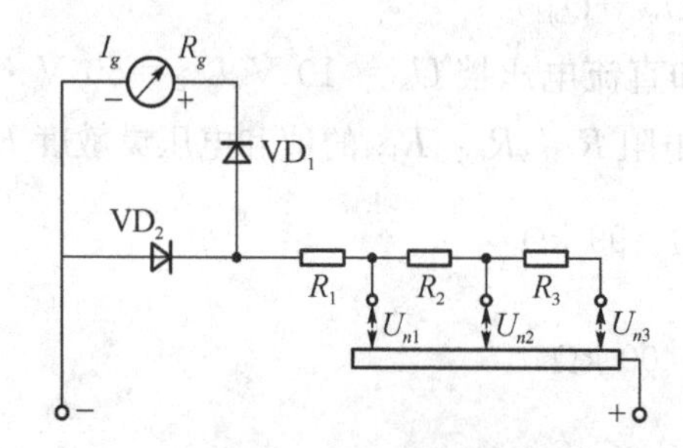

**图 5.1.8　交流电压挡测量电路原理图**

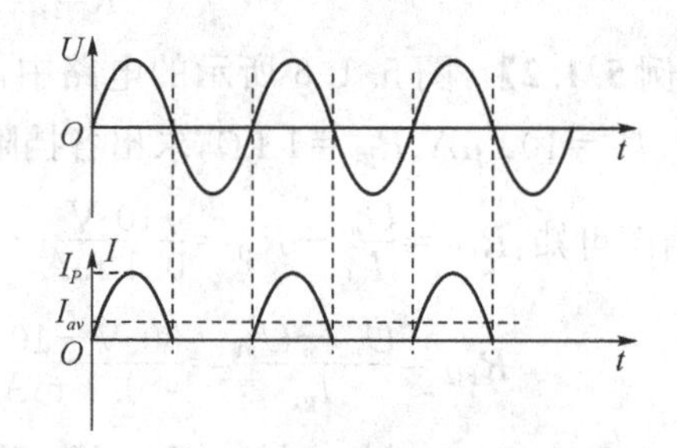

**图 5.1.9　半波整流的电压、电流波形**

半波整流的电压、电流波形如图 5.1.9 所示。图中，半波整流电流的峰值为 $I_P$，平均值为 $I_{av}$，二者与电流有效值的关系如下：

半波整流电流的平均值　　$I_{av}=\frac{I_P}{\pi}$

式中，$I_P$ 为半波整流电流的峰值。

有效值　　$I=\frac{I_P}{\sqrt{2}}$

因此　　$I_{av}=\frac{\sqrt{2}}{\pi}I\approx 0.45I$

图 5.1.8 中，交流电压经半波整流后因为机械惯性的原因使得指针的偏转角 $\alpha$ 与整流电流的平均值 $I_{av}$ 成正比。而人们说的交流电压大小通常指其有效值大小，因此万用表表盘上交流电压挡的刻度也应是有效值刻度。为此，我们需要采取一定的措施使指针的偏转与有效值大小相一致。为了解决这一问题，我们通常会提高等效表头的灵敏度。

图 5.1.10(a)所示的交流电压挡测量电路中，虚线框部分可以视作一等效表头。等效以后的电路如图 5.1.10(b)所示。如果不提高等效表头的灵敏度，则 $I_{g2}=\frac{1}{K_{V\sim}}$（$K_{V\sim}$ 为交流电压挡电压灵敏度），当测量有效值为 $U_{n1}$ 的交流电压时，万用表的指针偏转到其平均值大小的刻度上，即测量值大小为 $0.45U_{n1}$。提高了等效表头的灵敏度，使得 $I_{g2}=0.45\frac{1}{K_{V\sim}}$ 后，万用表指针的偏转角度为提高灵敏度之前的 2.22 倍，指示在有效值的刻度上，使得测量值的大小和有效值一致。

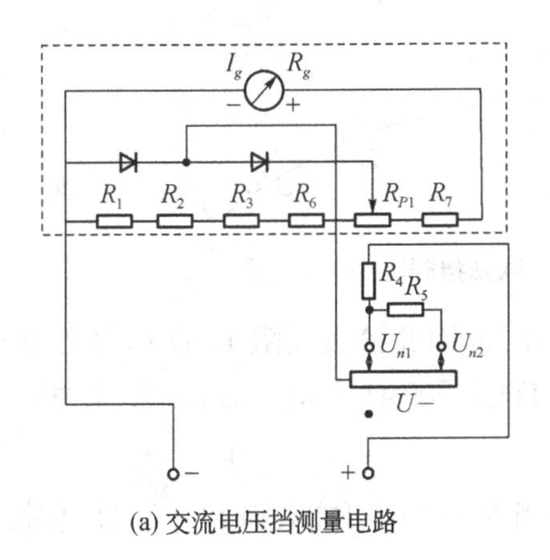


(a) 交流电压挡测量电路

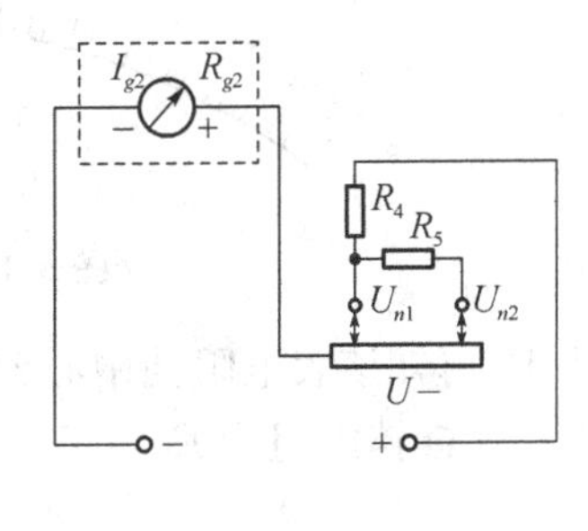


(b) 交流电压挡等效电路

**图 5.1.10 交流电压挡测量电路和等效电路**

**【例 5.1.3】** 图 5.1.8 所示电路中，已知 $R_{g2}=2\ \text{k}\Omega$、$K_{V\sim}=10\ \text{k}\Omega/\text{V}$、$U_{n1}=10\ \text{V}$、$U_{n2}=50\ \text{V}$、$U_{n3}=250\ \text{V}$，二极管 $VD_1$、$VD_2$ 视作理想，求出各挡附加电阻 $R_1$、$R_2$、$R_3$ 的值和电流灵敏度 $I_{g2}$。

根据已知条件，可得：$R_1=10\times K_V-R_{g2}=10\times 10\ \text{k}\Omega-2\ \text{k}\Omega=98\ \text{k}\Omega$

$$R_2=(50\ \text{V}-10\ \text{V})K_V=40\ \text{V}\times 10\ \text{k}\Omega/\text{V}=400\ \text{k}\Omega$$

$$R_3=(250\ \text{V}-50\ \text{V})K_V=200\ \text{V}\times 10\ \text{k}\Omega/\text{V}=2\ \text{M}\Omega$$

$$I_{g2}=0.45\frac{1}{K_{V\sim}}=0.45\frac{1}{10\ \text{k}\Omega/\text{V}}=0.045\ \text{mA}=45\ \mu\text{A}$$

4）电阻值测量电路

用万用表测量电阻的电路是依据欧姆定律的原理设计出的，其基本电路由表头、电池（一般用干电池）和电阻组成，如图 5.1.11 所示。

被测电阻 $R_x$ 大小不同，流过表头的电流 $I$ 也会不同：

$R_x=0$ 时，$I=\dfrac{E}{R+R_g}=I_g$，指针满偏转。

式中，$R+R_g=R_0$，为电阻挡内阻。

$R_x=R_0$ 时，$I=\dfrac{E}{R_0+R_x}=\dfrac{E}{2R_0}=\dfrac{1}{2}I_g$，指针半偏转。

$R_x=2R_0$ 时，$I=\dfrac{E}{R_0+R_x}=\dfrac{E}{3R_0}=\dfrac{1}{3}I_g$，指针 1/3 偏转。

…

$R_x=\infty$时，$I=\dfrac{E}{R_0+R_x}=\dfrac{E}{\infty}=0$，指针不偏转。

**图 5.1.11 欧姆表原理电路**

从上面的表达式可知，当 $R_x=R_0$ 时，$I=\dfrac{1}{2}I_g$，指针半偏转，此时，被测电阻的阻值为中心刻度×倍率，我们把该阻值称为中心阻值。因此，万用表某一挡的内阻即为该挡的中心电阻值。从上述的表达式同时可知 $I$ 与 $R_x$ 两者的关系是非线性的，所以万用表电阻挡的刻度是不均匀的，中心刻度越大，电阻挡的均匀性越好。某万用表电阻挡刻度如图 5.1.12 所示。

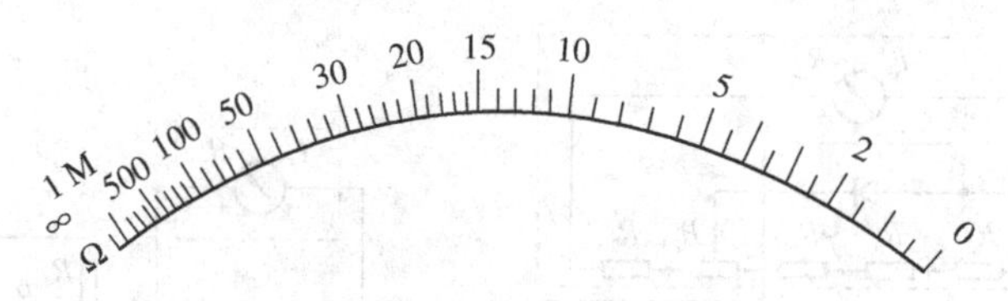


图 5.1.12　欧姆挡刻度

由图 5.1.12 可知该表电阻挡中心刻度为 15，因此该表电阻 10 Ω 挡内阻为 $R_0=15\times10\ \Omega=150\ \Omega$，100 Ω 挡内阻为 $R_0=15\times100\ \Omega=1\ 500\ \Omega$，1 kΩ 挡内阻为 $R_0=15\times1\ \text{k}\Omega=15\ \text{k}\Omega$。

电阻挡使用时间久了，电池电压会降低，当 $R_x=0$ 时可能会因 $I=\dfrac{E}{R_0}<I_g$ 使指针不能满偏；而新电池电压较高，当 $R_x=0$ 时可能会因 $I=\dfrac{E}{R_0}>I_g$ 使指针偏转超过满刻度，因此欧姆表中均采用调零装置。

图 5.1.13 是大多数欧姆表采用的电路，电位器 $R_{P1}$ 即是调零电位器。只要调节得当，可保证电池电压在一定变化范围内，当 $R_x=0$ 时，通过调节 $R_{P1}$ 均可使指针指示在零位。

欧姆表的刻度包含了从 0～∞的全部电阻值，但是当指针偏转很大或很小时，因读数不易分辨，将导致测量误差偏大，因此欧姆挡的设计必须考虑多测量倍率，而欧姆挡测量倍率的改变是通过改变其中值电阻来实现的。

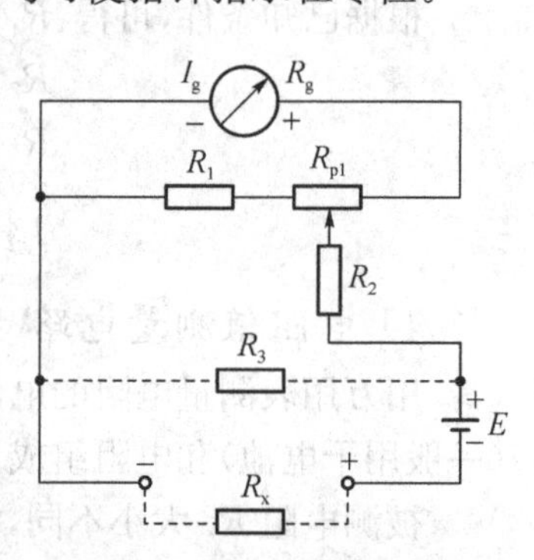


图 5.1.13　欧姆挡调零电路

改变欧姆挡的倍率通常用如图 5.1.13 中虚线部分所示的方法，在电路中并联电阻 $R_3$，这时欧姆表的中值电阻等于未并联前的中值电阻与 $R_3$ 并联，并联后内阻减小，倍率减小。欧姆表量程扩展计算由大倍率开始。如果需要测量更大的电阻，也就是希望欧姆表的中值电阻变大，这时可以在增大中值电阻的同时，为保证调零的需要，增大电源电压 $E$ 的大小。

**【例 5.1.3】** 某万用表欧姆挡测量电路如图 5.1.13 所示，未并联电阻 $R_3$ 之前为电阻 ×1 kΩ 挡，并联 $R_3$ 之后为电阻 ×100 Ω 挡，中心刻度为 10，求电阻 $R_3$ 的值。

由题可知：×1 kΩ 挡的内阻为 $10\times1\ \text{k}\Omega=10\ \text{k}\Omega$

×100Ω 挡的内阻为 $10\times100\Omega=1\ \text{k}\Omega=R_3//10\ \text{k}\Omega$

即：
$$\frac{R_3\times10\ \text{k}\Omega}{R_3+10\ \text{k}\Omega}=1\ \text{k}\Omega$$

得：
$$R_3=1.11\ \text{k}\Omega$$

## 5.1.4　万用表的使用注意事项

万用表类型较多，面板上的旋钮和刻度盘标记也有所不同。所以在使用万用表之前，必须仔细看清拨动开关所选择测量的物理量和量程，熟悉刻度盘上各条刻度所对应的物理量。万用表的正确使用应注意以下几点：

(1) 使用之前应检查表头指针是否在零位上，若不在零位，应先进行“机械调零”。

(2) 测量时表笔应插入正确的插孔。

(3) 拨动开关必须拨在正确的测量功能和挡位。拨错挡位很可能会损坏万用表,例如测电压时,误拨在电流或电阻挡,将会烧断保险丝甚至烧坏表头。

(4) 测量电流或电压时,一般从大量程开始选择,根据指针的偏转再逐步减小量程,应注意不能在测量的同时更换量程,尤其是在测量高电压或大电流时更应注意,否则会使万用表损坏。

(5) 测量电阻时,测量前应先把红黑表笔短接,调节"调零"电位器,使指针满偏后再测量。另外,不能在带电的电路中测量电阻,以免损坏万用表。如果电路中有电容器,应先将其放电后才能测量。每换一次倍率,都要重新进行欧姆调零。

(6) 在测量高压交直流电时,应注意人体与高压之间的绝缘。

(7) 在万用表使用过程中,不能用手去接触表笔的金属部分,这样一方面可以保证测量的准确,另一方面也可以保证人身安全。

(8) 万用表使用完毕后,应将拨动开关拨到交流电压量程最大挡,这样不仅防止下次使用时忘拨量程开关造成损坏,也可以防止欧姆挡内电池消耗。因为万用表在电阻挡,尽管不用它,但放置万用表时如两表笔相碰在一起,表内电池将长期耗电,并容易导致电池液漏流出腐蚀万用表元器件和电路板。万用表长期不用时,应取出电池。

### 5.1.5 万用表的检验

#### 1) 仪表的精度等级

谈到仪表的精度等级,就不能不说到误差了,因为在测量中误差是不可避免要产生的。测量误差一般有以下两种表示方法:绝对误差和相对误差。

(1) 绝对误差 $\Delta X = X - X_0$ 表示测量中产生的误差的具体大小。

式中:$X$——被测量的测量值;

$X_0$——被测量的真值;

$\Delta X$——测量的绝对误差。

(2) 相对误差 $\gamma$

$$\gamma = (\Delta x / x_0) \times 100\%$$ 表示某一次测量的精度

对仪表精度等级的确定不可能只进行一次测量,而是要对某一量程进行多次测量,因此仪表的精度等级是根据最大引用误差 $\gamma_{nm}$ 来确定的。

$$\gamma_{nm} = (\Delta x_m / x_n) \times 100\%$$

式中:$\Delta x_m$——被检表示值范围内的最大绝对误差;

$x_n$——被检表的量程。

国家标准中规定,按照最大引用误差的大小,仪表的准确度分为七级,如表 5.1.2 所示。

**表 5.1.2 仪表等级及最大引用误差**

| 仪表等级 | 0.1 | 0.2 | 0.5 | 1.0 | 1.5 | 2.5 | 5.0 |
| --- | --- | --- | --- | --- | --- | --- | --- |
| 最大引用误差 | ±0.1% | ±0.2% | ±0.5% | ±1.0% | ±1.5% | ±2.5% | ±5.0% |

#### 2) 万用表的校验

在实际校验中,用比被校万用表准确度等级高 1～2 级的标准表的示值作为 $x_0$。

(1) 直流电流表的校验电路如图 5.1.14 所示,图中 $A_0$ 为标准表,A 为被校表。

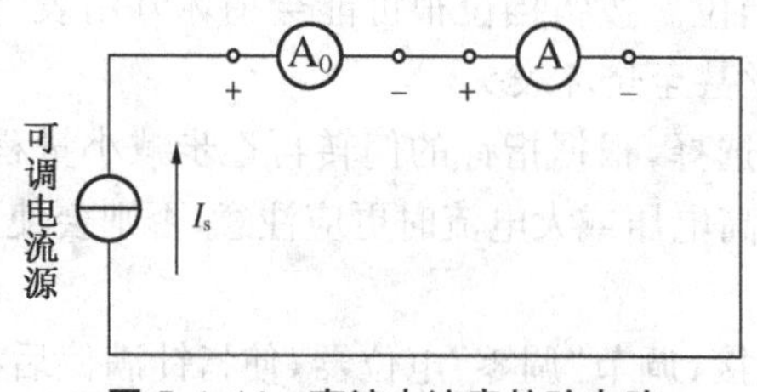

图 5.1.14　直流电流表校验电路

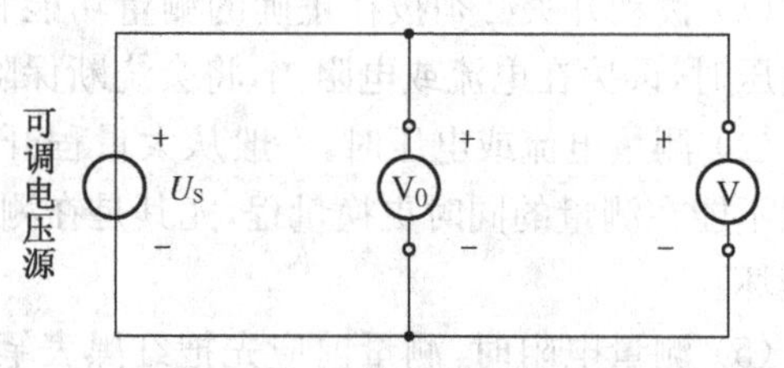

图 5.1.15　直流电压表校验电路

(2) 直流电压表的校验电路如图 5.1.15 所示，图中Ⓥ0为标准表，Ⓥ为被校表。

(3) 交流电压表的校验方法同直流电压表的校验。

在上述表计检验过程中，测量数据如表 5.1.3。

表 5.1.3　被校表测量数据

| 被校表测量值 $x$ | $x_1$ | $x_2$ | $x_3$ | $x_4$ | $x_5$ |
|---|---|---|---|---|---|
| 真值 $x_0$ | $x_{01}$ | $x_{02}$ | $x_{03}$ | $x_{04}$ | $x_{05}$ |
| 绝对误差 $\Delta x = x - x_0$ | $\Delta x_1$ | $\Delta x_2$ | $\Delta x_3$ | $\Delta x_4$ | $\Delta x_5$ |
| 最大绝对误差 $\Delta x_m$ | 取 $\Delta x_1 \sim \Delta x_5$ 中绝对值最大的 | | | | |
| 最大引用误差 $\gamma_m$ | | | | | |

根据测量数据计算出绝对误差 $\Delta x$，画出如图 5.1.16(a)所示的误差曲线(横轴为被校表的测量值 $x$，纵轴为绝对误差 $\Delta x$)。

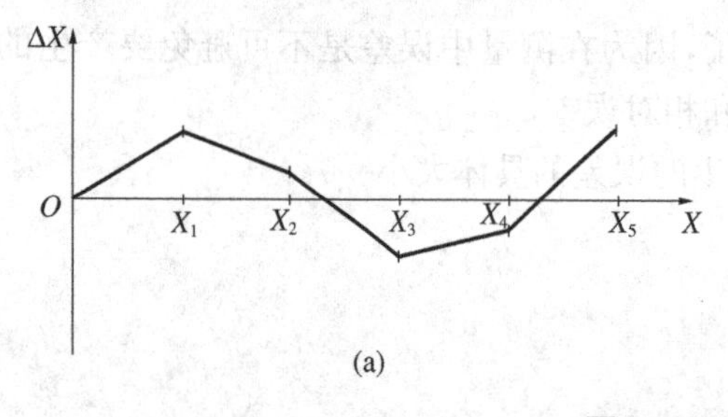


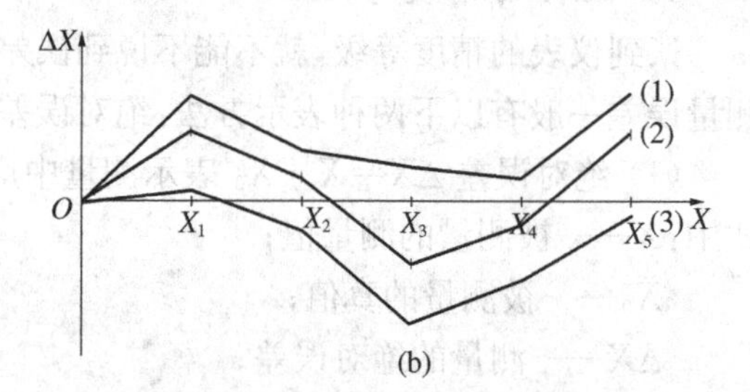

图 5.1.16　误差曲线

若所画误差曲线如图 5.1.16(b)中(2)所示，说明正、负误差分布相当，则被检表的误差分布合理。若如曲线(1)所示，则主要是正误差，曲线(3)主要是负误差，说明被检表灵敏度过高或过低，应调整相应矫正电位器使灵敏度达到正、负误差基本相同如曲线(2)所示。

(4) 电阻挡的校验电路如图 5.1.17 所示，图中 $R_0$ 为标准电阻箱，Ⓞ为被校表。

电阻挡只要调零、校验中心刻度值和主刻度值即可。调零时将万用表的红黑表笔短接，调节被校欧姆表的调零电位器使之指示在零刻度。校准中心刻度值和主刻度值是以指示值的百分数计算，其误差在±10%以内即可。

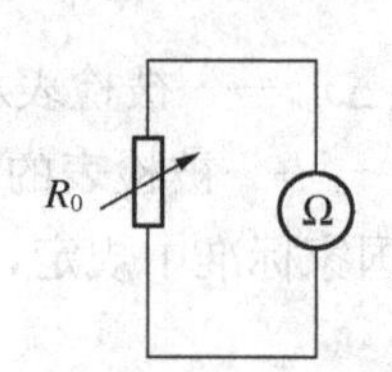

图 5.1.17　电阻挡校验电路

## 5.1.6　实习型万用表组装校验

前面已经介绍了万用表的相关知识，下面要求学生根据所学理论知识，亲自动手安装并调试万用表，通过对万用表的电路分析、计算、组装和校验，熟悉万用表的工作原理，从而达到正确使用、校验、检修万用表的目的。

1）已有条件

实习型万用表电路原理图如图 5.1.18 所示，印刷电路板图如图 5.1.19 所示。该万用表表头满偏电流为 50 μA，内阻为 5 kΩ，电位器分别为 $R_{P1}$=3 kΩ，$R_{P2}$=3 kΩ，$R_{P3}$=10 kΩ，分流电阻 $R_{FL}$=15 kΩ，$VD_1$、$VD_2$ 可视为理想二极管。

2）实习任务

(1) 设计和计算

① 直流电流挡：已知 $I_{n1}$=200 mA，$I_{n2}$=20 mA，$I_{n3}$=1 mA，要求画出直流电流挡电路，并求出等效表头的表头参数及 $R_1$、$R_2$、$R_3$。

② 直流电压挡：已知 $U_{n1}$=20 V，$U_{n2}$=300 V，直流电压灵敏度为 1 kΩ/V，要求画出直流电压挡电路和等效电路，并求出等效表头的表头参数及 $R_4$、$R_5$。

③ 交流电压挡：已知 $U'_{n1}$=20 V，$U'_{n2}$=200 V，交流电压灵敏度为 1 kΩ/V，要求画出交流电压挡电路和等效电路，并求出等效表头的表头参数及 $R_6$、$R_7$。

④ 欧姆挡：已知 $R_{n1}$=1 kΩ，$R_{n2}$=100 Ω，欧姆挡的中心刻度为 16.5，要求画出欧姆挡电路和等效电路，并求出等效表头的表头参数及 $R_8$、$R_9$。

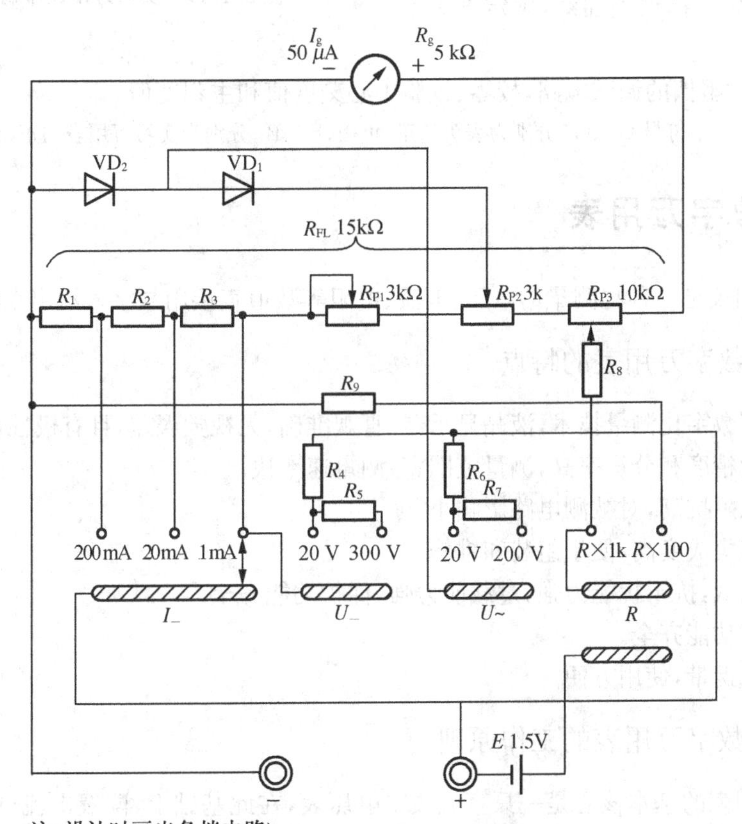


图 5.1.18　实习万用表电路图

(2) 画布线图

根据实习万用表电路原理图在印制电路板图上画出相应的连线图。

(3) 安装元器件和焊接实习万用表印刷电路板。

要求元器件安装和布线整齐、美观、焊接质量高。

(4) 调试及检验

① 画出直流电流挡的调试电路，说明校验电流挡的方法，校验并画出 $I_{n1}=20$ mA 挡的误差曲线，确定准确度等级。

② 画出直流电压挡的调试电路，校验并画出 $U_{n1}=20$ V 挡的误差曲线，确定准确度等级。

③ 画出交流电压挡的调试电路，校验并画出 $U_{n1\sim}=20$ V 挡误差曲线，确定准确度等级。

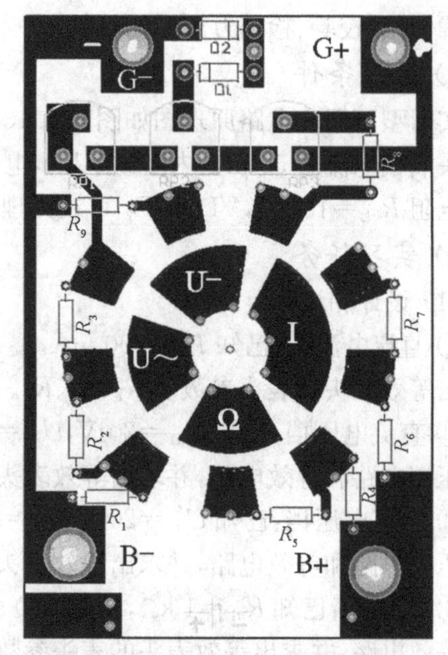


**图 5.1.19　实习万用表印刷板图**

④ 画出欧阻挡的调试电路，校零、校验中心刻度值和主刻度值。

注：图 5.1.19 中符号 $G^+$、$G^-$ 分别为表头的正、负极；$B^+$、$B^-$ 分别为实习万用表的正、负极。

## 5.2　数字万用表

数字万用表是一种将测量的电压、电流、电阻等数值直接用数字显示出来的测试仪表。

### 5.2.1　数字万用表的特点

(1) 采用数字化测量技术，液晶显示器，直观准确，无视觉误差，且有极性显示功能。

(2) 测量精度和分辨率高，测量范围宽，测量速率快。

(3) 输入阻抗高，对被测电路影响小。

(4) 电路集成度高，便于组装和维修。

(5) 功耗低，抗干扰能力强，过载能力强，保护功能齐全。

(6) 测试功能齐全。

(7) 便于携带，使用方便。

### 5.2.2　数字万用表的工作原理

数字万用表的基本核心是一只直流数字电压表，在此基础上，配置电流-电压、交流-直流电压、欧姆-电压等各类转换器，便可对交、直流电流，交、直流电压，电阻等电气量进行测量，并以数字形式显示出来。数字万用表的基本结构如图 5.2.1 所示。它由功能转换器、A/D 转换器、LCD 显示器(液晶显示器)、电源和功能量程转换开关等构成。当然，由于具体结构的不同，功能的强弱不同，每种表还有其各自复杂程度不同的特殊附加电路。

常用的数字万用表显示数字位数有三位半、四位半、和五位半之分。对应的数字显示最大值分别为 1 999、19 999 和 199 999，并由此构成不同型号的数字万用表。

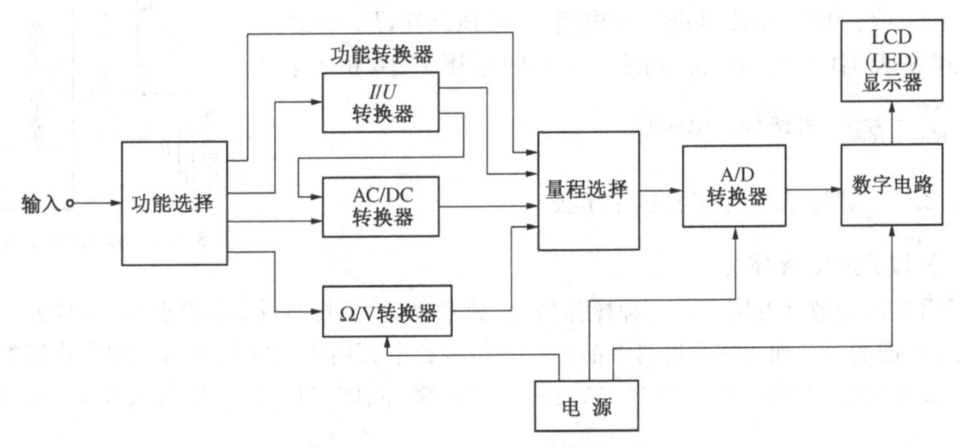


图 5.2.1 数字万用表的基本结构

1) 直流数字电压表头工作原理

直流数字电压表头的工作过程实质上是一个模-数(A/D)转换过程，数字表的工作要求以高准确度和高分辨率为主，故一般采用双积分型 A/D 转换器。

2) 万用表其他部分工作原理

(1) 交-直流电压转换

在指针式万用表中采用二极管整流、滤波得到直流电压，但这种转换电路输入阻抗低，二极管非线性影响大。集成运算放大器的开环增益大，加上深度负反馈就能充分减小二极管的非线性影响，因此在数字万用表中采用负反馈集成运算放大器来实现交-直流电压转换，其工作原理如图 5.2.2 所示。

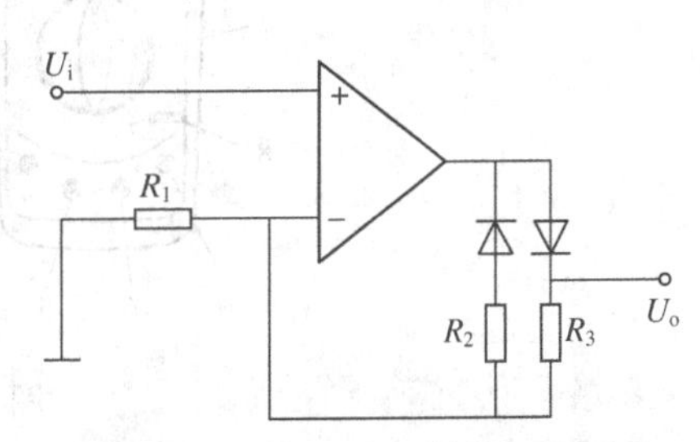


图 5.2.2 交-直流电压转换工作原理

(2) 电压-电流转换

电压量程转换采用电阻分压法，如图 5.2.3(a)所示。通过量程转换就可扩展测量范围。电流量程转换采用分流电阻的方法实现，如图 5.2.3(b)所示。

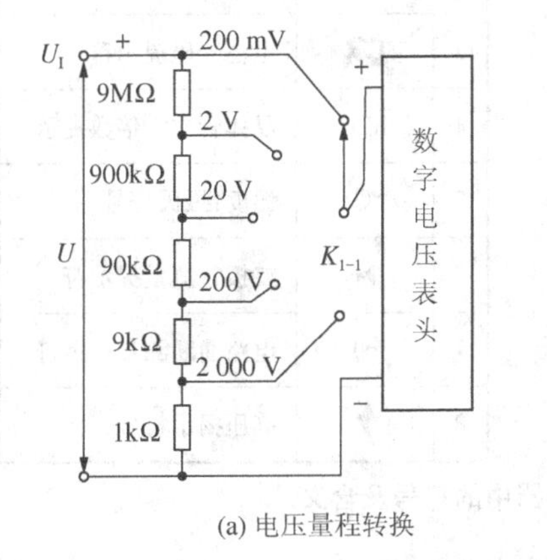


(a) 电压量程转换

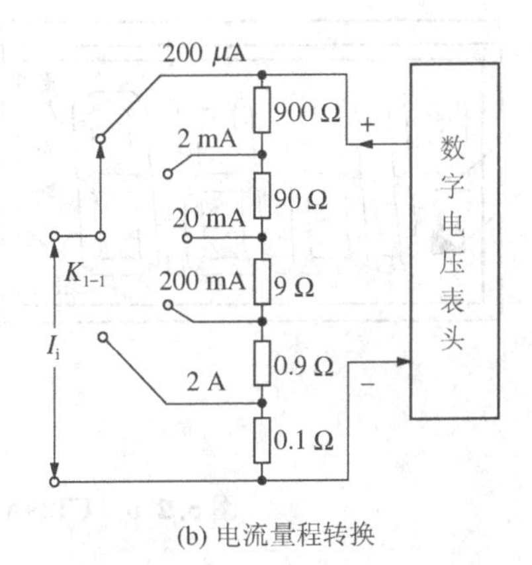


(b) 电流量程转换

图 5.2.3 电压、电流量程转换

(3) 欧姆-电压转换

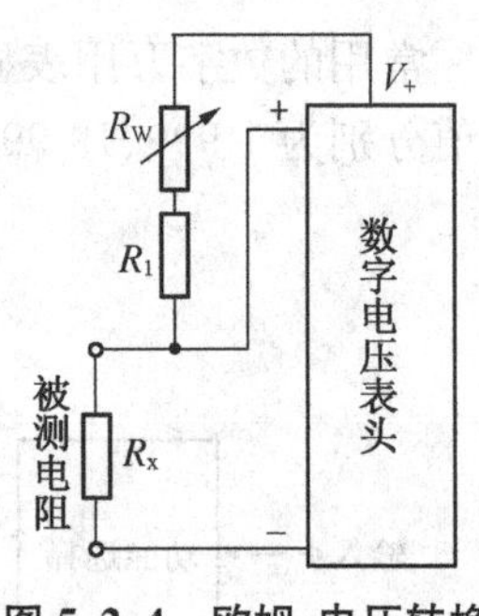


图 5.2.4　欧姆-电压转换

欧姆-电压转换原理如图 5.2.4 所示，$V_+$ 为数字电压表已知电源电压，$R_W$ 和 $R_1$ 组成基准比较电阻，其数值已知，$R_X$ 为被测电阻接在表笔的+、-两端，测定 $R_X$ 上的电压大小，由 $U_X=\frac{R_X}{R_X+R_W+R_1}V_+$ 可换算出电阻值。

## 5.2.3　数字万用表的使用方法

### 1) UT39A 数字万用表

UT39A 型数字万用表是一种操作方便、读数准确、功能齐全、体积小巧、携带方便、用电池作电源的手持袖珍式大屏幕液晶显示三位半数字万用表。本仪表用来测量直流电压/电流，交流电压/电流，电阻，电容，二极管正向压降，晶体三极管 hFE 参数及电路通断等参数。

UT39A 面板及各部分的功能如图 5.2.5 所示。

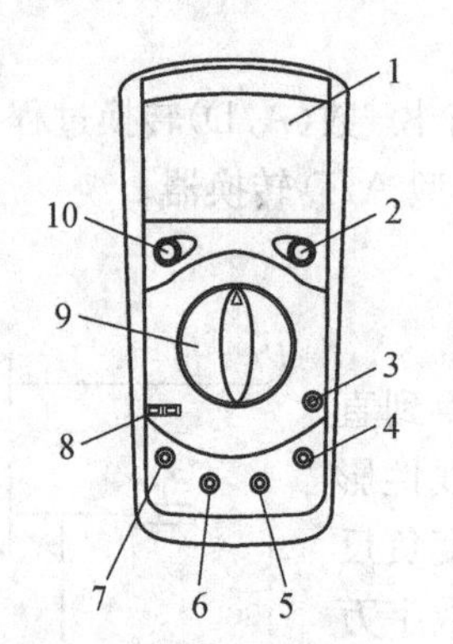


1—LCD 显示器
2—数据保持选择按键
3—晶体管放大倍数测试输入座
4—公共输入端
5—其余测量输入端
6—mA 测量输入端
7—20 A/10 A 电流输入端
8—电容测试座
9—量程开关
10—电源开关

**图 5.2.5　UT93A 面析图**

UT39A 的 LCD 显示器中显示的各符号及其含义如图 5.2.6 所示。

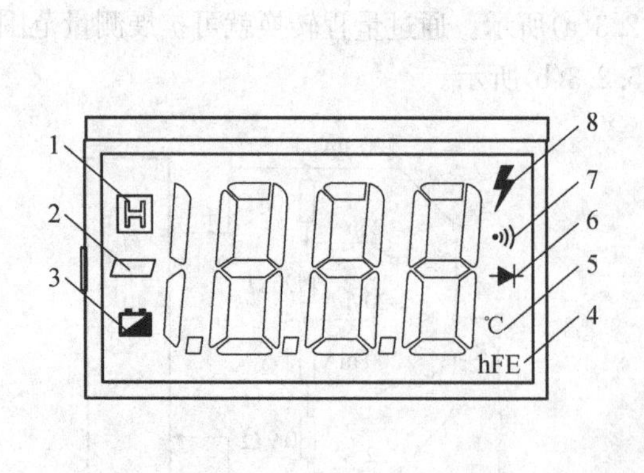


| 1 | H | 数据保持提示符 |
|---|---|---|
| 2 | — | 显示负的读数 |
| 3 | (电池符号) | 电池欠压提示符 |
| 4 | hFE | 晶体管放大倍数提示 |
| 5 | ℃ | 温度：摄氏符号 |
| 6 | (二极管符号) | 二极管测量提示符 |
| 7 | •)) | 电路通断测量提示符 |
| 8 | (闪电符号) | 高压揭示符号 |

**图 5.2.6　UT39A 显示器中的符号及含义**

2）UT39A 数字万用表的使用方法

（1）直流电压的测量

直流电压的测量方法如图 2.5.7 所示。

① 将红表笔插入“VΩ”插孔，黑表笔插入“COM”插孔。

② 将功能开关置于“V⋯”量程档，并将表笔并联到待测电源或负载上。

③ 从显示器上读取测量结果。

测量时应注意：

① 不知被测电压大小时，应将拨动开关置于最大量程，再根据度数逐步减小量程。

② 当显示屏上只在最高位显示“1”时，说明被测电压已经超过所选量程，必须要增加量程进行测量。

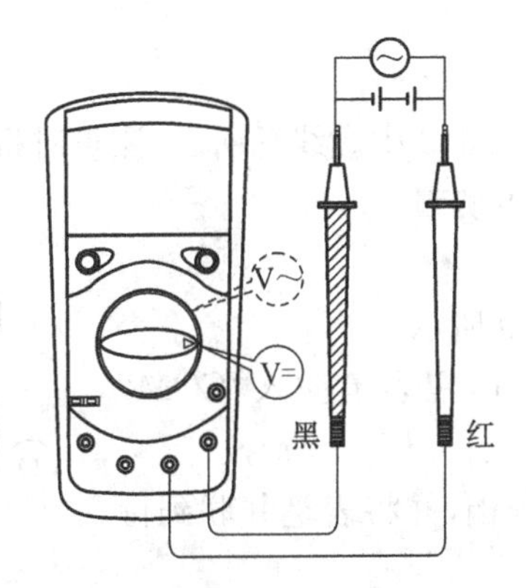


图 5.2.7 用 UT39A 测量直流电压

（2）交流电压的测量

交流电压的测量方法如图 2.5.7 中虚线框所示，测量时将拨动开关置于“V～”挡，操作说明及注意事项类同直流电压的测量。

（3）直流电流的测量

直流电流的测量方法如图 5.2.8 所示。

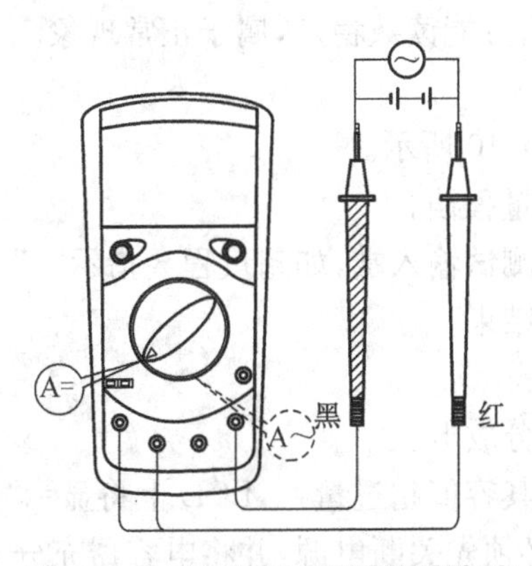


图 5.2.8 用 UT39A 测量直流电流

① 将红表笔插入“mA”或“A”插孔（当被测电流在 200 mA 以下时，插入“mA”插孔；当被测电流为 200 mA 及以上时，插入“A”插孔），黑表笔插入“COM”插孔。

② 将功能开关置于 A⋯量程挡，并将表笔串联到待测负载支路中。

③ 从显示器上读取测量结果。

测量时应注意：

① 在测量前一定要切断被测电源，检查输入端子及量程开关位置是否正确，确认无误后方可通电测量。

② 不知被测电流范围时，应将功能开关置于高量程档，根据读数需要逐步调低量程。

③ 当 LCD 只在最高位显示"1"时，说明已超量程，须调高量程。

④ 若输入过载，内装保险丝会熔断，须予以更换保险丝，规格为 F 0.315 A/250 V(外形 $\phi$5 mm×20 mm)。

⑤ 大电流测试时，为了安全使用仪表，每次测量时间应小于 10 秒，测量时间间隔应大于 15 分钟。

(4) 交流电流的测量

交流电流的测量方法如图 2.5.8 中虚线框所示，测量时将拨动开关置于"A～"挡，操作说明及注意事项类同直流电流的测量。

(5) 电阻的测量

电阻的测量方法如图 5.2.9 所示。

① 将红表笔插入"VΩ"插孔，黑表笔插入"COM"插孔。

② 将功能开关置于 Ω 量程档，并将表笔并联到待测电阻上。

③ 从显示器上读取测量结果。

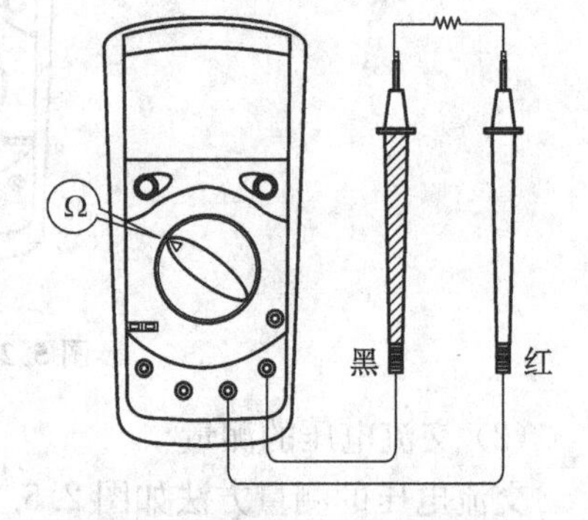

**图 5.2.9 用 UT39A 测量电阻**

测量时应注意：

① 当输入开路时，会显示过量程状态"1"。

② 测在线电阻时，为了避免仪表受损，须确认被测电路已关掉电源，同时电容已放完电，方能进行测量。

③ 如果被测电阻超过所用量程，则会指示过量程"1"须换用高档量程。当被测电阻在 1MΩ 以上时，仪表需要数秒后方能读数稳定，属于正常现象。

(6) 电容的测量

电容的测量方法如图 2.5.10 所示。

① 将功能开关置于电容量程档。

② 将待测电容插入电容测试输入端，如超量程会指示"1"，须调高量程。

③ 从显示器上读取测量结果。

注意：

① 电容在测试前必须充分放电。

② 如果被测电容短路或其容值超过量程，LCD 上将显示"1"。

③ 当测量在线电容时，必须先关断电源，并将电容器充分放电。

④ 若被测电容有极性，测量时应按面板上输入插座上方的提示符将被测电容的引脚正确地与仪表连接。

⑤ 不要输入高于直流 60 V 或交流 30 V 的电压，避免损坏仪表及伤害到自己。

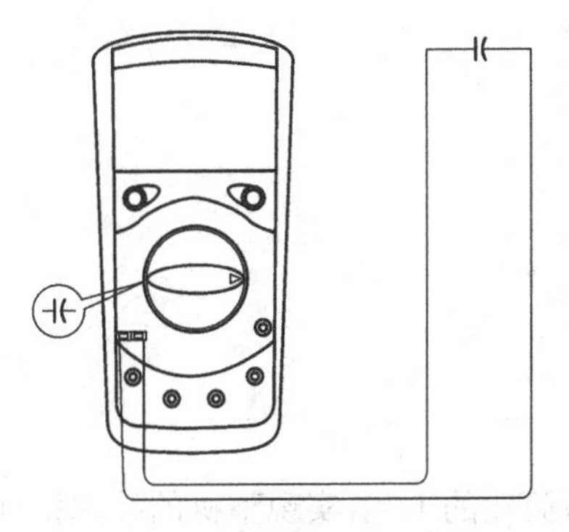

图 5.2.10 用 UT39A 测量电容

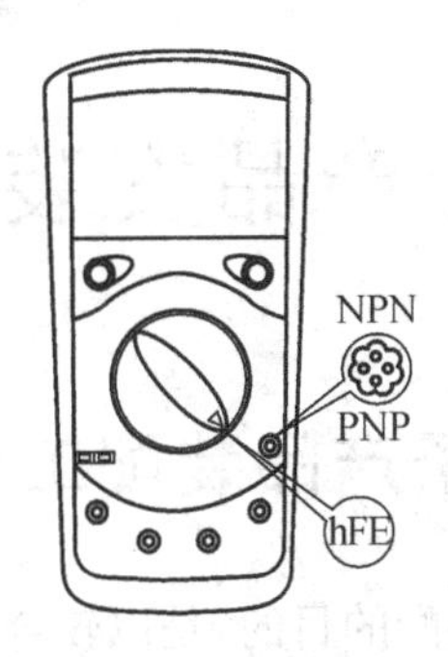


图 5.2.11 用 UT39A 测量晶体管参数

(7) 二极管和蜂鸣通断测量

① 将红表笔插入“VΩ”插孔，黑表笔插入“COM”插孔。

② 将功能开关置于二极管和蜂鸣通断测量档位。

③ 若将红表笔连接到待测二极管的正极，黑表笔连接到待测二极管的负极，则 LCD 上的读数为二极管正向压降的近似值。

④ 如将表笔连接到待测电路的两端，若被测电路两端之间的电阻≤10 Ω，认为电路导通良好，蜂鸣器连续声响；若被测电路两端之间的电阻>70Ω，认为电路断路；若被测电路两端之间的电阻在 10～70 Ω 之间，蜂鸣器可能响，也可能不响。

注意：

① 如果被测二极管开路或极性接反时，LCD 将显示“1”。

② 用二极管档可以测量二极管及其它半导体器件 PN 结的电压降，对一个结构正常的硅半导体，正向压降的读数应该是 500～800 mV 之间。

③ 不要输入高于直流 60 V 或交流 30 V 的电压，避免损坏仪表及伤害到自己。

(8) 晶体管参数测量(hFE)

① 将功能开关置于“hFE”。

② 确定待测晶体管是 PNP 型或 NPN 型后，正确将基极(B)、发射极(E)、集电极(C)对应插入四脚测试座。

③ 从显示器上读取被测晶体管的 hFE 近似值。

# 6 电子产品安装实训

## 6.1 电子产品装配工艺

电子产品装配的目的，是以较合理的结构安排，最简化的工艺，实现整机的技术指标，快速有效地制造出稳定可靠的产品。电子产品装配完成之后，必须经过调试才能达到规定的技术要求。装配工作仅仅是把成百上千的元器件按照设计图纸的要求连接起来。但是由于每个元器件的特性参数不可避免的存在着微小的差异，加之在装配过程中产生的分布参数的影响，其结果往往是装配好的产品不能马上正常使用，所以必须经过调试。

### 6.1.1 装配工艺技术基础

1）整机装配内容

电子产品整机装配的内容包括电气装配和机械装配两个部分。电气装配部分包括元器件布局，元器件、连接线安装前的处理，各种元器件的安装、焊接、单元装配，连接线的布置与固定等。机械装配部分包括机箱和面板的加工，各种电气元件固定支架的安装，各种机械连接和面板控制元器件的安装，以及面板上必要的文字、图标的喷涂等。

2）装配技术要求

(1) 元器件的标志方向应按照图纸规定的要求，安装后能看清元器件上的标志。若装配图上没有指明方向，则应使标记向外，以便辨认，并按照从左到右，从上到下的顺序读出。

(2) 元器件的极性不得装错，安装前应套上相应的套管。

(3) 安装高度应符合规定要求，同一规格的元器件应尽量安装在同一高度上。

(4) 安装顺序一般为先低后高，先轻后重，先易后难，先一般元器件后特殊元器件。

(5) 元器件在印制板上的分布应尽量均匀，疏密一致，排列整齐美观，不允许斜排、立体交叉和重叠排列。元器件外壳和引线不能相碰，应保证 1 mm 左右的安全间隙。

(6) 元器件引线穿过焊盘后应至少保留 2 mm 以上的长度，建议不要先把元器件的引线剪断，而应待焊好后再剪断元器件的引线。

(7) 对一些特殊元器件的安装处理，如 MOS 集成电路的安装应在等电位工作台上进行，以免静电损坏器件，发热元器件在安装时要与印制板保持一定距离，不要贴面安装。

(8) 装配过程中，不能将焊锡、线头、螺钉、垫圈等导电异物落在机器中。

### 6.1.2 电子产品的装配工艺

1）元器件引线的成形

(1) 预加工处理

元器件引线在成形前必须进行预加工处理。这是因为元器件引线的可焊性虽然在制造时就有这方面的技术要求，但因为生产工艺的限制，时间一长，在引线表面会产生氧化膜，使引线的可焊性下降。引线的预处理包括引线的校直、表面清洁以及上锡三个步骤。引线经预处理后，要求没有伤痕，镀锡层均匀，表面光滑，无毛刺和残留物。

(2) 引线成形的基本要求

引线成形工艺就是根据焊点之间的距离，做成需要的形状，目的是使它能迅速而准确地插入孔内。要求引线开始弯曲处，离元器件端面的最小距离不小于 2 mm，并且成形后引线不允许有损伤。

(3) 成形方法

为保证引线成形的质量，应使用专用工具和成形模具，在没有专用工具或加工少量元器件时，可使用平口钳、尖嘴钳、镊子等一般工具手工成形。

#### 2) 元器件的安装方式

(1) 卧式安装

也称贴板安装。它适用于防振要求高的产品。元器件紧贴印制板面，安装间隙小于 1 mm。当元器件为金属外壳，安装面又有印制导线时，应加垫绝缘衬垫或绝缘套管。

(2) 悬空安装

它适用于发热元器件的安装。元器件距印制板面有一定的距离，安装距离在 3～8 mm 内，以利于对流散热。

(3) 立式安装

也称垂直安装。它适用于安装密度较高的场所。元器件垂直于印制板，但对质量大引线细的元器件不宜采用这种形式。

(4) 倒装

这种方式可以提高元件防振能力，降低安装高度。元器件的壳体埋于印制板的嵌入孔内，因此又称为嵌入式安装。

(5) 有高度限制时的安装

元器件安装高度的限制一般在图纸上说明，通常处理的方法是垂直插入后，再朝水平方向弯曲。对大型元器件要特殊处理，以保证有足够的机械强度，经得起振动和冲击。

(6) 支架固定安装

这种方法适用于较大的元器件，如小型继电器、变压器、阻流圈等。一般用金属支架在印制基板上将元件固定。

#### 3) 连线方法

(1) 固定线束应尽可能贴紧底板走，竖直方向的线束应紧沿框架或面板走，使其在结构上有依附性，也便于固定。对于必须架空经过的线束，要采用专用支架支撑固定，不能让线束在空中晃动。

(2) 线束穿过金属孔时，应在板孔内嵌装橡皮衬套或专用塑料嵌条，也可以在穿孔部位包缠聚氯乙烯带。对屏蔽层外露的屏蔽导线在穿过元器件引线或跨接印制线路情况时，应在屏蔽导线的局部或全部加绝缘套管，以防发生短路。

(3) 处理地线时，为方便和改善电路的接地，一般考虑用公共地线。用适当的接地焊片与底座接通，也能起到固定其位置的作用。地线形状由电路和接点的实际需要确定，应使接地点最短、最方便，但一般的线均不构成封闭的回路。

(4) 线束内的导线应留 1～2 次重焊备用长度(约 20 mm)。连接到活动部位的导线长度要有一定的活动余量,以便能适应修理、活动和拆卸的需要。

(5) 扎线。电子设备的电气连接主要是依靠各种规格的导线来实现的,但机内导线分布纵横交错,长短不一,若不进行修理,不仅影响美观和多占空间,而且还会妨碍电子设备的检验、测试和维修。因此在整机组装中,应根据设备的结构和安全技术要求,用各种方法,预先将相同走向的导线绑扎成一定形状的导线束,固定在机内,这样可以使布线整洁,产品一致性好,从而大大提高了设备的商品价值。

4) 整机装配工艺流程

在产品的样机试制阶段或小批量试生产时,印制板装配主要靠手工操作,操作流程如下:待装元件→引线整形→插件→调整位置→固定位置→焊接→剪切引线→检验。

对于设计稳定,大批量生产的产品,印制板装配工作量大,宜采用流水线装配方式。一般工艺流程如下:每节拍一个元件插入→全部元器件插入→一次性切割引线→一次性锡焊→检查。

## 6.2 电子产品的调试

调试工作是按照调试工艺对电子产品进行调整和测试,使之达到技术文件所规定的功能和技术指标。调试既是保证并实现电子产品的功能和质量的重要工序,又是发现电子产品的设计不足和工艺缺陷的重要环节。从某种程度上说,调试工作也是为电子产品定型提供技术性能参数的可靠依据。

### 6.2.1 调试的内容及特点

1) 调试的内容

调试工作包括调整和测试两个部分。调整主要是指对电路参数的调整,即对整机内可调元器件及与电气性能指标相关的调谐系统、机械传动部分进行调整,使之达到预定的性能要求。测试则是在调整的基础上,对整机的各项技术指标进行系统的测试,使电子设备各项技术指标符合规定的要求。具体说来,调试工作的内容有以下几点。

(1) 明确电子设备调试的目的和要求。

(2) 正确合理地选择和使用测试仪器和仪表。

(3) 按照调试工艺对电子设备进行调整和测试。

(4) 运用电路和元器件的基础理论分析和排除调试中出现的故障。

(5) 对调试数据进行分析、处理。

(6) 写出调试工作报告,提出改进意见。

简单的小型整机调试工作简单,一般在装配完成之后可直接进行整机调试,而复杂的整机,调试工作较为繁重,通常先对单元板或分机进行调试,达到要求后,进行总装,最后进行整机总调。

2) 调试的特点

前面我们已经讲过调试技术包括调整和测试两部分。

调整，主要是对电路参数的调整。一般是对电路中可调元器件，例如电位器、电容器、电感等以及有关机械部分进行调整，使电路达到预定的功能和性能要求。

测试，主要是对电路的各项技术指标和功能进行测量和试验，并同设计性能指标进行比较，以确定电路是否合格。

调整与测试是相互依赖、相互补充的。通常统称为调试，是因为在实际工作中，二者是一项工作的两个方面。测试、调整，再测试、再调整，直到实现电路设计指标。

调试是对装配技术的总检查，装配质量越高，调试的直通率越高，各种装配缺陷和错误都会在调试中暴露。调试又是对设计工作的检验，凡是设计工作中考虑不周或存在工艺缺陷的地方，都可以通过调试发现，并为改进和完善产品提供依据。

调试工作与装配工作相比，前者对工作者技术等级和综合素质要求较高，特别是样机调试是技术含量很高的工作，没有扎实的电子技术基础和一定的实践经验是难以胜任的。

### 6.2.2 调试的一般程序

由于电子产品种类繁多，电路复杂，各种产品单元电路的种类及数量也不同，所以调试程序也不尽相同。但对一般电子产品来说，调试程序大致如下：

1）通电检查

先将电源开关置于“关”位置，检查电源变换开关是否符合要求，保险丝是否装入，输入电压是否正确，若均正确无误，则插上电源插头，打开电源通电。

接通电源后，电源指示灯亮，此时应注意有无放电、打火、冒烟现象、有无异常气味，手摸电源变压器有无超温，若有这些现象，立即停电检查。另外，还应检查各种保险开关、控制系统是否起作用。

2）电源调试

电子设备中大都有电源电路，调试工作首先要进行电源部分的调试，才能顺利进行其他项目的调试。电源调试通常分为两个步骤：

(1) 电源空载：电源电路的调试通常先在空载状态下进行，目的是避免因电源电路未经调试而加载，引起部分电子元器件的损坏。调试时，插上电源部分的印制板，测量有无稳定的直流电压输出，其值是否符合设计要求或调节取样电位器使之达到预定的设计值。测量电源各级的直流工作点和电压波形，检查工作状态是否正常，有无自激振荡等。

(2) 加负载时电源的细调：在初调正常的情况下，加上额定负载，再测量各项性能指标，观察是否符合额定的设计要求。当达到最佳值时，选定有关调试元件，锁定有关电位器等调整元件，使电源电路具有加载时所需的最佳功能状态。

有时为了确保负载电路的安全，在加载调试前，先在等效负载下对电源电路进行调试，以防匆忙接入负载电路可能造成的冲击。

3）分级分板调试

电源电路调试好后，可进行其他电路的调试。首先检查和调整静态工作点，然后进行各参数的调整，直到各部分电路均符合技术文件规定的各项技术指标为止。注意在调整高频部件时，为了防止工业干扰和强电磁场的干扰，调整工作最好在屏蔽室内进行。

4）整机调试

各部件调试好后，把所有的部件及印制电路板全部插上，进行整机调试，检查各部分之间有无影响，以及机械结构对电气性能的影响等。整机调试是指经过初调的各单元电路板及有关机电元件、结构件装配成整机后的调整与测试。通过整机调试应达到规定的各项技术指标。整机电路调试好之后，测试整机总的消耗电流和功率。

整机调试的过程是一个有序的过程，一般来说，电气指标应先调基本的或独立的项目，后调互相关联的或影响大的项目。

整机调试的具体内容和方法主要取决于电路构成和性能指标，同时也取决于生产工艺技术，因此不同类或不同等级的电子产品，他们的调试工艺是不同的，加之整机工作特性所包含的各种电量的性能要求也不相同，所以不可能有适应各种电子设备的整机调试的方法步骤。

5）整机性能指标的测试

经过调整和测试，确定并紧固各调整元件。在对整机进一步检查后，对产品进行全参数测试，各项参数的测试结果均应符合技术文件规定的各项技术指标。

## 6.3 整机的故障检测

### 6.3.1 故障检测的一般步骤

1）了解故障情况

设备出现故障之后，第一步骤是要进行初检，了解故障现象及故障发生的经过，并做好记录。

2）检查和分析故障

主要任务是查找出故障的部位和产生的原因，这是排除故障的关键步骤。

查找故障是一项技术性很强的工作，维修人员要熟悉该设备电路的工作原理及整机结构，查找故障要有科学的、符合逻辑的检查顺序，按照程序逐步检查。一般程序是先外后内、先粗后细、先易后难、先常见故障后罕见故障。

3）处理故障

对于查明的简单故障，如虚焊、导线断头等，可直接处理，而对有些故障，必须拆卸部件才能进行修复，那么首先要做好准备工作，如必要的标记或记录，必须用的工具和仪器等，不然的话，拆卸后不能恢复或恢复出错，将造成新的故障。

在处理故障时，要注意更换的元器件应使用原型号或原规格，对于半导体器件，不但型号要一致，色标也要相同并经过测试。对于机械故障，如磨损、变形、紧固件松动等，会造成接触不良，机械传动失效，在修理时，必须注意机械工艺要求。

4）测试

经修理后的设备其各项技术指标是否符合规定的要求，一般要进行测试才能确定。

5）总结

修理结束应进行总结，即对修理资料进行整理归档，贵重仪器设备要填写档案。这样可以不断积累经验，提高业务水平。

### 6.3.2　故障检测的常用方法

维修设备不仅要有一个科学的、符合逻辑的检查顺序，还要有一定的方法和手段才能快速查明故障原因，找到故障部位。

查找故障的方法很多，这里介绍常用的几种。

1) 直观法

直观法就是不依靠测量仪器，而凭人的感觉器官的观察，对故障原因进行判断的方法。例如在打开机器外壳时，用这种方法可直接检查有无断线、脱焊、电阻烧坏、电解电容漏液、印制板铜箔断裂、印制导线短路、电子管灯丝不亮、机械损坏等。在安全的前提下可以用手触摸晶体管、变压器、散热片等，检查温升是否过高；可以嗅出有无电阻、变压器等器件烧焦的气味；可以听出是否有不正常的摩擦声、高压打火声、碰撞声等；也可以通过轻轻敲击或扭动来判断虚焊、裂纹等故障。

2) 万用表法

万用表是查找判断故障最常用的仪表，它方便实用，便于携带，万用表法包括电压检查法、电流检查法和电阻检查法。

(1) 电压检查法

它是对有关电路的各点电压进行测量，将测量值与已知值进行比较，通过判断确定故障原因。电压测量还可以判断电路的工作状态，如振荡器是否起振等。

(2) 电流检查法

通过测量电路或器件中的电流，将测量值与正常值进行比较，以判断故障发生的原因及部位。测量方法有直接测量和间接测量。直接测量是将电流表串联于被测回路中直接读取数据。间接测量是先测电路中已知电阻上的电压值，通过计算得到电流值。

(3) 电阻测量法

用万用表电阻挡测量元器件或电路两点间电阻以判断故障产生的原因。它分为在线测量和脱焊测量两种。电阻测量法还能有效地检查电路的“通”、“断”状态，如检查开关，铜箔电路的断裂、短路等都比较方便、准确。

注意只能在断电情况下进行电阻的测量。

3) 替代法

替代法是利用性能良好的备份器件、部件来替代仪器中可能产生故障的部分，以确定产生故障的部位的一种方法。如果替代后工作正常了，说明故障就出在这个部分。替换的直接目的在于缩小故障范围，不一定一下子就能确定故障的部位，但为进一步确定故障源创造了条件，这种方法检查方便，不需要什么特殊的测量仪器，特别是生产厂家给用户上门服务维修时十分简便可行。

4) 波形观测法

通过示波器观测被检查电路交流工作状态下各测量点的波形，以判断电路中各元器件是否损坏的方法，称之为波形观测法。用这种方法需要将信号源的标准信号送入电路输入端(振荡电路除外)，以观察各级波形的变化，这种方法在检查多级放大器的增益下降、波形失真和振荡电路、开关电路时应用很广。这种方法对某些电路故障的判断虽不能完全确定故障发生在哪一段,但通过波形的观察以及对波形参数的分析,至少有助于分析出故障产生的原因,以便确定进一步的检查方法。

5) 短路法

使电路在某一点短路,观察在该点前后故障的有无,或故障对电路影响的大小,从而判断故障的部位,这种方法通常被称为短路法。例如在某点短路时,故障现象消失或显著减小则可以说明故障在短路点之前。因为短路使故障电路产生的影响不能再传到下一级或输出端;如果故障现象未消失,则说明故障在短路点之后,移动短路点位置可以进一步确定故障部位。

这里必须注意:如果将要短接的两点之间存在直流电位差,就不能直接短路,必须用一只电容器跨接在这两点之间起交流短路作用。

短路法在检查干扰、噪声、纹波、自激等故障时,比其他方法有效。

6) 比较法

使用同型号优质的产品与被检修的产品做比较,找出故障的部位,这种方法叫比较法。检修时可将两者对应点进行比较,在比较中发现问题,找出故障所在。也可将被怀疑的器件、部件插到正常机器中去,若工作依然正常,说明这部分没问题。若把正常机器的部件插到有故障的仪器中去,故障就排除了,说明故障就出在这一部件上。

比较法同替代法没有原则的区别,只是比较的范围不同,二者可配合起来进行检查,这样可以对故障了解得更加充分,并且可以发现一些难以发现的故障。

7) 分割法

当故障电路与其他电路所牵连线路较多,相互影响较大的情况下,可以逐步分割有关的线路,观察其对故障现象的影响,以发现故障的所在,这种方法叫分割法。这种方法对于检查短路、高压击穿等一类可能进一步烧坏元器件的故障,是一种比较好的方法。

8) 信号寻迹法

注入某一频率的信号或利用电台节目、录音磁带以及人体感应信号做信号源,加在被测机器的输入端,用示波器或其他信号寻迹器,依次逐级观察各级电路的输入和输出端电压的波形或幅度,以判断故障的所在,这种方法叫信号寻迹法。

9) 加温或冷却法

电子产品开机一段时间才出现故障或工作不正常,说明有的元件热稳定性不好,可通过加温或冷却可疑元件,若通过加温迅速出现故障或通过散热使故障消失,则可判断出故障元件。

## 6.4 电子产品装配实训

### 6.4.1 直流稳压电源和充电器的制作

1) 实训目的

(1) 了解直流稳压电源和充电器的组成及工作原理。

(2) 进一步掌握常用电子元器件的识别与检测。

(3) 学会从电路原理图分析故障。

2) 性能指标

本产品可以将 220 V 市电电压转换成 3～6 V 直流稳压电源，可为许多小型电器提供外接直流电源，同时可以对 1～5 节镍铬或镍氢电池进行恒流充电。该产品的性能指标如下：

(1) 输入电压为交流 220 V，输出电压为三挡，即 3 V、4.5 V、6 V，各挡最大误差为±10%。

(2) 直流稳压电源输出直流电流额定值 150 mA，最大 300 mA。

(3) 恒流源输出稳定电流为 60 mA，误差不超过±10%。

3) 工作原理

该产品的电路原理图如图 6.4.1 所示。该电路由变压、整流、滤波、调整与保护电路、取样电路组成直流稳压电源。其中变压器 T、二极管 $VD_1$～$VD_4$ 及电容 $C_1$ 构成典型全波整流滤波电路；三极管 $VT_1$、$VT_2$、$VT_3$ 等元件组成调整电路；电阻 $R_4$、$R_5$、$R_6$、$R_7$ 组成取样电路，电阻 $R_2$ 和发光二极管 $LED_1$ 组成简单的过载及短路保护电路，$LED_1$ 兼作过载指示。当输出过载时，$R_2$ 上电压增大，增大到一定电压值后发光二极管 $LED_1$ 导通，$LED_1$ 两端电压为定值，因此调整 $VT_1$、$VT_2$ 的基极电流不再增大，将输出电流限制在一定值，使调整管和整流二极管功耗限制在允许的范围内，从而保护了调整管和整流管。图中开关 $K_1$ 为输出电压选择开关，$K_2$ 为输出电压极性选择开关。

原理图中三极管 $VT_4$、$VT_5$、$VT_6$ 与电阻、二极管及发光二极管组成三路完全相同的恒流源电路。以 $VT_4$ 单元为例，$LED_3$ 起稳压及充电指示作用；$VD_5$ 可防止电池极性接错。恒流源的输出电流，即流过电阻 $R_8$ 的电流可表示为 $I_0 = I_{R8} = \dfrac{U_Z - U_{BE}}{R_8}$。

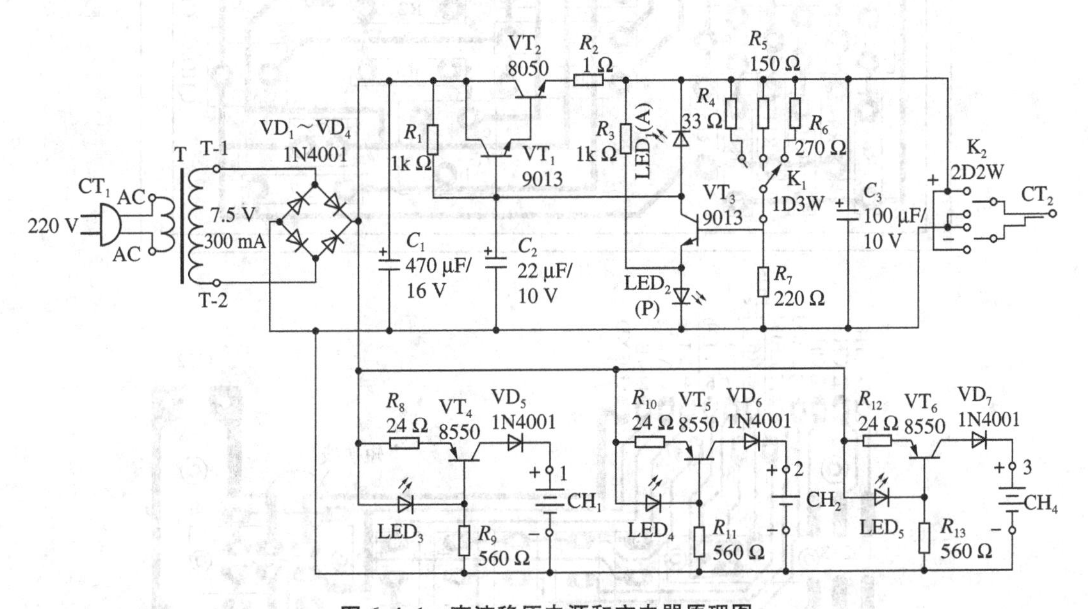


**图 6.4.1 直流稳压电源和充电器原理图**

其中，$U_{BE}$ 为 $VT_4$ 基极和发射极之间的压降，在一定条件下为常数(约 0.7 V)。

$U_Z$ 为 $LED_3$ 上的正向压降，取 1.9 V。

由公式可见 $I_0$ 的值主要取决于发光二极管的参数:稳定电压值,与负载无关,实现恒流特性。

4) 制作步骤

(1) 元器件检测

所有的元器件在安装之前必须经过检测,经检查合格后再进行安装。

测试的内容及要求如下:

电阻:阻值是否和色环相符合。

二极管:用万用表测量二极管的正向电阻,并且判断极性标志是否正确(有银色环的一边为负极)。

三极管:判断三极管的类型及三个电极,并且测量出各个三极管的 $\beta$ 值,要求大于 50。

电解电容:用万用表判断是否漏电,极性是否正确。

发光二极管:测量管压降是否在 1.9 V 左右。

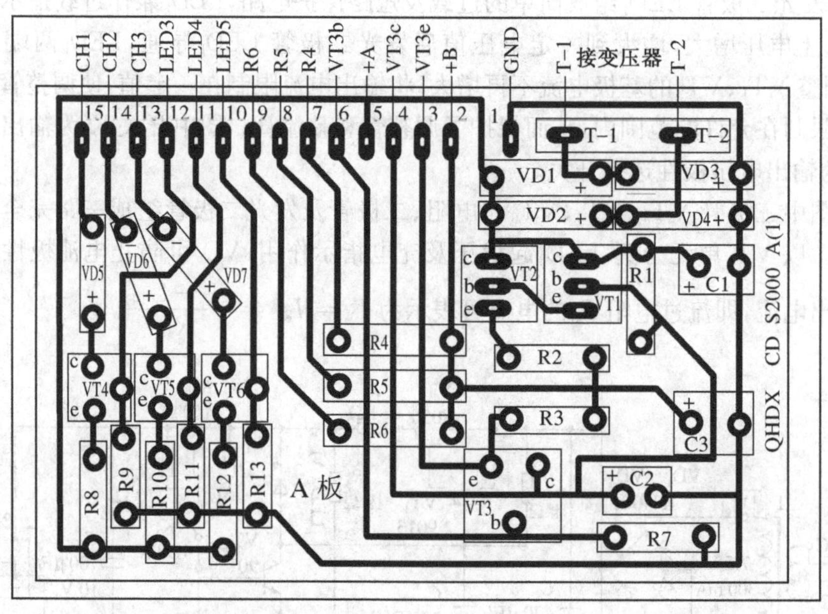


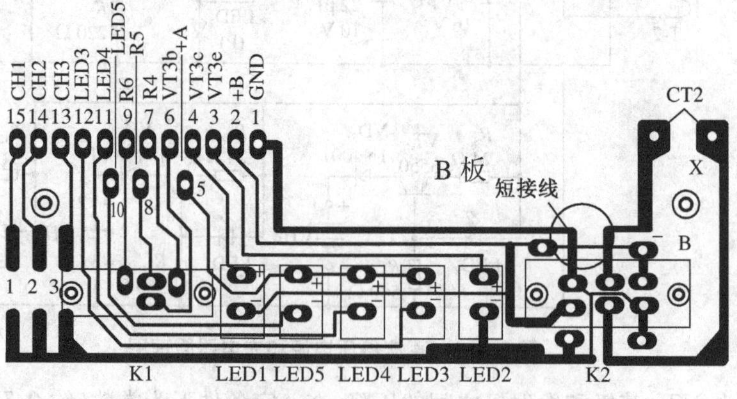


图 6.4.2　直流稳压电源和充电器印制电路板图

开关:通断是否可靠。

插头及软线:接线是否可靠。

变压器:绕组有无断、短路,电压是否正确。

(2) 整机电路的焊接和安装

该产品需要 A、B 两块印制电路板,考虑到电路的实用性,两块印制板均已设计并制作好,A、B 两块印制板如图 6.4.2 所示。当然如果学生有兴趣,在条件允许的情况下也可以自己进行设计制作。

① 印制电路板 A 的焊接

首先需要注意的是,印制板 A 上的元器件全部采用卧式安装(参见图 6.4.3)。在焊接的时候要注意二极管、三极管和电解电容的极性。

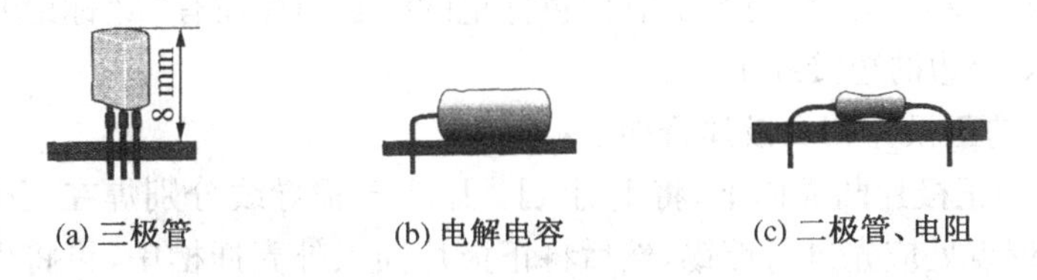


图 6.4.3 卧式安装的结果

② 印制电路板 B 上元件的焊接

- 先将开关 $K_1$、$K_2$从板的元件面插入,且必须插到底,再进行焊接。
- 焊接发光二极管 $LED_1$ ~ $LED_5$ 时,注意使发光二极管的顶部距离印制板的高度为 13.5~14 mm,以保证让 5 个发光二极管露出机壳 2 mm 左右,且排列整齐,安装高度如图 6.4.4(a)所示。同时也要注意不要将发光二极管的极性接反。也可以先将 LED 装入机壳调节好位置后再进行焊接。

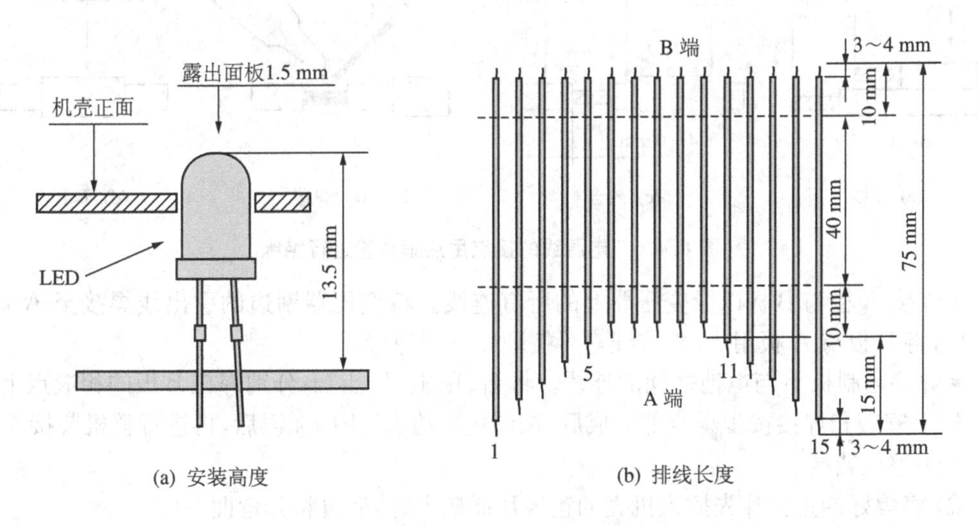


图 6.4.4 发光二极管的焊接高度和排线长度

(3) 连接导线的焊接

先把 15 根排线按图 6.4.4(b)的长度剪好并镀锡,B 端剪成水平状,A 端左右两边各 5

根线(1～5、11～15)剪成依次递减的形状,再按图将排线中的所有线段分开至两条水平虚线处,剥去线皮后把每个线头的多股线芯绞合后镀锡,要求不能有毛刺。然后把排线的 B 端与印制板上的序号为 1～15 的焊盘依次进行焊接。

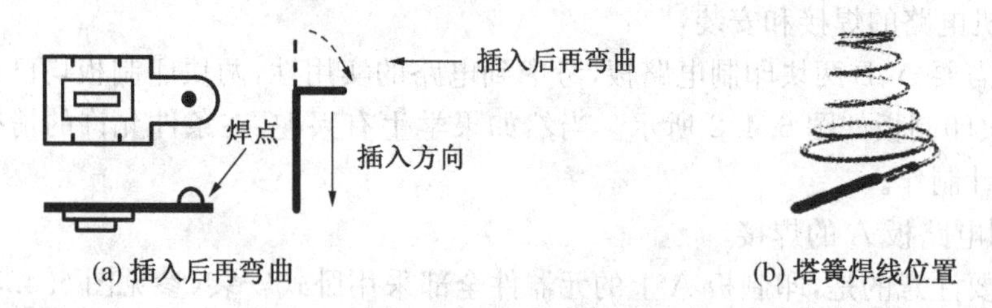


(a) 插入后再弯曲　　(b) 塔簧焊线位置

**图 6.4.5　正极片和塔簧的焊接和安装**

焊接十字插头线 $CT_2$。注意插头有白色标记的线必须焊在有"X"标记的焊盘上。

焊接开关 $K_2$旁边的短接线 $J_9$。

安装电池夹的正极片和负极弹簧如下:

- 将电池夹的正极片凸面向下,将 $J_1$、$J_2$、$J_3$、$J_4$、$J_5$ 5 根导线分别焊在正极片的凹面焊接点上,正极片的焊点处应先进行镀锡,然后将正极片插入外壳插槽中,再将极片弯曲 90°,如图 6.4.5(a)所示。
- 安装负极弹簧(塔簧)。在距塔簧第一圈起点 5 mm 处镀锡,分别将 $J_6$、$J_7$、$J_8$ 3 根导线与塔簧进行焊接,如图 6.4.5(b)所示。
- 电源线的连接。把电源线 $CT_1$ 焊接至变压器交流 220 V 的输入端,一定要将两个接点用热缩套管进行绝缘,热缩套管套上后在两端加热,使其收缩固定,如图 6.4.6 所示。

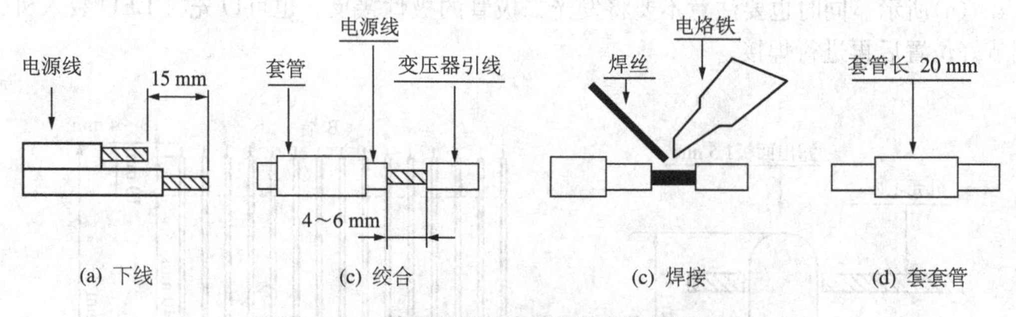


(a) 下线　　(c) 绞合　　(c) 焊接　　(d) 套套管

**图 6.4.6　电源线的接点用热缩套管进行绝缘**

- 焊接 A 板与 B 板以及变压器上的所有连线。将变压器副边的引出线焊接至 A 板的 $T_1$、$T_2$;将 B 板与 A 板用 15 根排线对号按顺序进行焊接。
- 焊接印制板 B 与电池之间的连线。将 $J_1$、$J_2$、$J_3$、$J_6$、$J_7$、$J_8$ 分别焊在 B 板的相应点上。

以上安装和焊接按步骤全部完成后,按图进行检查,正确无误后,再进行整机装接。

(4) 整机装接

① 将焊好的正极片先插入机壳的正极片插槽内,然后再将其弯曲 90°。

② 将塔簧插入槽内,要保证焊点在上面。在插左右两个塔簧前应先将 $J_4$、$J_5$ 两根线焊接在塔簧上后再插入相应的槽内。

③ 将变压器副边的引出线放入机壳的固定槽内。

④ 用 M2.5 的自攻螺钉固定 B 板的两端。

5) 技术指标的检测

(1) 目视检测

总装完毕,不要通电检测,先按原理图及工艺要求检查整机安装情况,着重检查电源线、变压器连线、输出线以及A和B两块印制板的连线是否正确、可靠,连线与印制板相邻导线及焊点有无短路以及其他缺陷。

(2) 通电检测

① 电压可调功能:在十字头输出端测量输出电压,所测电压应与面板指示值相对应。拨动开关$K_1$,输出电压应相应变化,三个输出电压误差要小于±10%。

② 极性转换功能:按面板所示开关$K_2$位置,检查电源输出电压极性能否转换,应与面板所示位置相吻合。

③ 带负载能力:用一个47 Ω/2 W以上的电位器作为负载,接到直流电压输出端,串接万用表500 mA挡。调节电位器使输出电流为额定值150 mA;用连接线代替万用表,测量此时的输出电压(注意将万用表换成电压挡),将所测电压与①中所测各值比较,电压下降均应小于0.3 V。

④ 过载保护功能:将万用表DC500 mA挡串入电源负载回路,逐渐减小电位器阻值,面板指示灯$LED_1$应逐渐变亮,电流逐渐增大到一定数值(小于500 mA)时不再增大,则保护电路起作用。当增大阻值后,灯$LED_1$熄灭,恢复正常供电。

注意:过载时间不能太长,以免烧坏电位器。

⑤ 充电功能的检测:用万用表DC250 mA挡作为充电负载代替被充电电池,$LED_3$～$LED_5$应按面板指示位置相应点亮,电流值应为60 mA(误差小于±10%)。测量时表笔不能接反,也不能接错位置,否则没有电流。稳压电源和充电器的面板功能和充电功能检测示意图如图6.4.7所示。

### 6.4.2 MF47万用表的安装与调试

1) 实训目的

(1) 学会一些常用电工工具、仪表、开关元件等的使用方法。

(2) 进一步了解万用表的工作原理。

2) 产品性能及特点

(1) 产品性能

天宇MF47型万用表具有26个基本量程和电平、电容、电感、晶体管直流参数等7个附加参考量程,是一种量限多、分挡细、灵敏度高、体形轻巧、性能稳定、过载保护可靠、读数清晰、使用方便的新型万用表。该万用表可以测量直流电流、直流电压、交流电压和电阻等多种电量。

直流电流挡量程为:500 mA、50 mA、5 mA和500 μA、50 μA。

欧姆挡量程为:×1 Ω、×10 Ω、×100 Ω、×1 kΩ、×10 kΩ。

直流电压挡量程为:0.25 V、1 V、2.5 V、10 V、50 V、250 V、500 V、1 000 V。

交流电压挡量程为:10 V、50 V、250 V、500 V、1 000 V。

(2) 产品特点

测量机构采用高灵敏度表头,性能稳定;

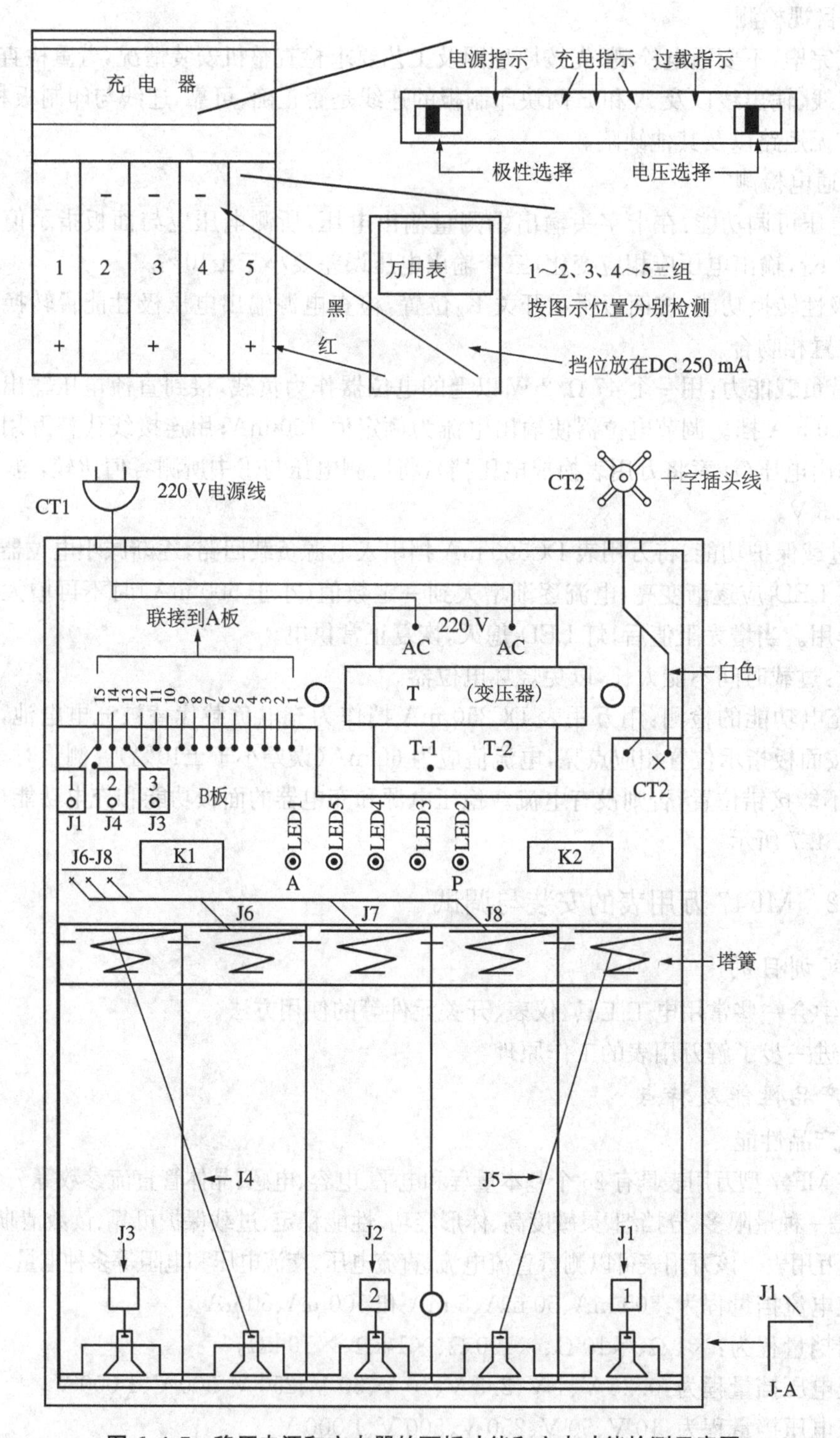


图 6.4.7　稳压电源和充电器的面板功能和充电功能检测示意图

线路部分保证可靠、耐磨、维修方便；

测量机构采用硅二极管保护，保证过载时不损坏表头，并且线路设有 0.5A 保险丝以防止误用时烧坏电路；

设计上考虑了湿度和频率补偿；

低电阻挡选用 2 号干电池，容量大、寿命长。

### 3) MF47 型万用表工作原理

MF47 型万用表的原理图如图 6.4.8 所示。

MF47 型万用表的显示表头是一个直流 μA 表，$WH_2$是电位器用于调节表头回路中的电流大小，$VD_3$、$VD_4$两个二极管反向并联并与电容并联，用于保护限制表头两端的电压起保护表头的作用，使表头不至电压、电流过大而烧坏。电阻挡分为×1 Ω、×10 Ω、×100 Ω、×1 kΩ、×10 kΩ、几个量程，当转换开关打到某一个量程时，与某一个电阻形成回路，使表头偏转，测出阻值的大小。

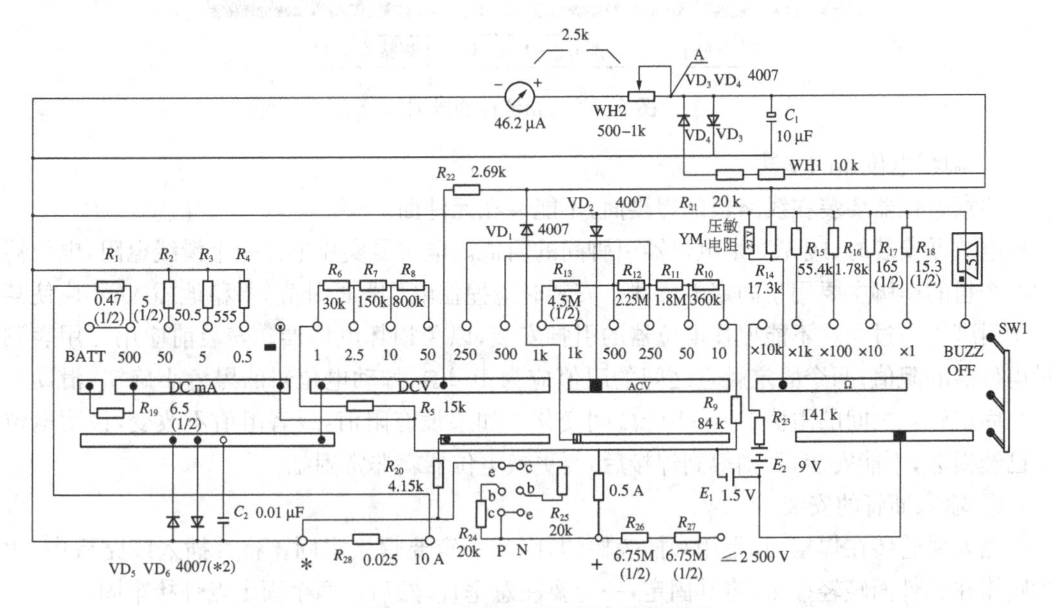


**图 6.4.8　MF47 型万用表的原理图**

（本图纸中电阻阻值未注明者为 **Ω**，功率未注明者为 **1/4W**）

### 4) MF47 型万用表安装步骤

(1) 清点材料

参考材料配套清单清点元器件及其他配件，清点时要注意不要将塑料袋撕破，以免材料丢失，并且按材料清单一一对应，记清每个元件的名称与外形。清点材料时可以将表箱后盖当容器，将所有的东西都放在里面，暂时不用的请放在塑料袋里。

(2) 焊接前的准备工作

① 清除元件表面的氧化层

元件经过长期存放，会在元件表面形成氧化层，不但使元件难以焊接，而且影响焊接质量，因此当元件表面存在氧化层时，应首先清除元件表面的氧化层。注意用力不能过猛，以免使元件引脚受伤或折断。

② 元器件参数的检测

每个元器件在焊接前都要用万用表检测其参数是否在规定的范围内。二极管、电解电容要检查它们的极性，电阻要测量阻值。

(3) 元器件的焊接与安装

① 电阻、电容、二极管的焊接

应先焊水平放置的元器件，后焊垂直放置的或体积较大的元器件，如分流器、可调电阻等。焊接时要注意排列整齐，高度一致。为了保证焊接的整齐美观，焊接时应将线路板架在焊接木架上焊接，两边架空的高度要一致，如图 6.4.9 所示。元器件插好后，要调整位置，使它与桌面相接触，保证每个元器件焊接高度一致。焊接时，电阻不能离开线路板太远，也不能紧贴线路板焊接，以免影响电阻的散热。

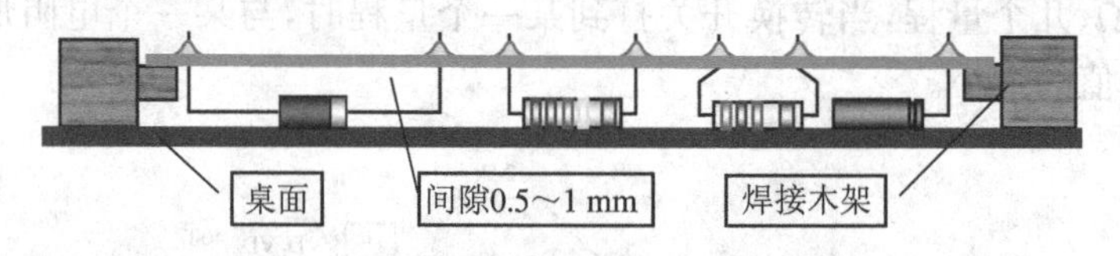


**图 6.4.9　元器件的排列**

② 调零电位器的安装

注意电位器要装在线路板的焊接面，不能装在元件面。

电位器安装时，应先测量电位器引脚间的阻值。电位器实质上是一个滑线电阻，电位器的两个粗的引脚主要用于固定电位器。安装时应捏住电位器的外壳，平稳地插入，不应使某一个引脚受力过大。不能捏住电位器的引脚安装，以免损坏电位器。安装前应用万用表测量电位器的阻值，两个固定触点之间的阻值应为 10 kΩ，拧动电位器的黑色小旋钮，滑动触点与固定触点之间的阻值在 0～10 kΩ 间变化。如果没有阻值，或者阻值不改变，说明电位器已经损坏，不能安装，否则等到焊接后，要更换电位器就非常困难。

③ 输入插管的安装

输入插管装在焊接面，是用来插表棒的，因此一定要焊接牢固。将其插入线路板中，用尖嘴钳在元件面轻轻捏紧，将其固定，一定要注意垂直，然后将两个固定点焊接牢固。

④ 晶体管插座的安装

晶体管插座装在线路板焊接面，用于判断晶体管的极性。在焊接面的左上角有 6 个椭圆的焊盘，中间有两个小孔，用于晶体管插座的定位，将其放入小孔中检查是否合适，如果小孔直径小于定位突起物，应用锥子稍微将孔扩大，使定位突起物能够插入。

将晶体管插片插入晶体管插座中，检查是否松动，其伸出部分折平。晶体管插片装好后，将晶体管插座装在线路板上，定位，检查是否垂直，并将 6 个椭圆的焊盘焊接牢固。

⑤ 电池极板的焊接

焊接前先要检查电池极板的松紧，如果太紧应将其调整，使它能顺利地插入电池极板插座，且不松动。电池极板在安装时要注意平极板与突极板不能对调，否则电路无法接通。

焊接时应将电池极板拨起，否则高温会把电池极板插座的塑料烫坏。为了便于焊接，应先用尖嘴钳的齿口将其焊接部位部分锉毛，去除氧化层。用加热的烙铁沾一些松香放在焊接点上，再加焊锡，为其搪锡。

将连接线线头剥出，如果是多股线应立即将其拧紧，然后沾松香并搪锡(天宇提供的连接线已经搪锡)。用烙铁运载少量焊锡，烫开电池极板上已有的锡，迅速将连接线插入并移开烙铁。如果时间稍长将会使连接线的绝缘层烫化，影响其绝缘。连接线焊好后将电池极板压下，安装到位。

(4) 机械部件的安装调整

① 电刷的安装

将电刷旋钮的电刷安装卡转向朝上，V 形电刷有一个缺口，应该放在左下角，因为线路板的 3 条电刷轨道中间 2 条间隙较小，外侧 2 条间隙较大，与电刷相对应，当缺口在左下角时电刷接触点上面 2 个相距较远，下面 2 个相距较近，一定不能放错。电刷四周都要卡入电刷安装槽内，用手轻轻按，看是否有弹性并能自动复位。

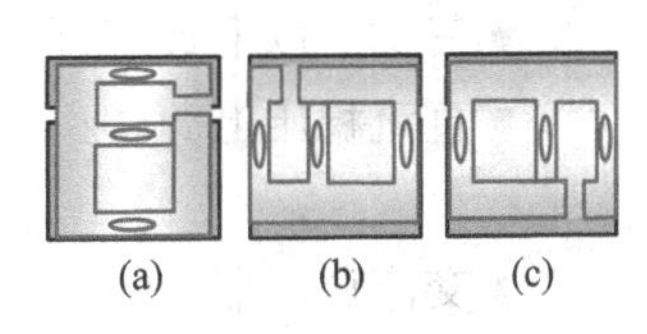


**图 6.4.10 错误的电刷安装**

如果电刷安装的方向不对，将使万用表失效或损坏。图 6.4.10 中列出了几种错误的电刷安装。图 a 中开口在右上角，电刷中间的触点无法与电刷轨道接触，使万用表无法正常工作，且外侧的两圈轨道中间有焊点，使中间的电刷触点与之相摩擦，易使电刷受损；图(b)、(c)使开口在左上角或在右下角，3 个电刷触点均无法与轨道正常接触，电刷在转动过程中与外侧两圈轨道中的焊点相刮，会使电刷很快折断，使电刷损坏。

② 线路板的安装

电刷安装正确后方可安装线路板。

安装线路板前应先检查线路板焊点的质量及高度，特别是在外侧两圈轨道中的焊点，由于电刷要从中通过，安装前一定要检查焊点高度，不能超过 2 mm，直径不能太大，如果焊点太高会影响电刷的正常转动甚至刮断电刷。

线路板用三个固定卡固定在面板背面，将线路板水平放在固定卡上，依次卡入即可。如果要拆下重装，依次轻轻扳动固定卡。注意在安装线路板前应先将表头连接线焊上。

最后是装电池和后盖，装后盖时左手拿面板，稍高，右手拿后盖，稍低，将后盖向上推入面板，拧上螺丝，注意拧螺丝时用力不可太大或太猛，以免将螺孔拧坏。

5) MF47 型万用表的检查与调试

(1) 检查方法

① 装配完线路板后，请仔细对照同型号图纸，检查元件焊接部位是否有错漏焊。对于初学焊接者来说，还需检查焊点是否有虚焊、连焊现象，可用镊子轻轻拨动零件，检查是否松动。

② 检查完线路板后，旋转挡位开关旋钮一周，检查手感是否灵活。如有阻滞感，应查明原因后加以排除。然后可重新拆下线路板检查线路板上电刷(刀位)银条(分段圆弧，位于线路板中央)，电刷(刀位)银条上应留下清晰的刮痕，如出现痕迹不清晰或电刷银条上无刮痕等现象，应检查电刷与线路板上的电刷银条是否接触良好或装错装反。直至挡位开关旋钮旋转时手感良好后，方可进入下一阶段工作。

③ 装上电池并检查电池两端是否接触良好。插入＋、－ 表棒，将万用表挡位旋钮旋至 Ω 挡最小挡位，将＋、－表棒搭接，表针应向右偏转。调整调零旋钮，表针应可以准确指示在

Ω挡零位位置。依次从最小挡位调整至最大挡位($R$×1－蜂鸣器－$R$×10 k)，每挡均应能调整至Ω挡零位位置。如不能调整至零位位置，常见故障如下：指针位于零位左边，可能是电池性能不良(更换新电池)或电池电刷接触不良。重复2、3中的相关步骤后，本表基本装配成功，下面将进入调试工作。

(2) 调试方法

基本装配成功后的万用表，就可以进行调试了。只有调试完成后的万用表才可以准确测量使用。下面介绍在没有专业仪器的情况下，业余调试万用表需准备下列设备：

- 三位半以上数字万用表　　1块
- 直流稳压电源　　1台(根据情况，可选用任何直流电源，也可以直接用9 V、1.5 V电池替代)
- 交流调压器　　1台(功率无要求)
- 普通电阻若干(5%精度就可以)。

① 基准挡位调试

首先将基本装配完成的万用表挡位旋转至直流电流挡(DCmA)0.05 mA挡，调试连接电路如图6.4.11所示。

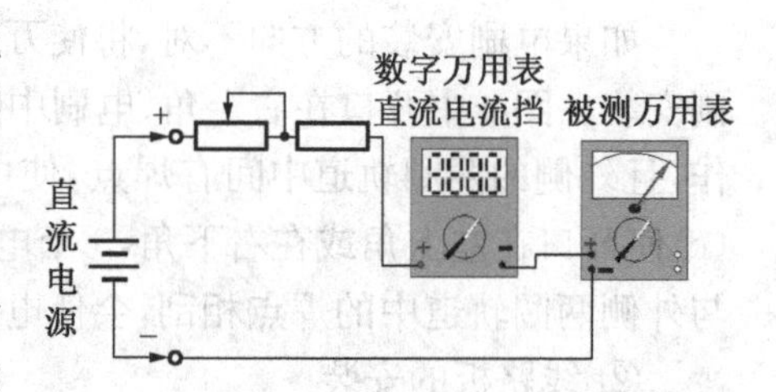


图6.4.11　直流电流挡DCmA调试电路

将数字万用表旋至直流电流挡，如200 μA挡。被测万用表水平放置，未测试前应检查万用表指针是否在机械零位上。如有偏移，调整表头下方机械调零器至机械零位，一般情况下此装置不需经常调整。调节图6.4.11中的电位器，使数字万用表显示0.05 mA，调整$WH_2$电位器使MF47万用表满偏。如不能调整至合格范围，应检查是否有错装、漏焊等现象。

② 直流电流挡调试(DCmA)

基准挡调试完成后，将直流电流挡顺序增加挡位，数字表挡位也相应增加。如直流电源输出电流较小，在较大电流时，不能校至满刻度。此时通过观察数字表读数和指针表读数是否相同，一般也可以保证本表精度在合格范围之内。

③ 直流电压挡调试(DCV)，调试连接电路如图6.4.12所示。

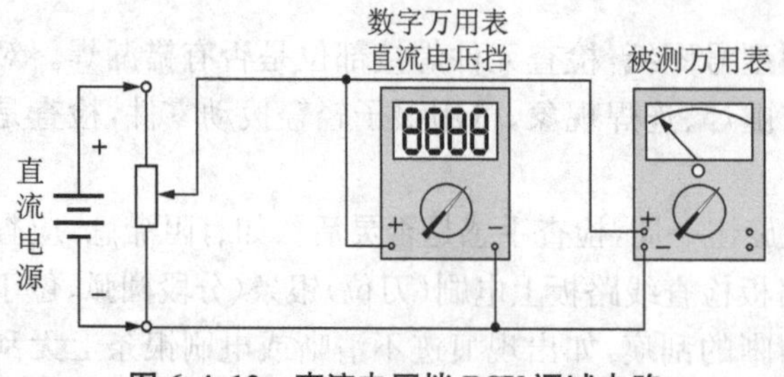


图6.4.12　直流电压挡DCV调试电路

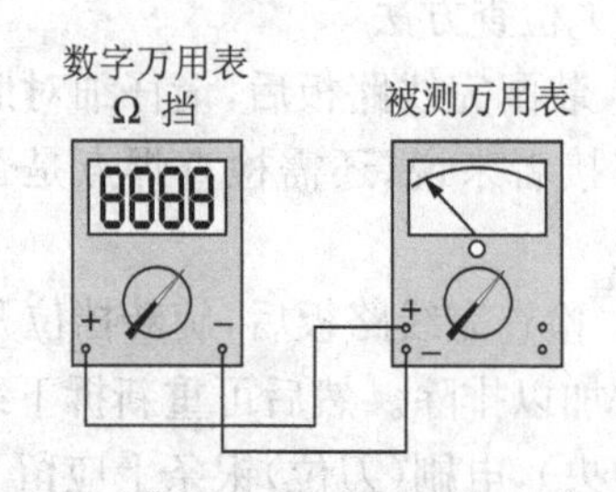


图6.4.13　直流电压挡调试方法二

从最低电压挡开始检查，逐挡向上调整，最低挡应调整至满度检查。数字表此时也同样位于对应的直流电压挡上，检查方法与直流电流挡相同。图中流过电位器的电流大小应根据所选用直流电源电压来调整，电流范围在1～10 mA之间，否则会影响调试精度。此种方法中，由于直流电源电压较低，在测量高电压时指针偏转角度较小，会影响调试精度，可以采用如图 6.4.13 所示的方法来调试。

在用户缺少高电压直流电源的情况下，可用测量内阻法调试直流电压挡，每种万用表在表盘上均标有不同的电压灵敏度。首先从最小电压挡调试，如 0.25 V，表盘标示电压灵敏度为 20 kΩ/V。那么此挡内阻一定为：20 kΩ/V×0.25 V=5 kΩ，在此挡位时用数字万用表 Ω 挡，再测量被测指针表“+”“−”端子两端，内阻一定为 5 kΩ 左右，相应的如果在 50 V 挡被测万用表内阻值为 1 MΩ，依此类推。注意：大于 250 V 时的电压灵敏度应根据标示值计算，如 1 000 V 表盘电压灵敏度标示值为 9 kΩ/V，那么内阻此时等于 1 000 kΩ/V×9 kΩ=9 M。用此法测量只要数字万用表测出的阻值误差不超出±2.5%，调试精度均可保证。

④ 交流电压挡调试

调试连接电路如图 6.4.14 所示。

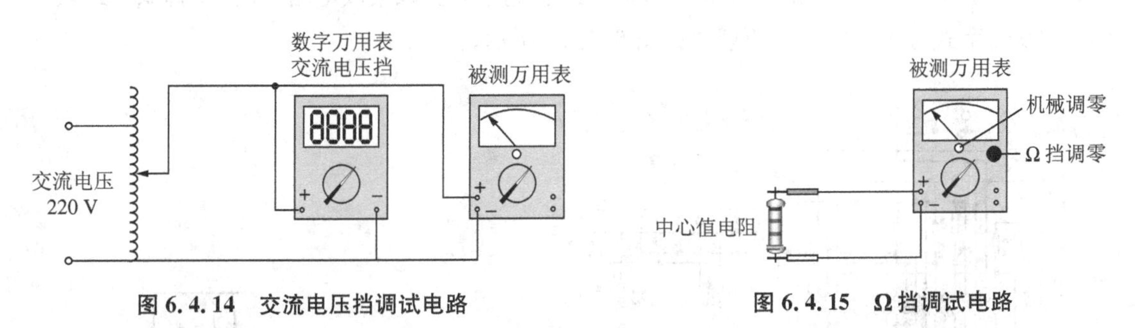


图 6.4.14 交流电压挡调试电路　　图 6.4.15 Ω 挡调试电路

调试时应注意数字万用表量程应大于被测万用表量程。从最小挡位开始。按 10 V、50 V、250 V、500 V 的顺序进行调试。最小挡位应做满度调试。调试开始时，调压器一定要位于最小电压处，以免烧毁万用表。因调压器无隔离装置，测试时有触电危险，调试时必须有专业人员指导操作。如手中一时没有调压器可选用普通电源变压器(次级电压小于 10 V)。调试方法同上，但在调试较高电压时，指针偏转角度过小，准确读数会有一定困难。

⑤ Ω 挡调试

调试连接电路如图 6.4.15 所示。

将电池装入万用表，同样先从最小挡位开始调试，按照 $R\times1$ 挡、$R\times10$ 挡、$R\times100$ 挡、$R\times1$k 挡、$R\times10$k 挡的顺序递进调试。不同万用表 Ω 挡位的设置可能不相同，指针万用表每更换一次挡位后，必须重新 Ω 调零。调零完成后即可进行校验。调试时改变电阻箱阻值，使 MF47 万用表指针处于中心刻度，此时 MF47 万用表的测量值为 16.5×倍率。将测量值与电阻箱阻值进行比较，精度一般误差在±10%以内即为合格。测量大电阻时，应避免人体同时接触电阻两端，否则会产生附加误差。使用指针表 Ω 挡测量时，必须装入电池方可使用。而使用其他挡位如电压、电流挡没有电池时也可以正常工作。

### 6.4.3 DT830 数字万用表的安装

#### 1) 实训目的

(1) 掌握基本的装配技术，学习整机的装配工艺。

(2) 初步了解数字万用表的工作原理。

2) 实训要求

(1) 了解数字式万用表的特点和发展趋势。

(2) 熟悉数字式万用表的装配工艺过程。

(3) 认识液晶显示器件。

(4) 根据数字式万用表的技术指标测试数字式万用表的主要参数。

(5) 实际安装制作一台数字式万用表。

3) DT830 数字万用表的工作原理

DT830B 主电路采用典型的数字集成电路 ICL7106,这个芯片在很多电路中得到应用,性能稳定可靠。ICL7106 采用 COB 封装,内含时钟振荡电路,显示数字屏驱动控制电路,A/D(模拟/数字)转换电路,以及其他一些辅助功能电路。该集成电路采用 40 脚双列封装,DT830 数字式万用表的电路原理图如图 6.4.16 所示。

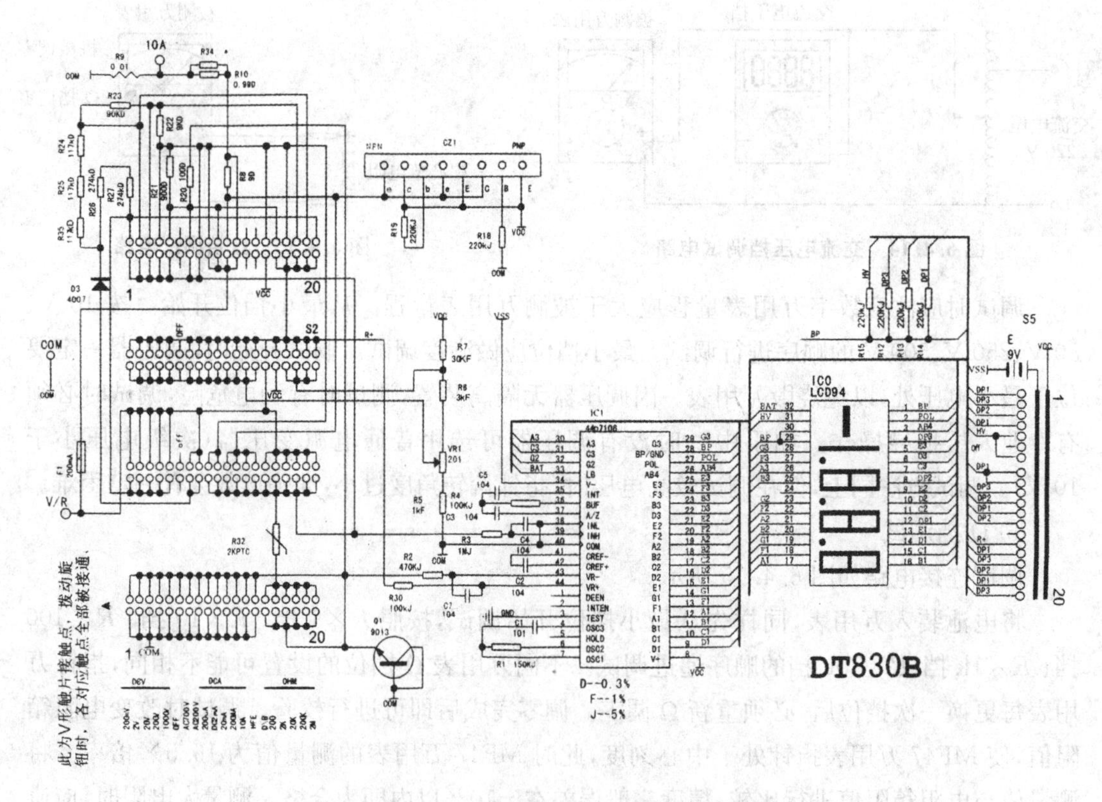


图 6.4.16　DT830 数字式万用表的电路原理图

4) DT830 数字万用表安装步骤

(1) 印制版上元件的安装

① 安装电阻、电容和二极管

安装电阻、电容和二极管时,如果安装孔距大于 8 mm(印制板上画上电阻符号的)可进行卧式安装;如果孔距小于 5 mm(印制板上画"○"的其他电阻)则应进行立式安装。电容也采用立式安装。

一般额定功率在 0.25 W 以下的电阻可贴板安装，立式安装的电阻和电容元件与 PCB 板的距离一般为 0～3 mm。

② 安装电位器和三极管插座

三极管插座安装在 A 面，而且应使定位凸点与外壳对准，在 B 面进行焊接。

③ 安装保险座、插座、$R_0$和弹簧

④ 安装电池线

电池线由板的 B 面穿到 A 面再插入焊孔，在 B 面进行焊接。红线接"＋"，黑线接"－"，在进行焊接时，应注意到焊接时间要足够但不能太长。

(2) 液晶屏组件的安装

液晶屏组件由液晶片、支架和导电胶条组成。液晶片的镜面为正面，用来显示字符，白色面为背面，在两个透明条上可见条状的引线为引出电极，通过导电胶条与印制版上镀金的印制导线实现电气连接。由于这种连接靠表面接触导电，因此导电面若被污染或接触不良都会引起电路故障，表现为显示缺笔画或显示为乱字符，所以在进行安装时，务必要保持清洁并仔细对准引线位置。

支架是固定液晶片和导电胶条的支撑，通过支架上面的 5 个爪与印制版固定，并由 4 个角及中间的 3 个凸点定位。

安装时将液晶片放入支架，支架爪向上，液晶片镜面向下，再安放导电胶条。导电胶条的中间是导电体，在安装时必须小心保护，最后是将液晶屏组件安装到 PCB 板上。

(3) 安装转换开关

转换开关由塑壳和簧片组成，要使用镊子将簧片装到塑壳内，注意两个簧片的位置是不对称的。

(4) 其他组件的安装

① 用左手按住转换开关，双手翻转使面板向下，将装好的印制板对准前盖位置装入机壳，注意要对准螺孔和转换开关轴的定位孔。

② 安装两个螺钉，固定转换开关，务必要拧紧。

③ 安装保险丝管(0.2 A)。

④ 安装电池。

### 5) DT830 数字万用表的调试

数字万用表的功能和性能指标由集成电路的指标和合理选择外围元器件加以保证，只要安装无误，仅作简单调整即可达到设计指标。

(1) 调试方法一

在装后盖前将转换开关置于 200 mV，将表笔插至面板上的孔内，测量集成电路第 35 引脚和第 36 引脚之间的基准电压，调节表内的电位器 $VR_1$，使数字万用表显示为 100 mV 即可。

(2) 调试方法二

将转换开关置于 2 V 电压挡，用该表和另一个数字万用表(已校准后的或 4 位半以上的数字表)测量同一个电压值，调节表内的电位器 $VR_1$，使两块表显示的数字一致即可。

### 6.4.4 声光控延时开关

1) 实训目的

(1) 了解声光控延时开关的工作原理。

(2) 进一步加强对元器件的识别和焊接技术的训练。

2) 实训原理

顾名思义，声光控延时开关就是用声音来控制开关的“开启”，若干分钟后延时开关“自动关闭”。因此，整个电路的功能就是将声音信号处理后，变为电子开关的动作。明确了电路的信号流程方向后，即可依据主要元器件将电路划分为若干个单元，其原理框图如图 6.4.17 所示。

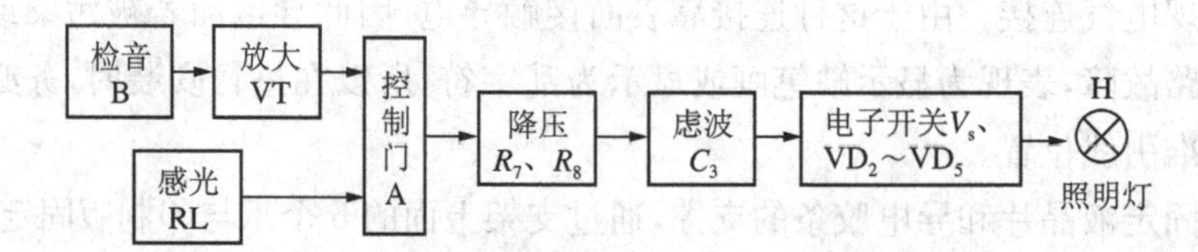


**图 6.4.17 声光控延时开关原理框图**

声光控延时开关的电路如图 6.4.18 所示，其中 H 是为便于说明原理而绘出的被控照明灯。单向晶闸管 VS 和晶体二极管 $VD_2$～$VD_5$ 组成了电子开关的主回路；CMOS 数字集成电路 A(Ⅰ～Ⅳ)与外围元件组成了自动控制电路；电阻器 $R_7$，$R_8$ 和电容器 $C_3$ 组成了电阻降压滤波电路，输出约 10 V 直流电，供控制电路工作用电。

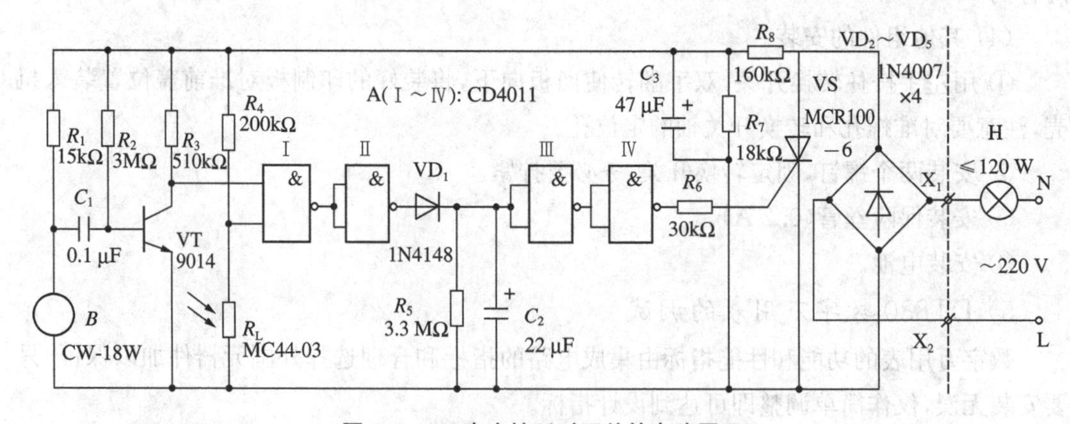


**图 6.4.18 声光控延时开关的电路原理**

接通 220 V 电源，控制电路处于守候状态，门电路Ⅰ的两个输入端电压中至少有一个低于其阈值电平(约 $1/2V_{DD}$)，门电路Ⅱ和门电路Ⅳ均输出低电平，VS 因无触发信号而阻断，被控电灯 H 不亮。当夜晚话筒 B 接收到附近人走路脚步声或说话声时，三极管 VT 输出放大后的音频信号，其正脉冲电压(>$1/2V_{DD}$)经门电路Ⅰ、Ⅱ整形后，使门电路Ⅱ输出高电平。该高电平一面通过 $VD_1$ 向 $C_2$ 充电，一面通过门电路Ⅲ整形后控制门电路Ⅳ输出高电平，使 VS 导通，H 通电自动发光。声响过后，$C_2$ 通过 $R_5$ 缓慢放电，维持门电路Ⅳ继续输出高电平，使 H 延时点亮约 1 分钟。随后，$C_2$ 两端电压下降至 $1/2V_{DD}$ 以下，控制电路恢复守候状态，H 自动熄灭。如果是白天，由于光敏电阻器 $R_L$ 受光照呈低阻值，与 $R_L$ 相接的门电路Ⅰ输入端为低电平（$<1/2V_{DD}$）。门电路Ⅰ被“封锁”，声音信号无法加到后面的延时电路，故 VS 始终保持关断状态，H 不亮。

3）元器件选择

A（Ⅰ～Ⅳ）选用 CD4011 型二输入端四与非门数字集成电路，它采用塑料双列直插形式封装，共有 14 个引出脚，其引脚排列如图 6.4.19 所示。CD4011 也可用 CC4011，TC4011 或 MC14011 等同类数字集成块来直接进行代换。

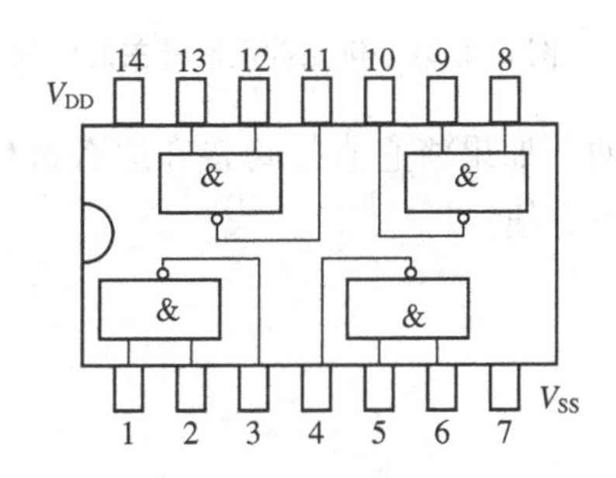


图 6.4.19 CD4011 引脚排列图

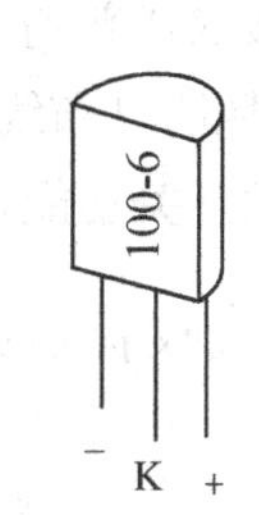


图 6.4.20 可控硅外形图

VS 用 MCR100－6（1 A，600 V）或 BT169D、2N6565 型塑封单向晶闸管，外形如图 6.4.20所示。如负载电流大可选用 3 A、6 A、10 A 等规格的单向可控硅，单向可控硅的外形如图 6.4.20 所示，它的测量方法是：用 $R\times1$ 挡，将红表笔接可控硅的负极，黑表笔接正极（如印制板图所示），这时表针无读数，然后用黑表笔触一下控制极 K，这时表针有读数，黑表笔马上离开控制极 K，这时表针仍有读数（注意接触控制极时正负表笔是始终连接）说明该可控硅是完好的。VT 用 9014 或 3DG8 型 NPN 小功率三极管，要求电流放大系数 $\beta>100$，$VD_1$ 选用 1N4148 型硅开关二极管，$VD_2$～$VD_5$ 用 1N4007 型硅整流二极管。

$R_L$ 用 MG44－03 型塑料树脂封装光敏电阻器，其他亮阻≤5 kΩ，暗阻≥1 MΩ 的光敏电阻器也可代用。$R_1$～$R_8$ 均用 RTX－1/4W 型碳膜电阻器。$C_1$ 用 CTl 型瓷介电容器，$C_2$、$C_3$ 用 CD11－16V 型电解电容。B 用 CM－18W 型高灵敏度驻极体话筒，也可选用一般收录机用的小话筒，它的测量方法是：用 $R\times100$ 挡将红表笔接话筒引出线、黑表笔接驻极体话筒芯线，这时用口对着驻极体吹气，若表针有摆动说明该驻极体完好，摆动越大灵敏度越高；其他型号的只要直流阻抗≥6 kΩ 也可代用。$X_1$、$X_2$ 用拆自废旧电灯壁式开关或插座上的小型铜质接线桩。二极管采用普通的整流二极管 IN4001～IN4007。总之，元件的选择可灵活掌握，参数可在一定范围内选用。

4）制作与调试

图 6.4.21 所示是该声光控延时开关的印制电路板图。印制电路板最好采用环氧基质

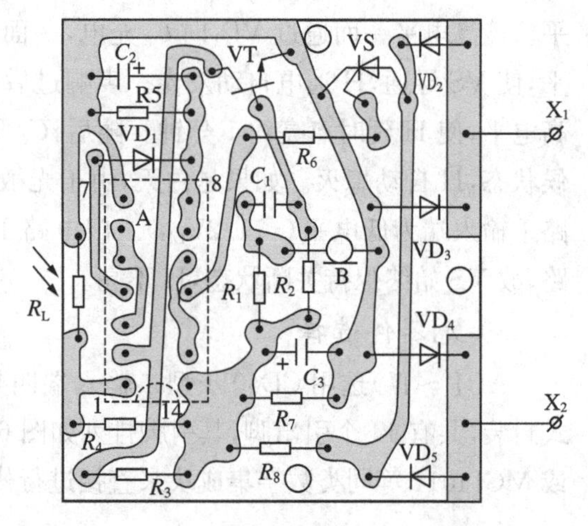

图 6.4.21 声光控延时开关的印制电路板图

铜箔板制作，实际尺寸约为 45 mm×40 mm。

焊接好的电路板可装入体积合适的绝缘小盒内，亦可安装在经过改造后的 86 或 75 系列壁式开关盒内。注意在盒面板为 H 开出受音孔、为 $R_L$ 开出感光孔。改变 $R_2$ 阻值，可调整声控灵敏度；改变 $R_4$ 阻值，可调整光控灵敏度；改变 $R_5$ 阻值或 $C_2$ 容量，可调整延时照明时间。一般按图 6.4.18 选择元器件参数，经过简单调试便可正常工作。

该开关适合控制 120 W 以内的普通白炽灯泡。它的最大特点是采用相线（火线）进开关的两线制，可以直接取代普通机械式手动开关而不必更改原有的照明灯布线，使用非常方便。如果将它直接跨接在原有机械式开关两端，则可同时保留手动开关功能，使用更灵活、更方便。

### 6.4.5 超外差式收音机的装调实训

1）实训目的

（1）熟悉超外差式收音机的工作原理。

（2）掌握用万用表检测元器件的方法。

（3）学会超外差式收音机的调试方法。

2）咏梅 833 型超外差式收音机的技术指标

频率范围：525～1 605 kHz。

输出功率：50 mW（不失真），150 mW（最大）。

扬声器：$\phi$57 mm，8 Ω。

电源：3 V（两节 5 号电池）。

3）安装步骤

（1）按照材料清单，清点全套零件，材料清单见表 6.4.1。

（2）用万用表检测元器件的参数，各元器件的检测项目见表 6.4.2。

在检测时应注意，$VT_5$、$VT_6$的放大倍数相差应不大于 20%，学生之间可相互调整使其配对。

（3）用万用表检测变压器绕组的内阻，具体参数见表 6.4.3。

**表 6.4.1 材料清单**

| 序号 | 代号与名称 | | 规格 | 数量 | 序号 | 代号与名称 | | 规格 | 数量 |
|---|---|---|---|---|---|---|---|---|---|
| 1 | 电阻 | $R_1$ | 91 kΩ(或 82 kΩ) | 1 | 27 | T1 | | 天线线圈 | 1 |
| 2 | | $R_2$ | 2.7 kΩ | 1 | 28 | T2 | | 本振线圈(黑) | 1 |
| 3 | | $R_3$ | 150 kΩ(或 120 kΩ) | 1 | 29 | T3 | | 中周(白) | 1 |
| 4 | | $R_4$ | 30 kΩ | 1 | 30 | T4 | | 中周(绿) | 1 |
| 5 | | $R_5$ | 91 kΩ | 1 | 31 | T5 | | 输入变压器 | 1 |
| 6 | | $R_6$ | 100 Ω | 1 | 32 | T6 | | 输出变压器 | 1 |
| 7 | | $R_7$ | 620 Ω | 1 | | | | | |
| 8 | | $R_8$ | 510 Ω | 1 | 33 | 带开关电位器 | | 4.7 kΩ | 1 |
| | | | | | 34 | 耳机插座(GK) | | $\phi$2.5 mm | 1 |
| 9 | 电容 | $C_1$ | 双联电容 | 1 | 35 | 磁 棒 | | 55×13×5 | 1 |
| 10 | | $C_2$ | 瓷介 223 (0.022 μF) | 1 | 36 | 磁棒架 | | | 1 |
| 11 | | $C_3$ | 瓷介 103 (0.01 μF) | 1 | 37 | 频率盘 | | Φ37 | 1 |
| 12 | | $C_4$ | 电解 4.7～10 μF | 1 | 38 | 拎 带 | | 黑色(环) | 1 |
| 13 | | $C_5$ | 瓷介 103 (0.01 μF) | 1 | 39 | 透镜(刻度盘) | | | 1 |
| 14 | | $C_6$ | 瓷介 333 (0.033 μF) | 1 | 40 | 电位器盘 | | Φ20 | 1 |
| 15 | | $C_7$ | 电解 47～100 μF | 1 | 41 | 导 线 | | | 6 根 |
| 16 | | $C_8$ | 电解 4.7～10 μF | 1 | 42 | 正、负极片 | | | 各 2 |
| 17 | | $C_9$ | 瓷介 223 (0.022 μF) | 1 | 43 | 负极片弹簧 | | | 2 |
| 18 | | $C_{10}$ | 瓷介 223 (0.022 μF) | 1 | 44 | 螺钉 | 固定电位器盘 | M1.6×4 | 1 |
| 19 | | $C_{11}$ | 涤纶 103 (0.01 μF) | 1 | 45 | | 固定双联 | M2.5×4 | 2 |
| | | | | | 46 | | 固定频率盘 | M2.5×5 | 1 |
| 20 | 三极管 | $VT_1$ | 3DG201(β 值最小) | 1 | 47 | | 固定线路板 | M2×5 | 1 |
| 21 | | $VT_2$ | 3DG201 | 1 | 48 | 印刷线路板 | | | 1 |
| 22 | | $VT_3$ | 3DG201 | 1 | 49 | 金属网罩 | | | 1 |
| 23 | | $VT_4$ | 3DG201(β 值最小) | 1 | 50 | 前 壳 | | | 1 |
| 24 | | $VT_5$ | 9013 | 1 | 51 | 后 盖 | | | 1 |
| 25 | | $VT_6$ | 9013 | 1 | 52 | 扬声器(Y) | | 8 Ω | 1 |
| 26 | (二极管) | VD | IN4148 | 1 | 53 | | | | |

**表 6.4.2 用万用表检测元器件的参数**

| 类 别 | 测量内容 | 万用表功能及量程 | 禁用量程 |
|---|---|---|---|
| R | 电阻值 | Ω | |
| VT | $h_{FE}$($VT_5$、$VT_6$配对) | Ω×10,$h_{FE}$ | ×1,×1k |
| B | 绕组、电阻、绕组与壳绝缘 | Ω×1 Ω | |
| C | 绝缘电阻 | Ω×1 kΩ | |
| 电解 CD | 绝缘电阻及质量 | Ω×1 kΩ | |

**表 6.4.3　变压器绕组的内阻测量**

| | $T_2$(黑)本振线圈 | $T_3$(白)中周 1 | $T_4$(绿)中周 2 |
|---|---|---|---|
| 万用表挡位 | Ω×1 | Ω×1 | Ω×1 |
| | 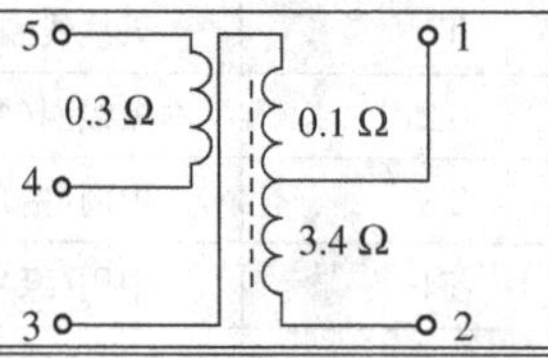 5、4、3、1、2；0.3 Ω、0.1 Ω、3.4 Ω | 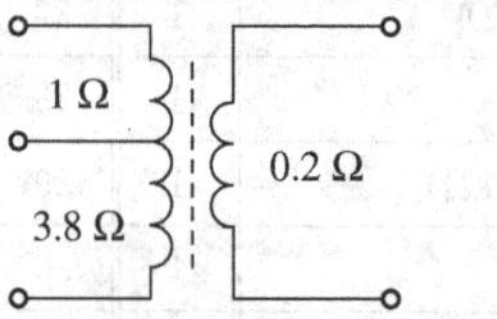 1 Ω、3.8 Ω、0.2 Ω | 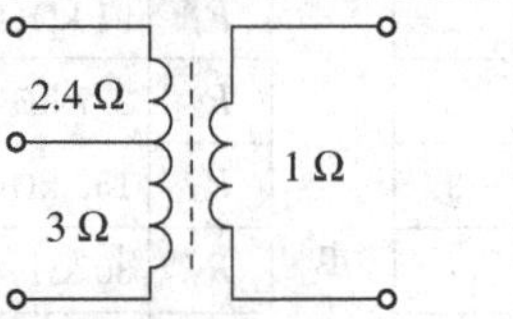 2.4 Ω、3 Ω、1 Ω |

| | $T_5$(蓝或白)输入变压器 | $T_6$(黄或粉)输出变压器 |
|---|---|---|
| 万用表挡位 | Ω×10 | Ω×1 |
| | 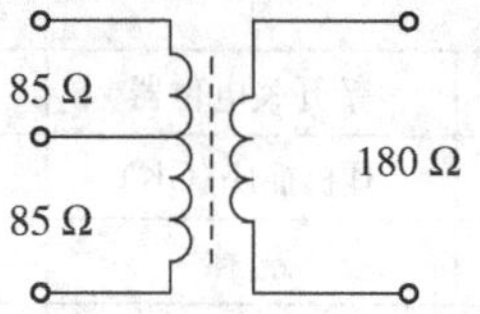 85 Ω、85 Ω、180 Ω | 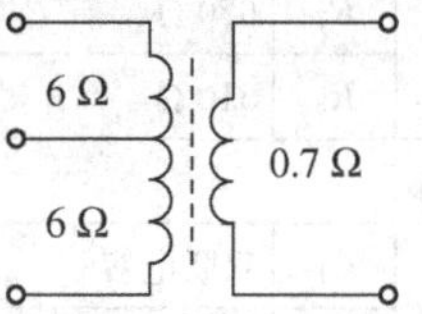 6 Ω、6 Ω、0.7 Ω |

(4) 安装元器件。元器件的安装质量及顺序直接影响整机的质量与成功率，合理的安装需要思考和经验。表 6.4.4 中所示的安装顺序及要点经过了实践检验，被证明是较好的一种安装方法。

**表 6.4.4　元件的安装顺序及要点**

| 序 号 | 内 容 | 注 意 要 点 |
|---|---|---|
| 1 | 安装 $T_2$、$T_3$、$T_4$ | 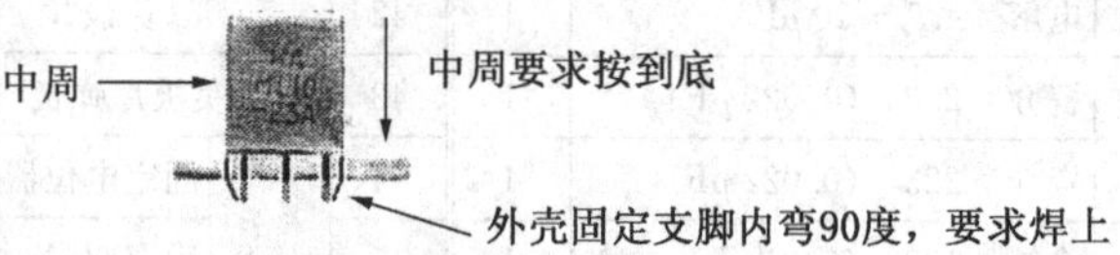 中周；中周要求按到底；外壳固定支脚内弯90度，要求焊上 |
| 2 | 安装 $T_5$、$T_6$ |  经辅导人员检查后可以先焊；引线固定 |
| 3 | 安装 $VT_1$～$VT_6$ | 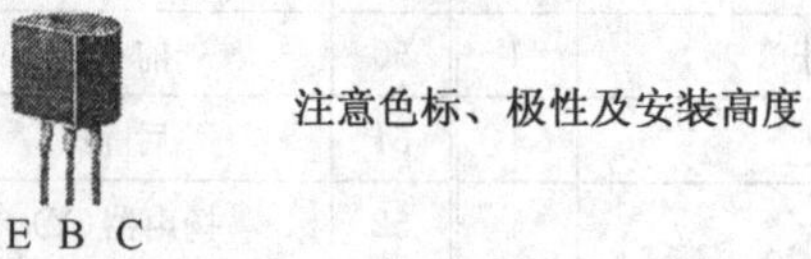 E B C；注意色标、极性及安装高度 |
| 4 | 安装全部 R | 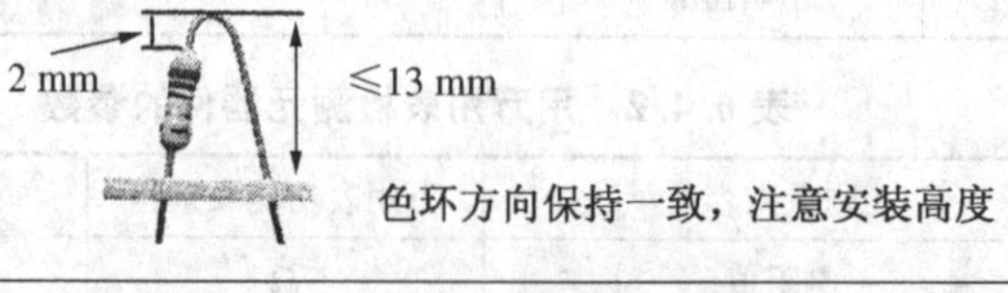 2 mm；≤13 mm；色环方向保持一致，注意安装高度 |
| 5 | 安装全部 C | 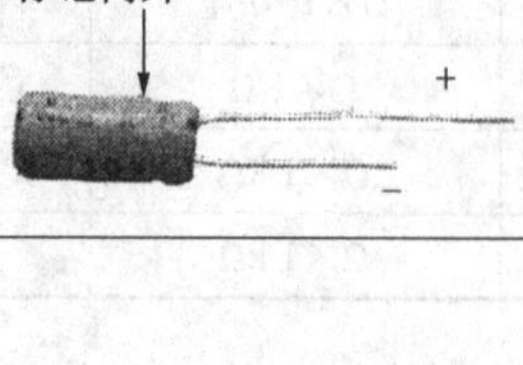 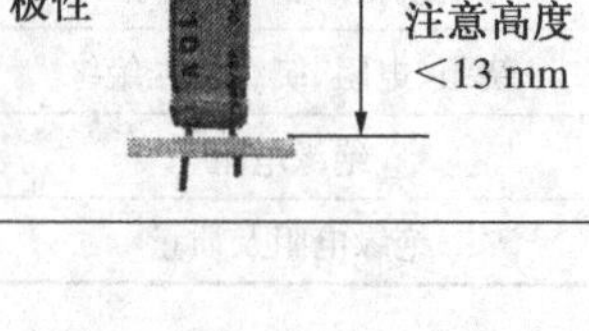 标记向外；+；−；极性；注意高度 <13 mm |

**续表** 6.4.4

| 序号 | 内容 | 注意要点 |
|---|---|---|
| 6 | 安装双联电容，电位器及磁棒架 | 磁棒架装在印制板和双联之间。 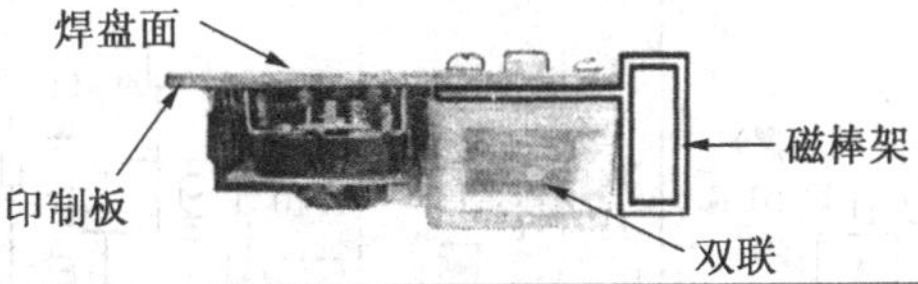 |
| 7 | 焊前检查 | 检查已安装的元器件位置，特别注意 VT(三极管)的管脚，经辅导人员检查后才许可进行下列工作。 |
| 8 | 焊接已插上的元器件 | 焊接时注意锡量适中. 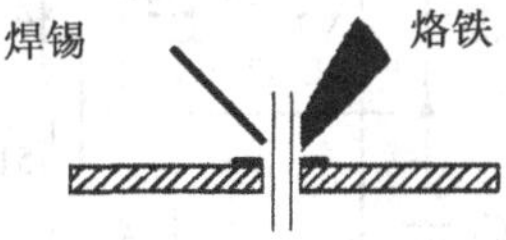 |
| 9 | 修整引线 | 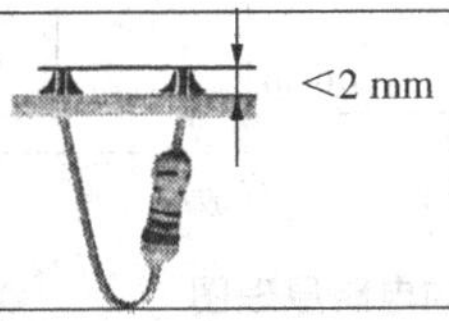 剪断引线多余部分、注意不可留得太长、也不可剪得太短。 |
| 10 | 检查焊点 | 检查有无漏焊点、虚焊点、短接点。 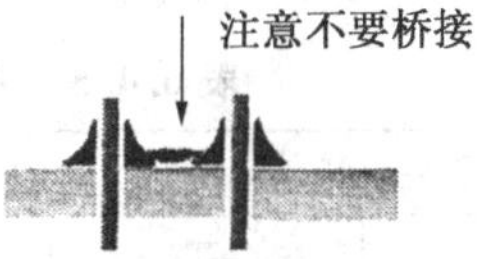 |
| 11 | 焊 $T_1$、电池引线，装拨盘、磁棒等 | 焊 $T_1$ 时注意看接线图，其中的线圈 L2 应靠近双联电容一边，并按图连线；耳机插口及扬声器接线参见(图 2.3.2)。 |
| 12 | 其他 | 固定扬声器、装透镜、金属网罩及拎带等。  |

### 4) 收音机的检测和调试

学生通过对自己组装的收音机的通电检测调试，可以了解一般电子产品的生产调试过程，初步学习调试电子产品的方法。该收音机的电路原理图如图 6.4.22 所示。

(1) 收音机的检测

① 通电前的准备

首先进行自检、互检，使得焊接及印制板质量达到要求，特别需要注意各电阻阻值是否与图纸相同，各三极管，二极管是否有极性焊错，位置装错以及电路板断路或短路，焊接时有无焊锡造成电路短路现象。

接入电源前必须检查电源有无数出电压和引出线正负极性是否正确。

② 初测

接入电源，将频率盘拨到 530 kHz 无台区，在收音机开关不打开的情况下首先测量整机静态工作电流 $I_0$，然后将收音机开关打开，分别测量三极管 $VT_1 \sim VT_6$ 的三个电极对地的静态工作点电压，测量时注意防止表笔要测量的点与其相邻点短接，测量的参考值见表6.4.5。

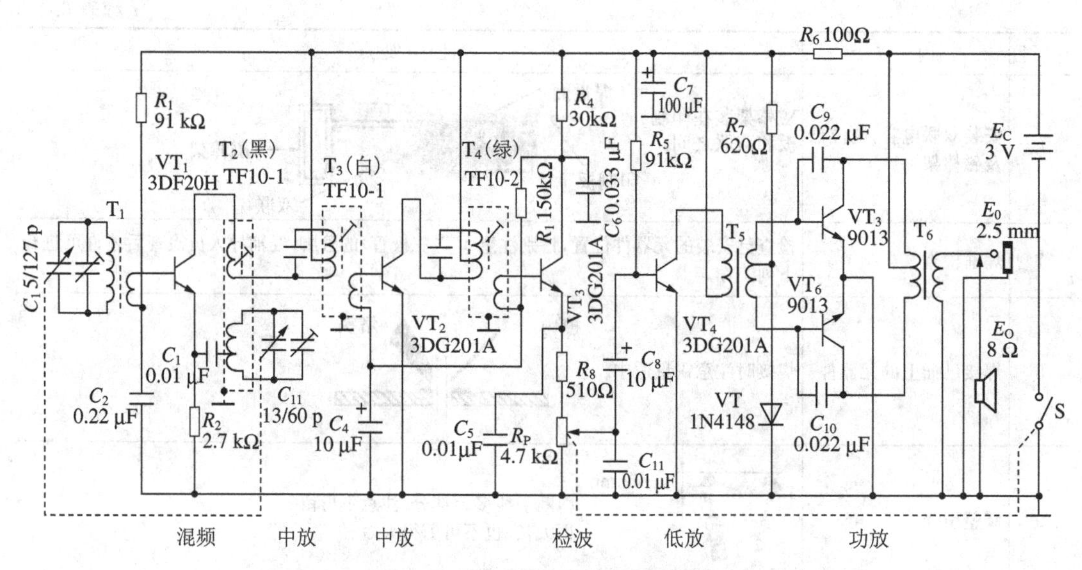


**图 6.4.22　收音机的电路原理图**

**表 6.4.5　静态工作点参考测量值**

| 工作电压：$E_C$= 3 V | | | 工作电流：$I_0$= 10 mA | | | |
|---|---|---|---|---|---|---|
| 三极管 | $VT_1$ | $VT_2$ | $VT_3$ | $VT_4$ | $VT_5$ | $VT_6$ |
| e | 1 V | 0 V | 0.056 V | 0 V | 0 V | 0 V |
| b | 1.54 V | 0.63 V | 0.63 V | 0.65 V | 0.62 V | 0.62 V |
| c | 2.4 V | 2.4 V | 1.65 V | 1.85 V | 2.8 V | 2.8 V |

③ 试听

如果各元器件完好，安装正确，初测也正确，即可进行试听。试听时接通电源，慢慢转动频率盘，应能听到广播声，注意在此过程中不要调中周及微调电容。

(2) 调试

① 调中频频率(调中周)

调中频频率的目的是将中周的谐振频率都调整到固定的中频频率 465 kHz 点上。其方法是先将信号发生器的频率调节到 465 kHz，打开收音机开关，将频率盘放在最低位置 530 kHz，然后将收音机靠近信号发生器。接着用改锥按顺序微微调整 $VT_4$、$VT_3$，使收音机信号最强。确认信号最强有两种方法，一是使扬声器发出的声音达到最响；二是测量电位器 $R_P$ 两端或 $R_8$ 对地的直流电压指示值最大为止。

② 调整频率范围

调整频率范围的目的是使双联电容从全部旋入到全部旋出，所接受的频率范围恰好是整个中波波段，即 525～1 605 kHz。

调整频率范围时，先进行低端调整，将信号发生器输出频率调至 525 kHz，收音机调至 530 kHz 位置上，此时调整 $T_2$ 使收音机信号声出现并最强。再进行高端调整，将信号发生器输出频率调节到 1 600 kHz，收音机频率调到高端 1 600 kHz，调 C1b′使信号声出现并最强。

③ 统调

低端:信号发生器输出频率调至 600 kHz,收音机低端频率调至 600 kHz,调整线圈 $T_1$ 在磁棒上的位置使信号最强。

高端:信号发生器输出频率调至 1 500 kHz,收音机高端频率调至 1 500 kHz,调 C1a′使高端信号最强。

高低端反复调节 2～3 次,调完后即可用蜡线将线圈固定在磁棒上。

# 参考文献

1 孙蓓，张志义. 电子工艺实训基础[M]. 北京：化学工业出版社，2007

2 宁铎，孟彦京，马令坤，等. 电子工艺实训教程[M]. 西安：西安电子科技大学出版社，2006

3 韩广兴主编. 电子元器件识别检测与焊接[M]. 北京：电子工业出版社，2007. 2

4 宁铎主编. 电子工艺实训教程[M]. 西安：西安电子科技大学出版社，2006. 2

5 罗辑. 电子工艺实习教程[M]. 重庆：重庆大学出版社，2007

6 杨承毅. 电子技能实训基础[M]. 北京：人民邮电出版社，2007

7 马全喜. 电子元器件与电子实习[M]. 北京：机械工业出版社，2006

8 韩广兴，韩雪涛，等. 电子产品装配技术与技能实训教程[M]. 北京：电子工业出版社，2006

9 李桂安. 电工电子实践初步[M]. 南京：东南大学出版社，1999

10 夏全福. 电工实验及电子实习教程[M]. 武汉：华中科技大学出版社，2002

11 方昌林，徐刚. 电气测量仪器[M]. 北京：化学工业出版社，2006

12 吴国忠，丁振荣，楼正国. 常用电子仪器的原理、使用及维修[M]. 杭州：浙江大学出版社，2002

13 李敬伟，段维莲. 电子工艺训练教程[M]. 北京：电子工业出版社，2008

14 付家才. 电子工程实践技术[M]. 北京：化学工业出版社，2003

15 及力主编. Protel 99 SE 原理图与 PCB 设计教程(第 2 版)[M]. 北京：电子工业出版社，2007

16 崔玮主编. Protel 99 SE 电路原理图与电路板设计教程[M]. 北京：海洋出版社，2005

17 赵广林主编. 轻松跟我学 Protel 99 SE 电路设计与制版[M]. 北京：电子工业出版社，2005